U0381882

本书为国家社科基金项目（11BZS078）最终成果

明清黄运地区的
河工建设与生态环境变迁研究

李德楠　著

中国社会科学出版社

图书在版编目（CIP）数据

明清黄运地区的河工建设与生态环境变迁研究 / 李德楠著 . —北京：
中国社会科学出版社，2018.7
ISBN 978 - 7 - 5203 - 2263 - 8

Ⅰ.①明… Ⅱ.①李… Ⅲ.①黄河—治河工程—水利史—研究—山东—
明清时代②大运河—治河工程—水利史—研究—山东—明清时代
Ⅳ.①TV882.852

中国版本图书馆 CIP 数据核字（2018）第 060238 号

出 版 人　赵剑英
责任编辑　刘志兵
特约编辑　张翠萍等
责任校对　王　龙
责任印制　李寡寡

出　　　版　中国社会科学出版社
社　　　址　北京鼓楼西大街甲 158 号
邮　　　编　100720
网　　　址　http://www.csspw.cn
发 行 部　010 - 84083685
门 市 部　010 - 84029450
经　　　销　新华书店及其他书店

印　　　刷　北京明恒达印务有限公司
装　　　订　廊坊市广阳区广增装订厂
版　　　次　2018 年 7 月第 1 版
印　　　次　2018 年 7 月第 1 次印刷

开　　　本　710×1000　1/16
印　　　张　19.25
插　　　页　2
字　　　数　301 千字
定　　　价　80.00 元

序　言

　　明清时期国家级水利工程主要有二：一为治黄，二为通运。又因徐州以下，黄河河道即运河河道，故明清时期"治河即治运"，河运合一。这是明清两代朝廷最为关注的事。当时对工程最有影响的是"黄运地区"，即今黄河以南，废黄河故道以北，大运河以西地区的今鲁、豫、苏、皖四省交界处，是明清两代河患最严重、社会经济最凋敝的地区。本书即研究该地区在明清两代的河工设施和其对环境的影响。

　　对这个地区明清两代的河工设施，前人已有较为详细的研究，而河工对该地区环境的影响，前人虽有涉及，但还不够深入，本书的重点即在此。

　　大凡一水利工程设施之初，必为改善某一河流水利条件为目的，或防洪，或疏淤，或分水，或改道等，然事务十分复杂，有始料不及者。如河道即运道之徐州东南徐州、吕梁二洪，为河道上两处险滩，乱石盘踞，水流湍急，运舟至此，往往有覆舟之患。故明嘉靖年间，多次凿治乱石数百块，按理当可缓解河道的危险。孰料原先乱石可阻激泥沙，被凿后，水流缓慢，反而造成泥沙淤积，此为始料未及的。又如"筑堤束水，以水攻沙"，为明清两代治河不移方针，确实起过保障河堤的作用。然而客观上又使河道长期不旁泄，泥沙在河道迅速淤积，形成地上河。一旦决口，危害更大。又如，山东运河沿线的北五湖、南四湖，当时筑堤成湖，目的是调节运河水源，使其有蓄有泄。孰料日久淤浅，且造成湖泊周围环境的变化。又，明弘治八年（1495）在黄河北岸修太行堤，是明代黄河变迁一大事件。以后黄河不再北决，全线南决入淮，黄河河口不断向外延伸，促使苏北地区环境发生明显变化。上述有关河工的正反两方面的影响，本书在前人研究基础上有较详尽的分析。

河工物料的采用与植被环境变迁的研究，为本书重点并且是较为突出的部分。这是以往研究者比较忽视的地方。河工物料对治河者来说是头等重要的事。"河防全在岁修，岁修全在物料。"故采办物料为河防第一要务。可用作河防的物料众多，其中有关植物的主要为桩木、软草、茼麻、柳枝、芦苇、秫秸，等等。而其中以桩木为最主要，因为是签钉埽厢、坚筑石工的基址，其用料有柳、榆、杨、松，等等，供应困难时，也可用楝、椿、枣、栗等杂木代之。然河工地点易变，临时工程居多，所谓"河岸险工迭出，处处紧要"。且需要数量特多，康熙年间河督靳辅统计，岁修需柳 100 万束。每年都需准备大量河工用料，遂为地方上一大负担。为此，沿河地区平时种植大量柳树，一时造成"堤柳成林，淡烟笼翠，翠荫交加，映蔽天日"的优越环境。但为时不久，一旦河工需要，平时所种柳木杂草即消耗殆尽。在康熙年间一次河工堵险用料时，因"无柳可用，将民间桃、李、梨、杏尽行斫伐"。民间生活受到了影响。总之，治河工程在用料方面对当地的自然和经济社会均产生严重影响，并且是长期持久的。故而黄运地区在明清两代成为中国东部最贫困的地区是不足为怪的。

总之，本书以黄运地区为例，探索了河防工程对沿河地区的环境的影响，具有一定的学术意义。事实上，中国其他地区水利工程也同样对当地环境发生过影响，甚至其影响更甚于黄运地区。故本书对研究历史上水利工程的环境反映，有一定的参考意义。

邹逸麟

2017 年 12 月

目　　录

第 一 章

绪　　论

一　选题目的及意义

生态环境是指影响人类生存与发展的自然资源与环境因素的总称，一般指水环境、土地环境、生物环境以及气候环境。生态环境的演变是多种因素共同作用的结果，有自身的演变规律。自从有了人类以后，人为因素成为环境演变的众多诱因之一。[①] 人类实践对生态环境的改造，都会直接或间接地影响生态环境，或是美化，或是恶化，诸如城镇的扩建、湖塘的填埋、水库的围堵、树木的栽种和砍伐、地矿的开采、道路的铺设，都会影响生态环境。[②] 其中，兴修水利工程，尤其是大型水利工程，会对其周围和一定范围内的生态环境带来影响。[③] 据报道，中华鲟在葛洲坝建成 32 年后由 1 万余尾锐减至 57 尾，原因之一是大坝截断了中华鲟产卵路径。[④] 因此正如环境史家刘翠溶所言，人们如何投入与用水有关的建设，如水库与水坝，以及这些建设对环境的影响如何，都值得更深入探讨。[⑤]

水利工程环境问题反映了人类活动对自然环境的干扰与破坏，具有很强的现实性。今天的生态环境是经历了长时段的历史过程演变而来

---

① 参见王光谦、王思远、张长春《黄河流域生态环境变化与河道演变分析》，黄河水利出版社 2006 年版，第 2 页。

② 参见张全明《生态环境与区域文化研究》，崇文书局 2005 年版，第 3 页。

③ 参见叶扬眉、容致旋《大型水利工程兴建对环境的影响》，《环境科学丛刊》1980 年第 1 期；谷兆祺主编《中国水资源、水利、水处理与防洪全书》，中国环境科学出版社 1999 年版，第 210 页。

④ 参见《新京报》2014 年 9 月 25 日。

⑤ 参见刘翠溶《中国环境史研究刍议》，《南开学报》2006 年第 2 期。

的，是历史的继承与发展。由古今两条黄河（古黄河 1128—1855 年间由苏北入海，今黄河 1855 年后自山东入海）与京杭运河构成的近似三角形的"黄运地区"，历史上因黄河的频繁决徙、运河的长期通漕以及错综复杂的黄运关系而成为人类活动干扰最典型的地区之一。尤其明清时期，黄河、运河治理作为国家层面的大型公共工程，耗费了大量的人力物力，造就了独特的自然景观与社会环境。因此，选择重点河工区域"黄运地区"进行长时段的历史考察，具有一定的学术价值和现实意义。

其一，有助于推进水利史的研究。行龙指出，以往水利史研究虽然取得了相当的成就，但主要成果或主流话语仍限于少数水利史专家，水利史研究依然没有脱离以水利工程和技术为主的"治水"框架。[①] 因此本课题关于典型地区河工建设与生态环境变迁的考察，有助于推进水利史的研究。其二，有助于扩大生态环境史的研究。水利工程是人类改造自然、利用资源、为人类自身福利服务的设施与手段，也是对自然生态系统的一种干扰、冲击或破坏，在获取社会、经济和生态环境效益的同时，对生态环境也有一定的负面影响。[②] 本课题从河工的角度考察人为治水活动对生态环境的影响，有助于加深对区域生态环境变迁的认识。其三，有助于开拓区域史的研究。黄运地区作为河工建设的重点区域，各种治河要素被政府调动起来，在促进区域生态环境协调发展方面发挥了积极作用，同时又给当地生态环境带来消极影响。本课题对典型地区河工问题的考察，突出了区域特色，可为相关区域史研究提供借鉴。其四，总结历史上河工建设的经验教训，分析人类活动与生态环境之间的关系，有助于认识当代区域生态环境问题的来龙去脉，可为今后的生态环境保护和生态文明建设提供借鉴和参考。

二 研究对象、时段以及区域

河工是指治理黄河、运河等水利工程的总称。明清时期的河工建设

---

① 参见行龙《从治水社会到水利社会》，《读书》2005 年第 8 期。

② 参见胡振鹏、傅春、金腊华《水资源环境工程》，江西高校出版社 2003 年版，第 22 页。

与元代以前大不相同，"至元以前，河自为河，治之犹易；至元以后，河即兼运，治河必先保运，故治之较难"①。明清时期是运河作为南粮北运重要通道、处于国家经济命脉突出地位的时期，也是黄河决徙变迁频繁、黄运关系错综复杂的时期，生态环境变化最为显著。明清时期是一个相当长的时段，"长时段"观察有助于对特定区域的了解，有助于从历史变迁过程中认识河工建设的规律和特征。水利专家张含英也指出，由于自然条件和社会情况的不同，各个国家的水利都有自己的特点，正确地把握这些特点进行建设，将会取得事半功倍的效果。而从历史上看，从一二千年的长时间来看，能更清楚地认识这些特点和规律。② 但正如马立博在《虎、米、丝、泥：帝制晚期华南的环境与经济》一书中所言，目前长时段中对人与环境关系的思想则少有追随者。

区域是人类活动的特定舞台，任何一种人类活动，无论是时间的传承还是空间的扩张，无不与区域密切相关。区域研究是地理学最基本的视角③，它将目光集中于一个地区，使我们有可能把它作为一个内部相互关联的有机整体来研究。④ 区域历史地理研究注重区域的整体性和综合性⑤，集中探讨区域内部的组织结构以揭示其区域特性。⑥ "黄运地区"可称得上一个"内部相互关联的有机整体"，该区域地处黄河下游冲积平原，大体上以河南开封为顶点，东北至鲁西北的聊城，东南至苏北的古淮河口，地跨今天的苏、鲁、豫、皖4个省，涉及明代的兖州、徐州、淮安、开封、归德5个府，或清代的兖州、济宁、曹州、开封、归德、徐州、泰安、卫辉、怀庆、淮安、海州11个府州。今日现存的黄河古堤，可大体勾勒出黄运地区的南北轮廓（图1—1）。

---

① （清）叶方恒：《山东全河备考》卷2下。
② 参见周魁一《中国科学技术史·水利卷》，科学出版社2003年版，序言。
③ 参见李孝聪《中国区域历史地理》，北京大学出版社2004年版，第5页。
④ 参见［美］黄宗智《长江三角洲的小农家庭与乡村发展》，中华书局2000年版，第21页。
⑤ 参见赵世瑜《小历史与大历史：历史区域社会史的理念、方法与实践》，三联书店2006年版，第125页；鲁西奇《历史地理研究中的"区域"问题》，《武汉大学学报》1996年第6期；鲁西奇《再论历史地理研究中的"区域"问题》，《武汉大学学报》2000年第3期。
⑥ 参见侯甬坚《区域历史地理的空间发展过程》，陕西人民教育出版社1995年版，第12页。

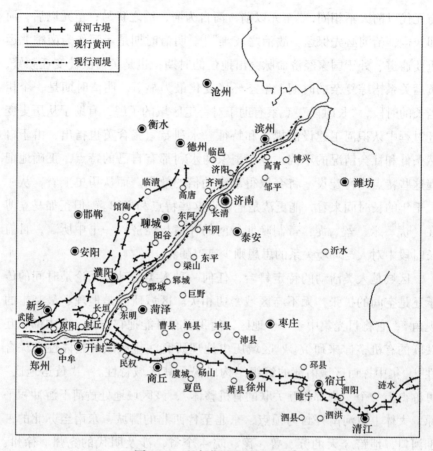

图1—1　现存黄河古堤示意图①

　　"黄运地区"属黄泛平原的一部分，自然地域特征明显，主要水系为黄河、淮河和运河，因"北格于黄堤，南阻于旧黄堤，东限于运河堤，排水艰难，亦常苦涝灾"②。明末顾一柔在其所著《山居赘论》中评价这一地区说："自孟津而东，由北道以趋于海，则澶、滑其必出之途。由南道以趋于海，则曹、单其必经之地。……要以北不出漳卫，南不出长淮，中间数千百里，皆其纵横糜烂之区矣。"历史上，黄运两河的治理受到政

　　① 改绘自黄河水利委员会《黄河志》总编室《黄河志·黄河防洪志》，河南人民出版社1991年版，第60页。

　　② 姚汉源：《二千七百年来黄河下游真相的概略分析》，载《黄河水利史论丛》，陕西科学技术出版社1987年版，第10页。

府的高度重视，为之投入了大量的人力物力，河工频举。山东地区"全部治水活动几乎都限于黄河的防洪和山东境内大运河维修方面的内容"①。不仅如此，河南、江苏地区的治水活动也都与黄河或运河关系密切。可以说，因黄河、运河两条水道在这个地区的交汇，从而形成了这里的环境、政治和经济，深深地影响着这一地区的地形、河流、湖泊、土壤、植被等，造成了该地区生态环境的重大变迁。而且，明清史籍中关于黄河、运河这类大型工程的记载也相对丰富。基于以上原因，本课题将研究时段限定在明清时期，将研究区域选择在黄运地区，将研究对象选定为黄河、运河河工。

三 相关学术史回顾

（一）有关水利工程生态环境影响的研究

如何准确评价水利工程对生态环境的影响，一直是水利学、工程学、生态学以及环境科学等领域关注的热点问题。国外对于现代水利工程生态环境效应的研究开展较早，在生态环境方面的经验和教训值得借鉴，研究内容主要包括局地气候、水文情势、河流水质、生物多样性、地形地貌等。② 在我国，开始重视兴修水利工程对生态平衡以及环境的影响始于 20 世纪 50 年代后期。③ 20 世纪 70 年代末，有学者开始对水利工程生态环境效应进行专门研究。④ 至 20 世纪 90 年代，大型水利工程尤其三峡工程对生态环境的影响成为讨论的焦点之一。⑤ 进入 21 世纪，水利工程环境影响问题受到了愈加广泛的关注，涉及工程生态环境效应的内涵、

---

① 冀朝鼎：《中国历史上的基本经济区与水利事业的发展》，中国社会科学出版社 1981 年版，第 42 页。

② 参见杨立信编译《水利工程与生态环境（一）——咸海流域实例分析》，黄河水利出版社 2004 年版，第 42—87 页；尚淑丽、顾正华、曹晓萌《水利工程生态环境效应研究综述》，《水利水电科技进展》2014 年第 1 期。

③ 参见厉占财《水利工程对生态环境的影响综述》，《黑龙江科技信息》2008 年第 31 期。

④ 参见尚淑丽、顾正华、曹晓萌《水利工程生态环境效应研究综述》，《水利水电科技进展》2014 年第 1 期。

⑤ 参见宋国光《大型水利工程对生态环境影响的刍议》，《国土经济》1994 年第 1 期；石田《略论三峡水利工程对生态环境的影响》，《武汉交通管理干部学院学报》1994 年第 1 期。

生态环境效应的评价等方面。研究者普遍认为，水利工程对环境的影响分为自然环境与社会环境两个方面①，其负面效应主要表现为下游水源不足，农业供水失调；地表水源不足，地下水超量开采严重；下游径流减少，水质污染严重；入海水量减少，河口淤积严重等。② 研究发现，筑坝等工程形成的水库，可为生物生长提供丰富的水源，起到河流生态修复的作用。③ 但水坝建设很多情况下弊大于利，对生态与环境形成负面影响。④ 筑坝会对流域内的地质环境、水质、陆地水文条件、河道形态、生态环境等带来负面的影响。⑤ 都江堰水利工程、闽江水利工程、黑河干流水利工程、云南澜沧江流域漫湾大坝、水利工程梯级开发等大型水利工程的施工，都会对生态环境带来负面影响，承担着因资源损失和资源利用方式不当而带来的环境成本和社会成本。⑥

以上是现代水利工程生态环境的研究，主要关注现代环境格局下自然资源系统的生态环境效应与对策。理论已较成熟，环境影响评价制度

① 参见李正霞《水利工程与生态环境》，《陕西水力发电》2000 年第 3 期；曹永强等《水利水电工程建设对生态环境的影响分析》，《人民黄河》2005 年第 1 期。

② 参见张永忠、李宝庆《黄淮海平原水利工程的水文效应分析》，载《黄淮海平原治理与开发研究文集（1983—1985）》，科学出版社 1987 年版，第 217 页。

③ 参见孙东亚等《河流生态修复技术和实践》，《水利水电技术》2006 年第 12 期。

④ 参见马小凡等《水坝工程建设与生态保护的利弊关系分析》，《地理科学》2005 年第 5 期；陆孝平、徐世钧《水利工程对生态与环境形成负面影响的对策探讨》，《水利发展研究》2005 年第 10 期；具杏祥、苏学灵《水利工程建设对水生态环境系统影响分析》，《中国农村水利水电》2008 年第 7 期。

⑤ 参见赵惠君、张乐《关注大坝对流域环境的影响》，《山西水利科技》2002 年第 1 期。

⑥ 参见谭徐明《水利工程对成都水环境的影响及启示》，《水利发展研究》2003 年第 9 期；刘守杰等《水利工程梯级开发对生态环境的负面影响》，《森林工程》2003 年第 2 期；崔末兰《浅谈水利工程施工对生态环境的影响》，《科技情报开发与经济》2003 年第 8 期；郑寒《大坝与社区：环境变迁中的资源利用与管理》，载尹绍亭等主编《人类学生态环境史研究》，中国社会科学出版社 2006 年版，第 38—71 页；陈方丽《水利枢纽库区环境治理对策研究——基于珊溪水利枢纽库区的调查》，《生态经济》2011 年第 8 期；陈龙等《水利工程对鱼类生存环境的影响——以近 50 年白洋淀鱼类变化为例》，《资源科学》2011 年第 8 期；姚环等《闽江水利工程引发的环境地质灾害问题初步研究》，《工程地质学报》2011 年第 5 期；姚兴荣等《黑河干流拟建水利工程对下游生态环境的影响分析》，《冰川冻土》2012 年第 4 期；司源《水利水电工程对生态环境的影响及保护对策》，《人民黄河》2012 年第 2 期；张立等《长江三角洲良渚古城、大型水利工程的兴起和环境地学的意义》，《中国科学·地球科学》2014 年第 5 期；党继军等《浅析大型水利工程对河流生态环境的影响及解决途径探析》，《科技与企业》2015 年第 1 期。

也较完善。① 那么，历史时期水利工程建设对生态环境的影响情况如何？值得我们关注。

20 世纪 60 年代以后，关于古代水利工程与环境的研究，成为学界关注的课题。陈桥驿关于古代鉴湖兴废与山会平原农田水利的研究中指出，水利工程往往引起水系的变化。② 80 年代，曾昭璇、曾宪珊就河流变迁以及湖盆的历史地貌学进行了研究。③ 邹逸麟研究了山东运河开凿对生态环境和农业生产的不利影响。④ 钮仲勋关于历史时期人类活动对黄河下游河道变迁影响的研究中，提到了治河中的人工挽堵和筑堤活动。⑤ 林承坤分析了古代长江中下游平原地区筑堤围垸与塘浦圩田活动对地理环境的影响。⑥ 90 年代，穆桂春、谭术魁进一步提出开展人工地貌学研究，探讨人类实践活动对地貌的影响。⑦ 李鄂荣初步研究了古代黄河水利工程活动对环境的影响。⑧ 邹宝山等分析了沿运地理环境特征及京杭运河开发对自然环境的影响。⑨

21 世纪以来，水利工程建设与环境影响的研究日渐升温。李令福关于关中水利开发与环境的研究中指出，水利开发对地理环境的影响包括水利工程的兴修对水文环境、微地貌以及土壤三个方面的影响。⑩ 孙冬虎关于北京近千年来生态环境变迁的研究中指出，大型水利工程可能导致

---

① 参见尚淑丽、顾正华、曹晓萌《水利工程生态环境效应研究综述》，《水利水电科技进展》2014 年第 1 期。

② 参见陈桥驿《古代鉴湖兴废与山会平原农田水利》，《地理学报》1962 年第 3 期。

③ 参见曾昭璇、曾宪珊《历史地貌学浅论》，科学出版社 1985 年版，第 118—215 页。

④ 参见邹逸麟《山东运河历史地理初探》，《历史地理》创刊号，上海人民出版社 1982 年版。

⑤ 参见钮仲勋《历史时期人类活动对黄河下游河道变迁的影响》，《地理研究》1986 年第 1 期。

⑥ 参见林承坤《古代长江中下游平原筑堤围垸与塘浦圩田对地理环境的影响》，《环境科学学报》1984 年第 2 期。

⑦ 参见穆桂春、谭术魁《人工地貌学初探》，《西南师范大学学报》（自然科学版）1990 年第 4 期。

⑧ 参见李鄂荣《我国古代黄河水利工程活动对环境的影响》，《地质力学学报》1999 年第 3 期。

⑨ 参见邹宝山、何凡能、何为刚《京杭运河治理与开发》，中国水利水电出版社 1990 年版，第 32—35 页。

⑩ 参见李令福《关中水利开发与环境》，人民出版社 2004 年版，第 340—343 页。

河流地段发生改变。① 杨果等探讨了宋元明清时期江汉平原以长江干堤为
中心的堤防修筑及其环境影响。② 张红安、彭安玉等分别研究了明清以来
苏北的水患与水利、苏北里下河自然环境变迁，认为黄河夺淮对苏北原
有水系面貌带来破坏，引起苏北里下河地区河渠沟港的严重淤塞、湖泊
的快速淤填。③ 张崇旺研究了人为农业垦殖活动对明清江淮地区生态环境
变迁的影响，以及该地区频发水旱灾害的原因，认为在江淮中东部的运
河沿岸，国家为确保漕运水源或运堤安全，不惜牺牲民众利益，任意启
闭闸坝，是造成上下河地区旱涝灾情加重的人为政治原因。④ 高升荣分析
了清代淮河流域旱涝灾害的人为因素，其中提到了水利工程的负面影
响。⑤ 张祖陆、冼剑民、庄华峰等分别从疏浚河道、围海造田、圩田开发
方面，分析了人类活动对小清河流域、珠江三角洲以及江南地区生态环
境所造成的影响。⑥ 伊懋可《大象的退却：一部中国环境史》一书第六章
专门探讨了中国的水利问题，认为环境对水利合适地点的利用以及水量
有着天然的限制，人工水利系统或多或少具有内在的不稳定性，而且总
是与外部破坏性的环境因素产生相互作用。⑦ 马立博《中国环境史：从史
前到现代》一书第四章第九节专门讨论了地貌景观与水利工程问题，认
为黄河泛滥和改道的过程对环境造成了严重的后果，为了修复河堤，当
地居民伐光了附近山陵中的树木和灌木用于支撑堤坝，导致了土地受涝

---

① 参见孙冬虎《北京近千年生态环境变迁研究》，北京燕山出版社 2007 年版。

② 参见杨果、陈曦《经济开发与环境变迁研究：宋元明清时期的江汉平原》，武汉大学出版社 2008 年版。

③ 参见张红安《明清以来苏北水患与水利探析》，《淮阴师范学院学报》2000 年第 6 期；彭安玉《明清时期苏北里下河自然环境的变迁》，《中国农史》2006 年第 1 期。

④ 参见张崇旺《试论明清时期江淮地区的农业垦殖和生态环境的变迁》，《中国社会经济史研究》2004 年第 3 期；《明清时期江淮地区频发水旱灾害的原因探析》，《安徽大学学报》2006 年第 6 期。

⑤ 参见高升荣《清代淮河流域旱涝灾害的人为因素分析》，《中国历史地理论丛》2005 年第 3 期。

⑥ 参见张祖陆等《山东小清河流域湖泊的环境变迁》，《古地理学报》2004 年第 2 期；冼剑民、王丽娃《明清珠江三角洲的围海造田与生态环境的变迁》，《学术论坛》2005 年第 1 期；庄华峰《古代江南地区圩田开发及其对生态环境的影响》，《中国历史地理论丛》2005 年第 3 期。

⑦ 参见［英］伊懋可《大象的退却：一部中国环境史》，梅雪芹、毛利霞、王玉山译，江苏人民出版社 2014 年版，第 126 页。

并盐渍化。① 日本文部科学省资助的"东亚海域交流与日本传统文化的形成——以宁波为焦点的跨学科研究"（2005—2009）项目，其中即设有"宁波地域的水利开发和环境"专题。

这一时期的研究中，大坝环境影响问题受关注尤多。王英华研究了清口东西坝的影响，认为东西坝的创筑及其展束标准的订立虽是治标之法，但治标之法亦有其自身的价值。② 赵崔莉、刘新卫研究了清代江堤的变迁及其对圩区的影响。③ 刘章勇等研究了围湖垦殖、筑堤修坝等对江汉平原涝渍生态环境演替的影响。④ 徐海亮认为，人类企图改变黄河的最大努力就是兴修堤防，但是系统的堤防使黄河下游得以广阔游弋的空间大大束窄，黄河灾害的能量在堤防的加筑中默默积累。⑤ 吴文涛考察了清代永定河筑堤的环境效应以及永定河筑堤对北京水环境的影响。⑥ 美国学者 J. R. 麦克尼尔所著的《阳光下的新事物：20 世纪世界环境史》一书中，专门讨论了"筑坝与分流"问题，认为它们为水圈带来的变化甚至更大。⑦ 美国学者马立博指出，加高河堤需要的土从附近挖掘而来，这样人为降低了附近土地的地势高度，并增加了它们和河流之间的高度差。⑧ 2004 年 1 月 23—25 日，由日本国立民族学博物馆地域研究企划交流中心主办的"对大地的影响：中国近期环境史"国际学术研讨会，其中一个议题是"大坝和环境"。

近年来，相关研究成果更是大量出现。王利华主编的《中国历史上

① 参见［美］马立博《中国环境史：从史前到现代》，关永强、高丽洁译，中国人民大学出版社 2016 年版，第 198—199 页。

② 参见王英华《清口东西坝与康乾时期的河务问题》，《中州学刊》2003 年第 3 期。

③ 参见赵崔莉、刘新卫《清朝无为江堤屡次内迁与长江流域人地关系考察》，《古今农业》2004 年第 4 期。

④ 参见刘章勇等《江汉平原涝渍生态环境的演替及其驱动力分析》，《科技进步与对策》2004 年 8 月号。

⑤ 参见徐海亮《从黄河到珠江——水利与环境的历史回顾文选》，中国水利水电出版社 2007 年版，第 14 页。

⑥ 参见吴文涛《历史上永定河筑堤的环境效应初探》，《中国历史地理论丛》2007 年第 4 期；《清代永定河筑堤对北京水环境的影响》，《北京社会科学》2008 年第 1 期。

⑦ 参见［美］J. R. 麦克尼尔《阳光下的新事物：20 世纪世界环境史》，韩莉、韩晓雯译，商务印书馆 2013 年版，第 157—191 页。

⑧ 参见［美］马立博《中国环境史：从史前到现代》，关永强、高丽洁译，中国人民大学出版社 2016 年版，第 195 页。

的环境与社会》一书，将"水利与国计民生"列为环境史五大专题之一。① 王大学、程森、吴建新等研究者分别以江南海塘工程、陕州广济渠、广东山区陂塘为研究对象，对人地关系问题进行了多角度的考察，突出了水利与生态环境之间的关系。② 冯贤亮、胡吉伟等分析了杭嘉湖以及太湖上游东坝地区的水利政治与生态环境变迁。③ 张根福、冯贤亮、岳钦韬专门就太湖流域人口与生态环境的变迁及其社会影响进行了研究，认为水利在发挥防洪、蓄水、灌溉、供水、发电、渔业等功能及保证社会安全、推动经济发展的同时，也会对生态环境带来一些不利影响。④ 张建民、鲁西奇研究了历史时期长江中游地区的围垸工程，认为堤防在该地区有着特别重要的意义，其兴废与王朝的治乱兴衰有着密切关系。⑤ 曹志敏研究了清代黄淮运减水闸坝的建立及其对苏北地区的消极影响。⑥ 于化成分析了清代沂沭河中上游地区水利建设情况。⑦ 赵筱侠认为，黄河夺淮对苏北水环境的影响主要体现在河流环境和湖泊环境两个方面。⑧ 王建革研究了宋代以来吴淞江流域的生态与社会，揭示了河道和水环境的景观与人文的关系。⑨ 吴俊范从长时段揭示了江南水乡人类家园环境的变化，系统描述了生态环境的变化

---

① 参见王利华主编《中国历史上的环境与社会》，三联书店 2007 年版，第 191—292 页。

② 参见王大学《明清"江南海塘"的建设与环境》，上海人民出版社 2008 年版；程森《清代豫西水资源环境与城市水利功能研究——以陕州广济渠为中心》，《中国历史地理论丛》2010 年第 3 期；吴建新《明清时期广东的陂塘水利与生态环境》，《中国农史》2011 年第 2 期。

③ 参见冯贤亮《高乡与低乡：杭嘉湖的地域环境与水利变化（1368—1928）》，《社会科学》2009 年第 12 期；胡吉伟、荆世杰《水利政治与生态环境变迁——以明清、民国时期太湖上游东坝地区的衰落为中心》，《南京农业大学学报》2013 年第 3 期。

④ 参见张根福、冯贤亮、岳钦韬《太湖流域人口与生态环境的变迁及其社会影响（1851—2005）》，复旦大学出版社 2014 年版，第 304 页。

⑤ 参见张建民、鲁西奇主编《历史时期长江中游地区人类活动与环境变迁的专题研究》，武汉大学出版社 2011 年版。

⑥ 参见曹志敏《清代黄淮运减水闸坝的建立及其对苏北地区的消极影响》，《农业考古》2011 年第 1 期。

⑦ 参见于化成《清代沂沭河中上游地区水利建设——以沂州府辖区为中心》，《华中师范大学研究生学报》2010 年第 1 期。

⑧ 参见赵筱侠《黄河夺淮对苏北水环境的影响》，《南京林业大学学报》2013 年第 3 期。

⑨ 参见王建革《水乡生态与江南社会》，北京大学出版社 2013 年版。

与民众生计的适应。①

总体而言，随着全球生态环境问题的日益严峻，有关历史时期水利与生态环境变迁的研究引起了学术界广泛的关注，涉及江南、华南、华中、豫西、苏北、鲁南等区域，其中关于黄河、运河水利工程建设及其影响的研究虽有所涉及，但总体仍较薄弱，尤其是负面影响方面。诚如环境史大家伊懋可所言：国内水利史研究一向注重探讨技术进步和工程建设的历史积极意义，而很少注意其对环境和经济的负面影响。② 这为本课题的开展留下了较大的空间。

（二）有关黄河、运河本体的历史研究

有关黄河、运河本体的历史研究，深受历史、地理以及水利等学科研究者的关注。20 世纪 30 年代，史念海《中国的运河》一书介绍了运河的历史变迁过程，其中运河的开凿、疏浚和管理尤为详细，也提到了运河与地理环境的关系。③ 冀朝鼎在《中国历史上的基本经济区与水利事业的发展》一书中，主张重视水利和政治的关系，为水利史研究提供了一个崭新的视角。④ 郑肇经的《河工学》和《中国水利史》，前者作为当时的水利教材，对历史上的黄河治理有所涉及，后者阐述了包括黄河、运河在内的水利发展史。⑤ 40 年代，张含英在《历代治河方略述要》《黄河治理纲要》中提出了规划思想及许多建议，有助于对历史时期河工问题的了解。⑥ 50 年代，岑仲勉的《黄河变迁史》介绍了历代黄河的变迁过程，其中涉及明代河患和清代河防。⑦ 60 年代，最值得一提的是台湾学者吴缉华关于明代海运与运河的研究。⑧ 论文方面，张景贤、高殿钧、汪胡

---

① 参见吴俊范《水乡聚落：太湖以东家园生态史研究》，上海古籍出版社 2016 年版。

② 参见［英］伊懋可《大象的退却：一部中国环境史》，梅雪芹、毛利霞、王玉山译，江苏人民出版社 2014 年版，第 14 页。

③ 参见史念海《中国的运河》，重庆史学书局 1944 年版。

④ 参见冀朝鼎《中国历史上的基本经济区与水利事业的发展》，中国社会科学出版社 1981 年版。

⑤ 参见郑肇经《河工学》，商务印书馆 1934 年版；《中国水利史》，商务印书馆 1939 年版。

⑥ 参见张含英《历代治河方略述要》，商务印书馆 1945 年版；《黄河治理纲要》，南京《和平日报》1947 年 8 月。

⑦ 参见岑仲勉《黄河变迁史》，人民出版社 1957 年版。

⑧ 参见吴缉华《明代海运及运河的研究》，台湾"中央"研究院历史语言研究所 1961 年版。

桢、黎国彬、陈隽人分别从不同角度简要叙述了运河的沿革变迁。[1] 谭其骧、方楫分别研究了明代黄河治理与漕运关系。[2] 总体而言，20 世纪 80 年代以前，研究成果相对较少，且多从水利发展史的角度，侧重于黄河与运河的变迁过程、工程治理等。

20 世纪 80 年代以后，相关研究成果大量出现，尤其是治水以及工程技术史研究较为突出。《黄河水利史述要》《历代治河方略探讨》《明清治河概论》《千古黄河》等分析了各个时期的黄河治理情况，尤侧重于明清时期的黄河治理。[3]《中国水利史纲要》《中国科学技术史概论》《明代河工史研究》等叙述了包括黄河、运河在内的古代水利工程的科学技术成就、工程兴衰及其与政治经济的关系，尤其对黄淮运交汇地区的治理进行了深入研究。[4]《黄河埽工与堵口》专门叙述了埽工技术的历史沿革及优缺点。[5]《中国的湖泊》分析了包括南四湖、骆马湖、洪泽湖在内的湖泊历史演变。[6]《京杭运河工程史考》《京杭运河治理与开发》《明代漕河之整治与管理》《京杭运河史》等有关京杭运河的专门研究成果，涉及运河开发与治理、运河与地理环境关系、黄运关系等问题。[7]《淮河水利简史》《黄淮关系及其演变过程研究：黄河长期夺淮期间淮北平原湖泊、

① 参见张景贤《北运河考略》，《地学杂志》1919 年第 9、10 期；高殿钧《中国运河沿革》，《山东建设月刊》1933 年第 12 期；汪胡桢《运河之沿革》，《水利》1935 年第 2 期；陈隽人《南运河历代沿革考》，《禹贡》1936 年第 1 期；黎国彬《历代大运河的修治情形》，《历史教学》1953 年第 2 期。

② 参见谭其骧《黄河与运河的变迁》，《地理知识》1955 年第 8、9 期；方楫《明代治河和通漕的关系》，《历史教学》1957 年第 9 期。

③ 参见水利部黄河水利委员会《黄河水利史述要》，中国水利水电出版社 1982 年版；张含英《历代治河方略探讨》，中国水利水电出版社 1982 年版；张含英《明清治河概论》，中国水利水电出版社 1986 年版；邹逸麟《千古黄河》，香港中华书局 1990 年版。

④ 参见姚汉源《中国水利史纲要》，中国水利水电出版社 1987 年版；熊达成、郭涛《中国科学技术史概论》，成都科技大学出版社 1989 年版；谷光隆《明代河工史研究》，京都同朋舍 1991 年版。

⑤ 参见徐福龄、胡一三《黄河埽工与堵口》，中国水利水电出版社 1989 年版。

⑥ 参见王洪道等《中国的湖泊》，商务印书馆 1995 年版。

⑦ 参见欧阳洪《京杭运河工程史考》，江苏航海学会出版社 1988 年版；邹宝山、何凡能、何为刚《京杭运河治理与开发》，中国水利水电出版社 1990 年版；蔡泰彬《明代漕河之整治与管理》，台湾"商务印书馆"1992 年版；姚汉源《京杭运河史》，中国水利水电出版社 1998 年版。

水系的变迁和背景》对黄淮运开凿和工程技术等问题多有涉及。[①] 这一时期的著作还有岳国芳《中国大运河》、庄明辉《大运河》、常征《中国运河史》、徐从法《京杭运河志（苏北段）》、刘会远《黄河明清故道考察研究》以及张纪成主编的《京杭运河（江苏）史料选编》。[②]

论文方面，邹逸麟分析了黄河下游的河道变迁及其影响，并深入研究了山东运河的河道开凿、河道变迁、水源控制及闸坝水柜设置等相关问题。朱玲玲论述了明代大运河的治理情况。王京阳分析了清代铜瓦厢改道前的河患及其治理情况。钮仲勋研究了历史时期人类活动对黄河下游河道变迁的影响，以及黄淮海平原区域历史开发对环境的影响。封越健论述了明代京杭运河的工程管理。徐海亮研究了历史上黄河水沙变化与下游河道变迁的关系。汪孔田专门就运河堰城枢纽工程进行了考察。李鄂荣分析了我国古代黄河水利工程活动对环境的影响。[③]

明清时期，黄河、运河水患频发，因此以灾害史为视角的研究也引起了一些学者的关注。除《清代黄河流域洪涝档案史料》《清代淮河流域洪涝档案史料》外，陈远生、王均、彭安玉、谢永刚、阚红柳、张万杰

① 参见水利部淮河水利委员会《淮河水利简史》编写组《淮河水利简史》，中国水利水电出版社 1990 年版；韩昭庆《黄淮关系及其演变过程研究：黄河长期夺淮期间淮北平原湖泊、水系的变迁和背景》，复旦大学出版社 1999 年版。

② 参见岳国芳《中国大运河》，山东友谊出版社 1989 年版；庄明辉《大运河》，上海古籍出版社 1997 年版；常征等《中国运河史》，北京燕山出版社 1989 年版；徐从法主编《京杭运河志（苏北段）》，上海社会科学院出版社 1998 年版；刘会远主编《黄河明清故道考察研究》，河海大学出版社 1998 年版；张纪成主编《京杭运河（江苏）史料选编》，人民交通出版社 1997 年版。

③ 参见邹逸麟《黄河下游河道变迁及其影响概述》，《复旦学报》1980 年历史地理专辑；邹逸麟《山东运河历史地理初探》，《历史地理》1982 年创刊号；朱玲玲《明代对大运河的治理》，《中国史研究》1980 年第 2 期；王京阳《清代铜瓦厢改道前的河患及其治理》，载谭其骧《黄河史论丛》，复旦大学出版社 1986 年版；钮仲勋《历史时期人类活动对黄河下游河道变迁的影响》，《地理研究》1986 年第 1 期；钮仲勋《黄淮海平原区域开发历史及其对环境的影响》，载《黄淮海平原农业自然条件和区域环境研究》第 2 集，科学出版社 1987 年版；封越健《明代京杭运河的工程管理》，《中国史研究》1993 年第 1 期；徐海亮《历史上黄河水沙变化与下游河道变迁》，载《黄河流域环境演变与水沙运行规律研究文集》，地质出版社 1992 年版；汪孔田《贯通京杭大运河的关键工程——堰城枢纽考略》，《济宁师专学报》1998 年第 5 期；李鄂荣《我国古代黄河水利工程活动对环境的影响》，《地质力学学报》1999 年第 3 期。

等分别研究了包括黄河、运河在内的历史上的洪涝灾害及其负面影响，阐述了明清时期人类治河对流域水灾的作用。①马雪芹指出，明代黄河流域农业开发的深度和广度超过了它以前的任何朝代，但同时也使黄河流域的自然环境遭到破坏。②钮仲勋指出，历史上黄河与运河的关系相当密切，两者之间经常发生交汇或联通，黄河的决溢往往给运河带来影响，所以探讨黄运关系对黄河史、运河史的研究都具有重要的意义。③

进入21世纪，随着运河申遗以及南水北调工程的开展，黄河史、运河史研究出现热潮，不仅研究领域扩大、成果数量增加，而且在资料、方法、视角等方面都有创新。因成果较为丰富，论文论著难以一一罗列详述，只列其中较为重要且与本课题直接相关者。《中国大运河史》《京杭大运河的历史与未来》《中国运河开发史》等讨论了京杭大运河的历史变迁及治理情况。④《中国运河文化史》《明清山东运河区域社会变迁》《明清苏北水灾研究》《淮河流域水生态环境变迁与水事纠纷研究(1127—1949)》分别为运河文化、运河区域社会、苏北皖北地区水灾方面的研究成果，但也有关于运河开凿历史的梳理。⑤《中国科学技术史·水利卷》《黄河变迁与水利开发》分别从技术史、水利开发史的角度分析黄河、运河工程问题。⑥《山东运河航运史》则以山东运河航运为主线，

---

① 参见陈远生等主编《淮河流域洪涝灾害与对策》，中国科学技术出版社1995年版；王均《黄河南徙期间淮河流域水灾研究与制图》，《地理研究》1995年第3期；彭安玉《试论黄河夺淮及其对苏北的负面影响》，《江苏社会科学》1997年第1期；谢永刚《历史上运河受黄河水沙影响及其防御工程技术特点》，《人民黄河》1995年第10期；阚红柳、张万杰《试论雍正时期的水灾治理方略》，《辽宁大学学报》1999年第1期。

② 参见马雪芹《明代黄河流域的农业开发》，《古今农业》1997年第3期。

③ 参见钮仲勋《黄河与运河关系的历史研究》，《人民黄河》1997年第1期。

④ 参见陈璧显《中国大运河史》，中华书局2001年版；董文虎等《京杭大运河的历史与未来》，社会科学文献出版社2008年版；陈桥驿主编《中国运河开发史》，中华书局2008年版。

⑤ 参见安作璋主编《中国运河文化史》，山东教育出版社2001年版；王云《明清山东运河区域社会变迁》，人民出版社2006年版；彭安玉《明清苏北水灾研究》，内蒙古人民出版社2006年版；张崇旺《淮河流域水生态环境变迁与水事纠纷研究（1127—1949）》，天津古籍出版社2015年版。

⑥ 参见周魁一《中国科学技术史·水利卷》，科学出版社2002年版；钮仲勋《黄河变迁与水利开发》，中国水利水电出版社2009年版。

全面揭示了山东运河航运的演变过程。① 英国学者伊懋可探讨了维持和修复水利工程的环境、经济和社会代价，其中列举了黄河与运河的例子。② 围绕大运河保护和申遗工作的开展，《空间信息技术在京杭大运河文化遗产保护中的应用》《京杭大运河沿线生态环境变迁》《京杭大运河国家遗产与生态廊道》相继出版，介绍了运河沿线生态环境和生态演变规律、运河及运河沿线遗产的现状等。③

　　论文方面，一是关于黄河、运河水灾方面的研究。曹志敏分析了嘉道时期黄河河患频仍的人为因素，认为黄淮运减水闸坝加重了苏北地区的水灾。胡梦飞、杨绪敏研究了明代徐州地区黄河水患的治理及其灾后应对。田冰、吴小伦认为，道光二十一年（1841 年）开封黄河水患与社会应对是一个典型的事件。吴朋飞、吴小伦、李相楠的研究表明，开封城市的兴衰与黄河生态环境变迁之间存在着极大的相关性，完善的防洪与排洪设施是开封城市生存与发展的重要保障。金诗灿研究了嘉道时期黎世序对黄河的治理。孙金玲指出，豫东平原因清代黄河频繁决溢，造成了土地大面积沙碱化、土壤肥力下降不堪耕种、城乡聚落惨遭淹毁、湖泊淤平、水系紊乱、河道淤塞、城镇衰落等一系列问题。二是从政治制度、河神信仰等视角加以解读。王英华分析了清口东西坝与康乾时期的河务问题。李光泉认为，清初政府高度重视治河并取得了重大成就，与当时治河一系列的重大改革密切相关。贾国静指出，黄河铜瓦厢改道后，清廷将新河道的治理任务推给了地方，这不但使得黄河治理由国家工程变成了地方工程，而且还促使黄河沿岸地区的传统权力结构体系发生了变化。张强认为，在康熙帝的高度重视、大力推动和亲自指授下，清初黄河治理成效显著。牛建强研究了明代黄河下游的河道治理与河神信仰。三是从地图的角度

　　① 参见《山东运河航运史》编纂委员会编《山东运河航运史》，山东人民出版社 2011 年版。

　　② 参见［英］伊懋可《大象的退却：一部中国环境史》，梅雪芹、毛利霞、王玉山译，江苏人民出版社 2014 年版，第 126—178 页。

　　③ 参见毛锋等《空间信息技术在京杭大运河文化遗产保护中的应用》，科学出版社 2011 年版；张金池、毛锋、林杰等《京杭大运河沿线生态环境变迁》，科学出版社 2012 年版；俞孔坚、李迪华等《京杭大运河国家遗产与生态廊道》，北京大学出版社 2012 年版。

加以解读。向修旺、赵磊等对《清代八省运河泉源水利情形总图》予以解读。席会东研究指出，河图在清代尤其是康熙朝的河患治理和河政运作中具有重要作用，《江南黄河堤工图》是了解乾隆朝前期江南黄河河道变迁、堤防工程、治河方略与河政管理的第一手资料，《豫东黄河全图》则是乾隆中期河南黄河河患治理情形的集中体现。①

此外，一些区域史研究成果也为本研究提供了资料、方法等方面的帮助。例如国外欧美学者施坚雅、缪尔达尔、赫希曼、克鲁格曼等分别从区域发展的整体历史现实和经济理论层面，解释了区域不平衡发展的深层原因②，日本学者森田明具体分析了清代水利与地域社会的关系。③国内学者邹逸麟、吴必虎、巴兆祥、吴海涛、王元林、王云、张崇旺、李庆华、胡惠芳、陈业新等，分别就黄淮海平原、江淮地区、山东运河

① 参见曹志敏《清代黄河河患加剧与通运转漕之关系探析》，《浙江社会科学》2008 年第 5 期；曹志敏《清代黄淮运减水闸坝的建立及其对苏北地区的消极影响》，《农业考古》2011 年第 1 期；曹志敏《嘉道时期黄河河患频仍的人为因素探析》，《农业考古》2012 年第 1 期；胡梦飞、杨绪敏《论明代徐州地区黄河水患的治理及其灾后的应对》，《江苏社会科学》2011 年第 1 期；田冰、吴小伦《道光二十一年开封黄河水患与社会应对》，《中州学刊》2012 年第 1 期；李相楠《宋都开封的兴衰与黄河生态环境变迁》，《宜春学院学报》2013 年第 2 期；吴朋飞、陆静、马建华《1841 年黄河决溢围困开封城的空间再现及原因分析》，《河南大学学报》（自然科学版）2014 年第 3 期；吴小伦《明清时期沿黄河城市的防洪与排涝建设——以开封城为例》，《郑州大学学报》2014 年第 4 期；金诗灿《黎世序与嘉道时期黄河的治理》，《信阳师范学院学报》2014 年第 3 期；孙金玲《清代黄河泛滥对豫东平原生态环境的影响》，《农业考古》2014 年第 1 期；王英华《清口东西坝与康乾时期的河务问题》，《中州学刊》2003 年第 3 期；李光泉《论清初黄河治理的改革》，《求索》2008 年第 5 期；贾国静《大灾之下众生相——黄河铜瓦厢改道后水患治理中的官、绅、民》，《史林》2009 年第 3 期；张强《从清初黄河治理看康熙帝领导风格》，《满族研究》2011 年第 4 期；牛建强《明代黄河下游的河道治理与河神信仰》，《史学月刊》2011 年第 9 期；向修旺、赵磊《清代〈八省运河泉源水利情形总图〉解读——运河动力之源》，《山东档案》2012 年第 2 期；孙果清《乾隆二十六年"河南黄河决口泛滥情形图"》，《地图》2012 年第 2 期；席会东《九曲黄河方寸中——美国国会图书馆藏〈江南黄河堤工图〉研究》，《殷都学刊》2013 年第 2 期；席会东《河图、河患与河臣——台北"故宫"藏于成龙〈江南黄河图〉与康熙中期河政》，《中国历史地理论丛》2013 年第 4 期；席会东《美国国会图书馆藏〈豫东黄河全图〉与乾隆朝河南河患治理》，《西北大学学报》2013 年第 4 期。

② 参见朱军献《区域不平衡发展研究的区域史视角与经济学视角》，《地域研究与开发》2011 年第 3 期。

③ 参见［日］森田明《清代水利史研究》，亚纪书房 1974 年版；《清代水利社会史研究》，国书刊行会 1990 年版；《清代水利与地域社会》，中国书店 2002 年版。

区域、苏北平原、淮河中下游、泾洛河流域、淮北、鲁西、皖北等区域的灾害、环境与社会经济变迁情况进行了研究。①

总体来看，以往有关黄河、运河本体的历史研究，涉及水利史、灾害史、环境史、社会史等领域，在灾害及其应对、黄运关系、水利工程调查考古、河工地图等方面涌现出了大批成果，尽管部分研究涉及水利工程与生态环境变迁问题，但没有专门从河工建设的角度进行深入系统的考察。鉴于此，本课题以明清黄河、运河河工为考察对象，选择人地关系最为突出的"黄运地区"作为研究区域，通过文献资料的收集整理，从长时段序列动态考察河工建设过程及其引发的区域生态环境变迁，以期有助于加深对水利史、生态环境史以及区域史的研究，深化对典型区域人地关系影响机理的认识，为当前的水利开发与生态环境保护提供科学依据，为历史、地理、水利、生态、环境科学等领域的研究提供借鉴与参考。

四 资料、方法及框架结构

（一）研究资料

探讨历史上的生态环境变迁，历史文献是最基本的资料来源。据统计，仅明清时期水利专著就有200种，多数是治河漕运书，治河书多兼及漕运。② 明清以来水利著作占现存水利专书品种的90%以上。③ 正如清代李大镛《河务所闻集》序言所称："夫河书如沧海，难觅其涯涘。"这些基本史料主要包含在以下三类文献典籍中：一是明清时期的治河专书，如《漕河图志》《河防一览》《北河纪》《泉河史》《治河管见》《古今疏

---

① 参见邹逸麟《黄淮海平原历史地理》，安徽教育出版社1993年版；吴必虎《历史时期苏北平原地理系统研究》，华东师范大学出版社1996年版；应岳林、巴兆祥《江淮地区开发探源》，江西教育出版社1997年版；吴海涛《淮北的盛衰：成因的历史考察》，社会科学文献出版社2005年版；张崇旺《明清时期江淮地区的自然灾害与社会经济》，福建人民出版社2006年版；李庆华《鲁西地区的灾荒、变乱与地方应对（1855—1937）》，齐鲁书社2008年版；胡惠芳《淮河中下游地区环境变动与社会控制（1912—1949）》，安徽人民出版社2008年版；陈业新《明至民国时期皖北地区灾害环境与社会应对研究》，上海人民出版社2008年版。

② 参见姚汉源《中国水利史纲要》，中国水利水电出版社1987年版，第567—568页。

③ 参见《中国水利史稿》编写组《中国水利史稿》下册，中国水利水电出版社1989年版，第450页。

治黄河全书》《河漕通考》《治河奏疏》《山东全河备考》《治河方略》
《居济一得》《抚豫宣化录》《河防疏略》《历代河防类要》《河防刍议》
《安澜纪要》《河工纪要》《河工见闻录》《河南管河道事宜》《河工摘
录》《濮阳河上记》《河南治河工程旧册》《黄河工总论》《黄运两河修筑
章程》《看河纪程》《奏定东河新设河防局章程》等，内容涉及河道开
挖、闸坝设置等河工问题的多个方面；二是《明史》《明会典》《清史
稿》《清会典事例》等官修史书，以及明清两朝的《明实录》《清实录》
《上谕档》《宫中档》《朱批奏折》等；三是明清时期的地方志、碑刻、
笔记、小说等。此外，还有大量现代人的研究成果，前文学术史回顾中
已有所涉及，此不赘。

（二）研究方法

有学者指出，社会科学研究要坚持三个观点：一是长时段的观点，
二是全局的观点，三是发展的观点。① 以历史文献与实地考察相结合见长
的历史地理学，致力于揭示历史时期人类活动对生态环境的影响②，不仅
要"复原"过去时代的地理环境，而且还要寻找其发生演变的规律，阐
明当前地理环境的形成和特点。③ 具有开展长时段研究的优势，有条件进
行大范围空间、长时段时间和全方位的研究。④ 鉴于此，本课题以历史地
理学的研究方法为主，综合运用环境科学、生态学等学科的方法，将文
献研究和田野调查相结合，选择河流、湖泊、海口、土壤、植被等能够
反映该地区生态环境变迁的要素，勾勒出黄运地区生态环境变迁的轨迹，
揭示人类工程建设活动与生态环境变迁的关系。

（三）框架结构

本课题以河道开挖、堤防修筑、闸坝创建、物料采办等河工建设活
动为主线，将河流、湖泊、土壤、植被、海口等问题串联起来，探讨明

---

① 参见何民捷《站在历史和时代制高点上做学问——访中国社会科学院秘书长高翔》，
《人民日报》2013 年 7 月 25 日。
② 参见王利华《生态环境史的学术界域与学科定位》，载唐大为主编《中国环境史研究》
第 1 辑，中国环境科学出版社 2009 年版，第 25 页。
③ 参见侯仁之《历史地理学刍议》，《北京大学学报》（自然科学版）1962 年第 1 期。
④ 参见葛剑雄《中国历史地理学的发展基础和前景》，《东南学术》2002 年第 4 期；《从历
史地理看长时段环境变迁》，《陕西师范大学学报》2007 年第 5 期。

清黄运地区河工建设与生态环境间的关系。除第一章绪言、第八章结论外，正文共分六章。

第二章，在概述黄运地区环境、社会状况的基础上，分析明清时期黄河、运河治理工程的时空特征及其原因。

第三章至第五章，分析河工建设所引发的黄运地区水环境变迁。分别从河流环境、湖泊环境、海口环境三个方面，分析河道开挖、堤防修筑、闸坝创建等人类活动对泗水、淮河、沂沭河、泇河、南四湖、骆马湖、洪泽湖等河湖水系的影响，揭示其以水系紊乱、湖泊缩小、泉源废弃、黄运分离、自然河道渠化、海岸线东移为特征的变迁趋势。

第六章，分析河工建设与土壤环境的变迁。河工建设破坏土壤、侵占耕地、引发用水与排水的矛盾、引起土地盐碱化与作物种植结构的演变，其影响范围和程度往往随工程规模、工程效果等不同而有所差异，本章揭示了其以生态环境退化为特征的自然景观格局的形成。

第七章，河工建设与黄运地区森林植被的变迁。探讨河工物料栽植、采办和使用等在塑造沿河植被景观的同时，导致森林植被日遭破坏。并以江南苇荡营为个案，分析清代苏北河工建设引发的植被环境变迁。

各章之后进行小结，最后一章总结全文，得出本研究的基本结论。黄运地区作为历史上的基本河工区，其运作过程依靠巨量的人力、物力、财力以及技术支撑，代价极其高昂，且导致生态环境变迁。黄运河工建设的历史，是一部人类活动在国家主导下持续干预生态环境的历史，正是以治水为中心的人类活动改变了自然的演替过程，使黄运地区的生态环境发生变化。

第 二 章

黄运地区河工的主要类型及
时空特征

一个地区的水利发展情况是自然因素和人类活动长期影响的结果，与这个地区的自然地理条件以及社会经济发展状况关系密切。本章在叙述明清黄运地区环境状况及河工类型的基础上，考察黄河、运河工程的时空特征，并分析其原因。

第一节 黄运地区的环境状况及河工类型

一 黄运地区的环境状况

黄运地区位于黄河下游冲积平原，面积广大，海拔低卑，大部分地区海拔在 50 米以下，小部分处于鲁中丘陵地区的边缘，包括泰沂山脉西部边缘及徐州地区丘陵低山。由于东部泰沂山地的阻挡，历史上黄河入海的出路只有两条：一夺大清河向东北入海，一夺淮河向东南入海。本区属东亚季风区，受季风、地形等条件影响，夏季降水集中，常有暴雨、洪水等灾害出现。区域内河流湖泊众多，黄、淮、运、沂、沭、泗等河流以及北五湖、南四湖、骆马湖、洪泽湖汇集于此。按照施坚雅的划分，黄运地区位于"华北大区"的南部，这里人口密集，但农村的商品化水平低，无灌溉系统的农业，提供的可供销售的剩余产品极少，北方漫长的冬季为农民提供了一大段农闲时间。因此依赖参与河工治理获得食物成为一部分人的首选，小说《金瓶梅》中韩爱姐的叔叔韩二即是这种情况，他"没营生过日，把房儿卖了，在这里挑河做夫子，每日觅碗饭吃"。

历史研究表明，包括黄运地区在内的中国东部地区干湿变化的情况是：8—14世纪降水连续偏多，15世纪偏少，16世纪前期偏干、后期偏湿，至17世纪前期（明末）最干，18—19世纪转向偏湿，东部区最涝年份为1569、1613、1762和1849年。[①] 华北在1450年以后寒冷年份明显增多，而1550—1650年为最冷期。[②] 气候的变化常影响河流水位，使得流经黄运地区的河流呈现汛期集中、年际变率大的特点，水量极不稳定。小说《野叟曝言》即描写了十月上旬进京"舟抵清江，改旱就道""天气渐冷，运河水涸"的情况。[③]

明清黄运地区灾害多发。黄河多在7、8月间发生"伏汛"，9、10月间发生"秋汛"，立春前后及3、4月间发生"凌汛""桃汛"，四汛中最大的是伏、秋二汛，且伏汛多于秋汛。诚所谓"黄河徙决于夏月者十之六七，秋月者十之四五，冬月盖无几焉"[④]。据封越健的研究，明代黄河水灾为年均洪武1.35次、永乐2.45次、宣德2.9次、正统5.64次、景泰2.71次、天顺2.12次、成化0.65次、弘治3次、正德1.88次、嘉靖1.2次，隆庆8.5次、万历3.46次、天启3次、崇祯4.06次。[⑤]

黄河的水患以及决徙改道给下游地区带来很大破坏，决口黄水往往冲破大堤，携带的大量泥沙沿途淤积，使得郑州以下中牟、祥符、兰阳境内，沙土夹杂。兰阳以下仪封、考城、睢州、宁陵、商丘等处因历次漫口，沙多土少，并有纯沙之处。[⑥] 这样的土壤分布状况对于河工建设极为不利，例如雍正以前，河南各地河工"用埽绝少"，原因是"土性虚

---

① 参见张家诚《中国气候总论》，气象出版社1990年版，第312—322页；李克让等《华北平原旱涝气候》，科学出版社1990年版，第83—84页。

② 参见文焕然、文榕生《中国历史时期冬半年气候冷暖变迁》，气象出版社1996年版，第122—129、161页。

③ 参见（清）夏敬渠《野叟曝言》第141回，"素父思亲成疾教子孙绝欲三年　圣君尽孝垂危闻冰渊忽驱二竖"。

④ （明）潘游龙辑：《康济谱》卷24《水利》。

⑤ 参见封越健《明代弘治年间的黄河灾害及治河活动》，载《资政要鉴》第2卷，北京出版社2001年版。

⑥ 参见《清高宗实录》卷1215，乾隆四十九年甲辰九月。

松，下埽难以存立"①。黄运地区本是重要的农业区，古代农业经济发达，因黄河夺淮造成该地区出现沙荒、盐碱、内涝的情况。据研究，到 10 世纪以后，黄河流域河患日益严重的趋势已不可逆转，灌溉系统破坏难以修复，土壤沙碱、水旱不时渐趋严重，整个生态环境不断恶化，造成经济逐渐衰落。② 黄河每次决溢在河道两侧形成缓流漫淤的坡地、坡地前缘的浅洼地，以及干流决口处的高岗地。相继发生的决溢、迁徙，使这些坡、岗、洼地重重交错相叠，久而久之，形成在纵向上沉积物粗细相叠，横向上地势起伏相连的波状大平原，其间夹杂着许多封闭、半封闭的浅洼地。③

二 黄运河工的主要类型

与西北黄土地区以及长江、珠江流域不同的是，"黄河下游与淮水流域，实质上就是一个防洪问题"④。明清时期的黄河、运河治理，包括挑浚分洪、蓄清刷黄、筑堤束水和尾闾改道等河工类型。明李如圭《济宁治水行台记》载曰："治运河者须治其源……治黄河者惟治其流……挑浅、修闸、筑坝、治堤之类。"⑤ 清代靳辅治河时，主要围绕疏浚河道、宽河固堤和建坝减洪三个方面用力，足见河道挑浚、闸坝修筑、堤防治理是河工建设的主要类型。诚所谓"治河之道，堤防与疏宣并重"⑥，"闸坝与堤防并重"⑦。立于今淮安码头镇的乾隆《御制重修惠济祠碑》称"经国之务，莫重于河与漕，两者必相资而成"，并记载河工的多种类型：若堤、若遥堤、若缕堤、若月河、若引河、若坝、若堰、若闸。⑧

---

① （清）刘成忠：《河防刍议》，载《清经世文编》卷89《工政二》。

② 参见邹逸麟《我国环境变化的历史过程及其特点初探》，《安徽师范大学学报》2002 年第 3 期。

③ 参见周立三主编《中国农业地理》，科学出版社 2000 年版，第 338 页。

④ 冀朝鼎：《中国历史上的基本经济区与水利事业的发展》，中国社会科学出版社 1981 年版，第 15 页。

⑤ （明）杨宏、谢纯：《漕运通志》卷 10《漕文略》。

⑥ 《清高宗实录》卷 1212，乾隆四十九年八月己丑。

⑦ （清）黎世序：《黄河北岸减坝疏》，载《清经世文编》卷 100《工政六》。

⑧ 碑文收在淮阴区政协文史资料第 14 辑《淮阴金石录》（香港天马出版有限公司 1994 年版）第 112 页。

首先是河道工程，即有关河道开挖、疏浚、裁弯、改道的工程。元代欧阳玄《至正河防记》曰："治河一也，有疏，有浚，有塞，三者异焉。酾河之流，因而导之，谓之疏。去河之淤，因而深之，谓之浚。抑河之暴，因而扼之，谓之塞。"明代尚书朱衡称："国家治河，不过浚、筑二策。浚浅之法，遏水而冲，在漕河可用人力捞浅。"明代李东阳也说："河之为患者，自古有之，汉以后决无常时，治法亦异，盖有塞、有浚、有疏，而疏之说胜。"① 上述各家强调了疏导、浚淤、塞决在河道工程建设中的重要地位。除此之外，还有河道改迁工程、引水减水工程，前者是指自然或人为因素导致的河流放弃原河道而另觅新路，后者则涉及闸、坝、涵洞、河道等类型。

其次是闸坝工程。元揭傒斯《建都水分监记》载曰："地高平则水疾泄，故为竭以蓄之，水积则立机引绳，以挽其舟之下上，谓之坝。地下迤则水疾涸，故为防以节之，水溢则绾起悬版，以通其舟之往来，谓之闸。"闸、坝尽管有所区别，但二者作用接近，均为控制水位、调节流量、防洪排涝的水工建筑物，故史料中常将二者相提并论。《元史》中最早出现了"闸坝"一词合用的记载，明清以后逐渐增加。闸有两种：一是横拦河道、调节水流、控制水深的节制闸（拦河闸）；二是建于河道一侧大堤上，控制水流出入的减水闸（排水闸、泄水闸）。坝有迎水坝、挑水坝、导水坝、顺水坝、减水坝、滚水坝、溢流坝等类型。② 按材料分，闸一般为砖闸、板闸、石闸，坝一般有土坝、石坝、砖坝、秸坝。一般来说，"石闸则工大而费繁，土坝则力省而较易"③。清丁恺曾《治河要语·坝工篇》载黄河坝工的类型："凡坝之名有八：曰挑水、曰鸡嘴、曰扇面、曰鱼鳞、曰拦河、曰减水、曰滚水、曰束水。凡坝者，拦以留之，挑以顺之，要使激之，束以缓之，闭以聚之，挽以复之，分以泄之，其用不同，因时制宜者善。"清董恂《江北运程》载运河闸坝之功用：闸之用有三，正河行水时畜泄，西岸进水，东岸出水；坝之用有二，障水使

---

① （明）李东阳：《宿州符离桥月河记》，载《明经世文编》卷54《李西涯文集》。

② 参见水利部黄河水利委员会编《黄河河防词典》，黄河水利出版社1995年版，第136—137页。

③ （清）张伯行：《居济一得》卷5《东省湖闸情形》。

勿泄，减水使徐泄。① 按照作用划分，运河闸可分为跨河闸（节制闸、制水闸）、积水闸（进水闸）、减水闸（分水闸）、平水闸；运河坝可分为滚水坝、减水坝等。②

最后是堤防工程。堤防是通过人力遏制洪水，束水归槽，保卫低地，保障生产生活而采取的一种手段。河道决口后，"多数情况必须由人工强事堵塞，始能挽回原河道"③。堤防修建历史悠久，有史以来就有筑堤堵御洪水泛滥的措施，几千年来堤防工程在治黄中始终是最主要的，两岸筑堤、修防、守险、堵决等史不绝书。④ 堤防类型多样，元《至正河防记》有载，"治堤一也，有创筑、修筑、补筑之名，有刺水堤、有截河堤、有护岸堤、有缕水堤、有石船堤"。明代潘季驯大筑遥堤、缕堤、格堤、月堤等四种类型的堤防，称"治河之法，惟有慎守河堤，严防冲决，舍此而别兴无益之工，即为劳民；舍此而别为无益之费，即为伤财"⑤。清丁恺曾《治河要语》记有缕堤、遥堤、越堤、格堤、戗堤五种类型，曰"临河曰缕，远河曰遥，薄而为重门曰越，越分内外，因时制宜也。河有变迁，于遥越中预筑以捍曰格，溜荡堤基，于后埤附，可卷埽，可防渗，总谓之戗。凡此五者，堤之异名也"⑥。此外，按照修筑主体划分，有官吏军夫修筑的官堤以及士绅民众修筑的民堰。按照施工对象划分，有河堤、江堤、海堤、湖堤等。

在实际操作中，不同类型的河工常交叉进行、混合使用，常因不同时期、不同治河者、不同河工地点而灵活变化。例如康熙年间靳辅治河，主张先浚淤塞决，大挑清江浦以下河道，再筑堤束水攻沙，接筑云梯关以下南北长堤，又于宿迁、桃源、清河、安东等地建造减水闸十余座。康熙间，董安国于云梯关下筑拦黄坝，后张鹏翮拆除拦黄坝。乾隆后期，阿桂自兰阳新筑黄河南堤，变原南堤为北堤。

---

① 参见（清）董恂《江北运程》卷首，图8。
② 参见姚汉源《京杭运河史》，中国水利水电出版社1998年版，第22页。
③ 参见张含英《历代治河方略探讨》，中国水利水电出版社1982年版，第5页。
④ 参见姚汉源《黄河水利史研究》，黄河水利出版社2003年版，第145页。
⑤ （明）潘季驯：《河防一览》卷10《恭诵纶音疏》。
⑥ （清）丁恺曾：治河要语，载《清经世文编》卷101《工政七》。

第二节　明代河工的时空分布

河工建设活动往往因朝代、年份、季节或地点的不同而有所差异，表现出明显的时空分布特征。以往关于黄河、运河的历史研究，多侧重于治河方略、工程技术等方面，很少注意到河工的时空分布。[①] 本节通过对《明史》《明实录》《行水金鉴》《通志》等史籍所载河工资料进行统计，分析明代277年间黄运地区河工的时空分布特征及其原因。

一　明代黄运地区河工的时间特征

本节以每5年为一个时间段，共统计出明代黄运两河河工次数234次，其中黄河120次，运河114次（表2—1），二者相差不大。根据统计资料可发现，河工与河患存在正相关性，相当数量的治河活动是在灾后进行的，属灾后应对型。而灾前预防型、日常维护型相对较少，说明明政府是在被动治河。

表2—1　　　　　　　　　　明代黄运地区河工次数一览表

起止时间	黄河河工次数	运河河工次数	黄运两河河工总次数
1368—1372	1	0	1
1373—1377	1	0	1
1378—1382	0	0	0
1383—1387	0	0	0
1388—1392	2	0	2
1393—1397	0	0	0
1398—1402	0	0	0
1403—1407	2	2	4
1408—1412	2	2	4
1413—1417	2	4	6

---

① 目前所见，张仁、谢树楠统计了1466—1855年黄河南流期间各河段发生决口次数，得出每个时段决口密度沿河的分布情况，绘出了不同时期决口重点的变迁过程。（张仁、谢树楠：《废黄河的淤积形态和黄河下游持续淤积的主要成因》，《泥沙研究》1985年第3期）

起止时间	黄河河工次数	运河河工次数	黄运两河河工总次数
1418—1422	2	0	2
1423—1427	0	0	0
1428—1432	1	7	8
1433—1437	2	0	2
1438—1442	0	6	6
1443—1447	3	1	4
1448—1452	4	11	15
1453—1457	3	7	10
1458—1462	1	3	4
1463—1467	2	2	4
1468—1472	0	3	3
1473—1477	0	1	1
1478—1482	2	3	5
1483—1487	0	1	1
1488—1492	2	0	2
1493—1497	2	1	3
1498—1502	4	0	4
1503—1507	1	5	6
1508—1512	4	0	4
1513—1517	0	0	0
1518—1522	1	2	3
1523—1527	1	2	3
1528—1532	5	0	5
1533—1537	5	1	6
1538—1542	3	1	4
1543—1547	1	0	1
1548—1552	3	0	3
1553—1557	2	1	3
1558—1562	0	0	0
1563—1567	3	1	4
1568—1572	6	7	13

续表

起止时间	黄河河工次数	运河河工次数	黄运两河河工总次数
1573—1577	8	6	14
1578—1582	3	2	5
1583—1587	4	3	7
1588—1592	9	6	15
1593—1597	4	5	9
1598—1602	4	3	7
1603—1607	3	2	5
1608—1612	1	0	1
1613—1617	4	1	5
1618—1622	3	3	6
1623—1627	2	3	5
1628—1632	1	1	2
1633—1637	0	5	5
1638—1642	0	0	0
1643—1644	1	0	1
合计	120	114	234

进一步将上表第3栏"黄运两河河工总次数"制成 Excel 图（图2—1），可显示出河工的时间分布情况：

（1）河工次数大于10次的时段有四个，即正统十三年至景泰三年（1448—1452年）15次，隆庆二年至六年（1568—1572年）13次，万历元年至五年（1573—1577年）14次，万历十六年至二十年（1588—1592年）15次。时间上集中在明代前后两个时期，且后期更为集中，表明了明中期以后河患的加重以及治河力度的加强。

（2）图2—1显示有两个明显的河工多发期，前一个波峰出现在永乐元年至成化十三年（1403—1477年），75年内有河工73次，平均每年将近1次。后一个波峰出现在嘉靖四十二年至万历四十年（1563—1612年），50年内有河工80次，平均每年将近2次，表明了河工建设频率的增加。需要说明的是，即使在第一个波峰中，河工数量也有所波动，甚至在永乐二十一年至宣德二年（1423—1427年）

一度降到 0 次。不过总体来看，永乐元年（1403 年）后河工次数呈
上升的趋势，到正统十三年至景泰三年（1448—1452 年）达到顶峰，
然后又逐渐减少。

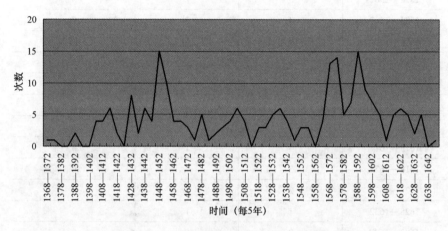

图2—1 明代黄运两河河工时间分布图

（3）与两个波峰相对的是三个波谷，明初洪武元年至建文四年间
（1368—1402 年）河工次数最少。中期成化十四年至嘉靖四十一年
（1478—1562 年）的 85 年，河工次数普遍较少，是一个相对稳定期。万
历四十一年至崇祯十七年（1613—1644 年）为第三个波谷，数量不多且
呈不断减少的趋势。

综合以上三项分析可知，明代后期的河工次数远多于明代前期，而
明中期的次数又少于前后两个时期，河工次数的时间分布呈现明显的不
平衡性。

以上分析了黄运两河河工的总体时间分布情况，那么，上图所展示
的情况主要是黄河河工在起作用，还是运河河工在起作用？下面分别将
黄河、运河河工制成 Excel 图（图2—2），以便更清晰地比较出上述波峰
或波谷的情况：

（1）据图 2—2 可见，前一个波峰主要是运河河工在起作用，这
一时段运河河工次数明显多于黄河；而后一个波峰则是黄运两河共同
作用的结果，两河河工次数均较多。值得注意的是图 2—2 的波谷部
分，随着时间的推移，黄河河工次数呈逐渐增多的趋势，并最终在明

后期超过运河。

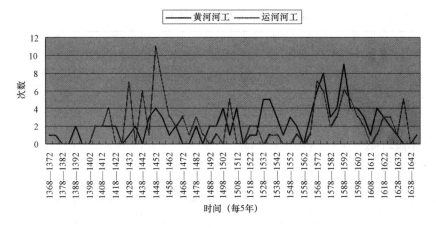

图2—2　明代黄运两河河工时间分布图

（2）单就黄河河工次数而言，整个明代呈不断上升的趋势，在明代的277年间发生120次，平均两年多一次，且越到后期河工发生的频率越高；单就运河河工次数而言，明代前后两个时期较多，中间一段时期较少。对比黄河与运河的情况可见，黄河河工次数前期少、后期多，运河河工次数则前期多、后期少。究其原因，当在于黄河水患有增无减。史书记载：正德、嘉靖年间，黄河分合靡常。万历三年（1575年）水患加剧，淮、黄南北淹没千里，清、桃源段河道淤塞，致漕船梗阻数年。万历六年（1578年）以后潘季驯治河，"筑堤束水，以水攻沙"。万历二十四年（1596年）杨一魁分黄导淮。而运河在开凿南阳新河、迦河等一系列避黄保运工程下逐渐脱离黄河，河道愈加稳定。

二　明代黄运地区河工的空间分布

以上分析了明代黄运地区河工的时间特征及其原因，下面主要分析其空间分布特征及其原因。

（一）黄河河工的空间分布

首先将明代黄运地区按照府级政区从空间上划分为五部分，并以5年为一时间段，分别统计出开封、归德、兖州、徐州、淮安五府的黄河河工次数（表2—2）。

表2—2　　　　　　　明代黄运地区各府黄河河工一览表

时间	开封府	兖州府	归德府	淮安府	徐州府
1368—1372	0	1	0	0	0
1373—1377	1	0	0	0	0
1378—1382	0	0	0	0	0
1383—1387	0	0	0	0	0
1388—1392	1	0	1	0	0
1393—1397	0	0	0	0	0
1398—1402	0	0	0	0	0
1403—1407	2	0	0	0	0
1408—1412	2	0	0	0	0
1413—1417	2	0	0	0	0
1418—1422	2	0	0	0	0
1423—1427	0	0	0	0	0
1428—1432	1	0	0	0	0
1433—1437	2	0	0	0	0
1438—1442	0	0	0	0	0
1443—1447	2	1	0	0	0
1448—1452	4	0	0	0	0
1453—1457	3	0	0	0	0
1458—1462	1	0	0	0	0
1463—1467	2	0	0	0	0
1468—1472	0	0	0	0	0
1473—1477	0	0	0	0	0
1478—1482	2	0	0	0	0
1483—1487	0	0	0	0	0
1488—1492	2	0	0	0	0
1493—1497	2	0	0	0	0
1498—1502	1	0	4	0	0
1503—1507	0	0	1	0	0
1508—1512	1	3	0	0	1

时间	开封府	兖州府	归德府	淮安府	徐州府
1513—1517	0	0	0	0	0
1518—1522	1	1	0	0	0
1523—1527	0	0	0	1	0
1528—1532	4	1	0	0	0
1533—1537	2	2	1	1	1
1538—1542	2	0	1	0	0
1543—1547	1	0	0	0	0
1548—1552	0	1	0	1	1
1553—1557	0	0	0	0	2
1558—1562	0	0	0	0	0
1563—1567	0	0	0	0	3
1568—1572	2	1	0	2	4
1573—1577	0	0	0	2	7
1578—1582	0	0	0	3	0
1583—1587	1	0	0	2	1
1588—1592	4	0	0	3	4
1593—1597	0	1	0	3	1
1598—1602	0	1	1	0	2
1603—1607	0	1	2	0	0
1608—1612	0	0	0	0	1
1613—1617	0	0	0	1	3
1618—1622	2	0	0	0	1
1623—1627	0	0	0	1	1
1628—1632	0	0	0	1	0
1633—1637	0	0	0	0	0
1638—1642	0	0	0	0	0
1643—1644	1	0	0	0	0
合计	53	14	11	21	33

据上表可见，整个明代河工次数最多的是开封府，其次是徐州府，而归德府、兖州府数量最少。究其原因，当是由于后者所辖河段较短。总体来看，明代河工次数是中游多于下游。

要想进一步了解不同时期的分布情况，还需要据表2—2制作"明代黄河河工空间分布图"（图2—3）。

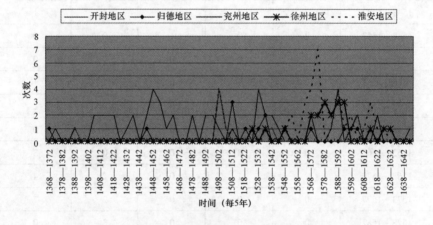

图2—3　明代黄河河工空间分布图

据图可知：（1）开封府是开展黄河河工最多的地区，整个明代持续进行，且前中期的数量多于后期。归德府的河工主要集中在弘治、正德年间。兖州府的河工自正德三年（1508年）起突然大幅出现，此时恰逢黄河东出山东张秋沙湾，常破坏运道。后来随着太行堤的修筑，河决的趋势放缓，地点南移至曹、单一带。印证了学术界关于明初河患特征的普遍认识，即明初河患集中在开封、阳武、原武三地。经过弘治三年（1490年）白昂、弘治六年（1493年）刘大夏两次大规模治河工程以后，黄河险段自开封上下移至黄陵冈、曹、单一带，特别是曹县境内。[1] 据统计，明代前期，河南境内河患占河南、山东、南直隶三地区总数的72%，而后期下降为13%；南直隶则从前期的16%上升为后期的74%。[2]

① 参见邹逸麟《黄淮海平原历史地理》，安徽教育出版社1993年版，第110—115页。
② 参见吴萍《略论明代黄河治理的复杂性》，载中国水利学会水利史研究会编《黄河水利史论丛》，陕西科学技术出版社1987年版，第75页。

（2）徐州府明中期以前河工较少，直到正德三年（1508 年）才开始出现。嘉靖二十五年（1546 年）以后，"南流故道始尽塞……全河尽出徐、邳，夺泗入淮"①，黄河分流的局面结束。隆庆以后，河工重点不在"山东、河南、丰、沛，而专在徐、邳"②。此后经潘季驯大规模治理，一直保持相当多的数量。相比徐州府而言，淮安府河工大规模出现的时间要更晚一些。淮安自嘉靖二十九年（1550 年）以来连年大水，至隆庆三年（1569 年）水患最大，该年河决淮安礼、信二坝，入海河道淤塞严重。潘季驯筑堤束水、杨一魁分黄导淮等一系列治黄活动均发生在明后期的淮安地区。

（二）运河河工的空间分布

运河流经明代黄运地区的兖州、徐州和淮安三府，故运河河工的空间分布只统计三个地区，方法也是以 5 年为一时间段，将整个明代划分成 56 段，统计出各时段的河工次数，制成"明代黄运地区各府运河河工次数一览表"（表 2—3）。

表 2—3　　　　　明代黄运地区各府运河河工次数一览表

时间	兖州府	徐州府	淮安府
1368—1372	0	0	0
1373—1377	0	0	0
1378—1382	0	0	0
1383—1387	0	0	0
1388—1392	0	0	0
1393—1397	0	0	0
1398—1402	0	0	0
1403—1407	0	1	1
1408—1412	1	0	0
1413—1417	1	3	1
1418—1422	0	0	0

① 《明史》卷 84《河渠志二》。
② 《明史》卷 83《河渠志一》。

续表

时间	兖州府	徐州府	淮安府
1423—1427	0	0	0
1428—1432	4	2	1
1433—1437	0	0	0
1438—1442	1	1	4
1443—1447	1	0	0
1448—1452	9	2	0
1453—1457	5	2	0
1458—1462	3	0	0
1463—1467	0	1	0
1468—1472	2	1	0
1473—1477	1	1	0
1478—1482	2	1	0
1483—1487	1	1	1
1488—1492	0	0	0
1493—1497	1	0	0
1498—1502	0	0	0
1503—1507	4	1	2
1508—1512	0	0	0
1513—1517	0	0	0
1518—1522	2	1	0
1523—1527	0	2	0
1528—1532	0	0	0
1533—1537	1	0	0
1538—1542	0	1	0
1543—1547	0	0	0
1548—1552	0	0	0
1553—1557	0	1	0
1558—1562	0	0	0
1563—1567	1	0	0
1568—1572	2	6	3
1573—1577	1	3	2

续表

时间	兖州府	徐州府	淮安府
1578—1582	0	2	1
1583—1587	0	0	3
1588—1592	3	1	2
1593—1597	3	1	1
1598—1602	0	3	0
1603—1607	0	0	2
1608—1612	0	0	0
1613—1617	1	0	0
1618—1622	2	0	1
1623—1627	0	0	3
1628—1632	0	0	1
1633—1637	0	1	4
1638—1642	0	0	0
1643—1644	0	0	0
合计	52	39	33

上表显示，兖州府是运河河工的重点地区，然后是徐州府、淮安府。为进一步了解各个时期的情况，下面根据表2—3制作"明代各地运河河工空间分布图"（图2—4）。

据图可见：（1）兖州府运河河工次数在明前期普遍较多，重开会通河、引水济运、南旺分水、创立水柜等工程都发生在这一时期。此后由于太行堤的修建，黄河不再侵犯山东北段运河，河患南移，兖州府运河河工次数逐渐减少。到明代后期，随着南阳新河、泇河等避黄保运工程的开凿，数量又有所增加。徐州府、淮安府的情况恰与兖州府相反，明代以前徐州至淮安段借黄行运，黄河即运河。前期的河工治理主要针对徐州洪、吕梁洪黄河险滩，包括设纤道纤站，疏浚水道，凿礁石，修月河，等等。淮安府也在明中期以后河工才明显增加，自嘉靖六年（1527年）后，"河流益南，并入清河……昔为徐州患，今移淮安"。嘉靖十五

年（1536 年）后，淮安府"言河患者始兼及运道"①。万历初年（1573
年），万恭在仪真、江都、高邮、宝应、山阳等地设闸 23 座、浚浅 51
处。万历六年（1578 年）以后，潘季驯大筑高家堰，于清江浦柳浦湾以
东加筑礼、智二坝，修宝应、黄浦等堤，建高、宝湖减水闸，疏浚运河
清口至瓜、仪河口。崇祯十五年（1642 年），张国维疏请挑浚淮扬运河
300 多里。

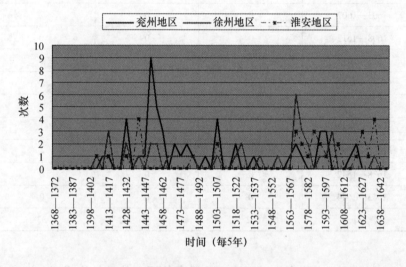

图 2—4　明代各地运河河工空间分布图

（2）对比图 2—3 的"明代黄河河工空间分布图"与图 2—4 的"明
代各地运河河工空间分布图"，可发现徐州地区运河河工大幅出现的时间
要晚于黄河河工，黄河河工在嘉靖二十五年（1546 年）之后大幅出现，
而运河河工则晚至隆庆二年（1568 年）。淮安地区黄河河工的大幅出现则
与运河河工同步，大约在隆庆元年（1567 年）之后，说明徐州地区运河
河工的出现与黄河直接关系不大，而淮安地区的运河河工与黄河有直接
关系。故徐州地方志中多有"开洳河以避黄水""修筑徐州至宿迁长堤"
"自茶城至邳、迁，高筑两堤"等记载，表明黄运治理分别进行。而淮安
地方志中多有"河道淤塞，漕艘梗阻""石砌新庄诸闸，以扼横流"等记

----

① 《咸丰清河县志》卷 4 《川渎上》。

载，说明黄运密不可分。

第三节 清代河工的时空分布

在分析清代之前，有必要对本节资料来源作一说明。事实上，对河工次数进行准确统计是很难的，正如张含英《历代治河方略探讨》所言："如同时邻近有几处决口，或以地名不同，或以统计方法不同，而列为数次，则记载又可能较实际为多。"① 前面关于明代河工次数的统计，主要利用了《明史》《行水金鉴》《明实录》等材料，这些材料贯穿整个明代，标准较为统一，便于利用，但清代情况就不一样了。本研究最初曾对《清史稿》《河南通志》《山东通志》《江南通志》《行水金鉴》《续行水金鉴》中的相关记载进行了统计，但发现存在诸多问题，不便直接利用。

其一，《行水金鉴》写成时，《江南通志》尚未问世，其参考内容多为《淮安府志》，而后来的《江南通志》于河工的记载远较《淮安府志》详细，导致详略不一；其二，相对而言，《山东通志》《河南通志》不如《江南通志》详细，最粗略的是《山东通志》，难免会得出江南地区河工多的结论；其三，如果仅用《清史稿》《行水金鉴》《续行水金鉴》的记载，也行不通。《行水金鉴》下限到康熙末年（1722 年），此后还需要参考《续行水金鉴》《再续行水金鉴》的记载。且三种《金鉴》的标准不一，《续行水金鉴》除照抄以上三省通志，仍存在江南详于河南、河南详于山东的情况，且利用了《河渠纪闻》，导致记载多有重复。

因此，本节不得不对资料的来源进行调整，只统计《清史稿》的记载，虽然较明代简略，却基本能保证标准的统一，可大体反映出清代河工的时空分布。

一 清代黄运地区河工的时间特征

本节据《清史稿》统计出清初至咸丰五年（1644—1855 年）212 年黄运地区的河工 136 次，其中黄河河工 95 次，运河河工 41 次（表 2—

---

① 参见张含英《历代治河方略探讨》，中国水利水电出版社 1982 年版，第 5 页。

4)，前者是后者的 2 倍多，与明代有很大不同。前文已述及，明代的黄河、运河河工次数基本相当，而清代运河河工次数明显少于黄河，说明经过清代以前一系列的治黄保运工程后，运河受黄河的影响明显减弱，故河工次数相应减少。清代在明代的基础上，更多的是做了一些整理与维护工作。且由于明清两朝治河理念的差别，也使得决河发生之后，产生不同的后果：明人因多顺河势，不确定性更大，损失更重，而清人决河后，多半即塞，人民生活相对稳定。[①] 本节统计亦发现，相当数量的治河活动是在灾患发生后进行的，属灾后应对型。例如清姚元之《竹叶亭杂记》所载乾隆朝江南、河南地方黄河漫口合龙情况，均为灾后应对型。[②]

表 2—4　　　　　　　　清代黄运地区河工次数一览表

时间	黄河河工次数	运河河工次数	全部河工次数
1644—1648	1	0	1
1649—1653	2	1	3
1654—1658	3	1	4
1659—1663	1	1	2
1664—1668	1	0	1
1669—1673	3	0	3
1674—1678	3	0	3
1679—1683	4	5	9
1684—1688	2	2	4
1689—1693	1	1	2
1694—1698	1	0	1
1699—1703	1	3	4
1704—1708	1	2	3
1709—1713	0	0	0

---

① 参见韩昭庆《明清时期黄河水灾对淮北社会的影响探微》，载刘海平主编《文明对话：东亚现代化的涵义和全球化中的文化多样性——中国哈佛燕京学者第四、五届学术研讨会论文选编》，上海外语教育出版社 2006 年版，第 441—463 页。

② 参见（清）姚元之《竹叶亭杂记》卷 2。

续表

时间	黄河河工次数	运河河工次数	全部河工次数
1714—1718	0	0	0
1719—1723	6	1	7
1724—1728	3	3	6
1729—1733	2	3	5
1734—1738	0	2	2
1739—1743	3	0	3
1744—1748	3	0	3
1749—1753	3	0	3
1754—1758	4	0	4
1759—1763	1	3	4
1764—1768	1	1	2
1769—1773	2	1	3
1774—1778	5	0	5
1779—1783	1	0	1
1784—1788	3	0	3
1789—1793	1	1	2
1794—1798	3	2	5
1799—1803	5	0	5
1804—1808	4	1	5
1809—1813	5	1	6
1814—1818	1	0	1
1819—1823	4	2	6
1824—1828	3	1	4
1829—1833	2	0	2
1834—1838	1	1	2
1939—1843	2	1	3
1844—1848	1	0	1
1849—1853	2	0	2
1854—1855	0	1	1
合计	95	41	136

与研究明代的方法一样，本节根据表2—4的统计，以每5年为一个时间段制作出"清代黄运两河河工时间分布图"（图2—5）。

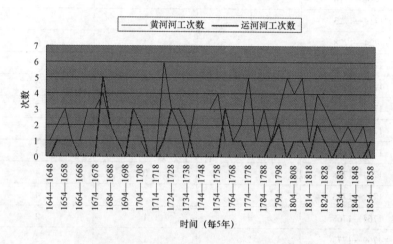

图2—5 清代黄运两河河工时间分布图

据图可见：（1）单就黄河河工而言，自顺治元年至康熙二十七年（1644—1688年）的45年共有20次，尤其靳辅治河时期河工次数较多。清初黄河问题频发的原因是，重视运河而轻视黄河，不知道黄河、运河本为一体，再加上分水过多，没有合流。此外，因明清鼎革之际的战争造成水利工程被破坏，亟须恢复。康熙十六年（1677年）靳辅任河督以后，提出"治河必审全局，合河运为一体，首尾而并治之"的治河方略，大力堵塞黄河决口，加筑堤工，修建减水闸坝。

（2）单就运河河工而言，与黄河有明显不同。以乾隆十四年（1749年）为界，分为前后两个时期，前一时期年均0.24次，后一时期年均0.15次，河工次数总体上在减少。说明清代前期主要沿用明代旧制，靳辅开凿中河等一系列工程使运河在避黄策略下逐渐脱离黄河。中后期运河症结仅集中在淮安清口一隅，河工主要针对难以根治的黄河，或借黄，或避黄，实施借黄济运、倒塘灌运等措施。道光六年（1826年）后开始河海并运，运河的重要性进一步降低。

（3）清代黄河河工经历了马鞍形的演变过程，自康熙二十八年至五十七年（1689—1718年）为一个30年的平静期，年均河工0.13次，说明此前的河工治理此时已见成效，无须再兴大工。其中康熙三十三年至四十七年（1694—1708年），运河河工次数多于黄河，此时正处于开凿中运河前后。康熙亲政之初，"以三藩及河务、漕运为三大事"[1]，河道总督杨方兴、朱之锡、靳辅等也多有建树，使河道在清初相当长的时间内保持稳定。此后100多年（1719—1823年）河工又兴举不断，年均0.57次。直到道光四年（1824年）以后才逐渐减少，此时的黄河下游河道已经淤废不堪。

二　清代黄运地区河工的空间分布

以上分析了清代黄运两河河工的时间特征及其原因，下面主要分析其空间分布特征及其原因。

（一）黄运两河河工的空间分布

清代黄运地区可按照省级政区划分为山东、河南、江南三个部分，分别以每5年为一时间段，统计出每一时间段的河工次数（表2—5）。

表2—5　　　　　　　清代黄运地区各省河工次数一览表

时间	河南	山东	江南	合计
1644—1648	0	1	0	1
1649—1653	2	3	0	5
1654—1658	2	0	2	4
1659—1663	1	0	1	2
1664—1668	0	0	1	1
1669—1673	0	0	3	3
1674—1678	0	0	3	3
1679—1683	0	0	9	9
1684—1688	1	0	4	5
1689—1693	1	1	2	4
1694—1698	0	0	1	1
1699—1703	0	0	4	4
1704—1708	0	0	3	3

---

[1]　《清史稿》卷279《靳辅传》。

时间	河南	山东	江南	合计
1709—1713	0	0	0	0
1714—1718	0	0	0	0
1719—1723	5	2	1	8
1724—1728	1	1	4	6
1729—1733	0	2	3	5
1734—1738	0	2	0	2
1739—1743	0	0	3	3
1744—1748	0	0	3	3
1749—1753	3	1	1	5
1754—1758	0	0	4	4
1759—1763	1	2	1	4
1764—1768	0	0	2	2
1769—1773	2	0	1	3
1774—1778	2	0	3	5
1779—1783	0	0	1	1
1784—1788	1	0	2	3
1789—1793	0	0	2	2
1794—1798	0	3	4	7
1799—1803	2	1	3	6
1804—1808	0	1	4	5
1809—1813	0	0	6	6
1814—1818	1	0	0	1
1819—1823	1	2	3	6
1824—1828	1	1	3	4
1829—1833	1	0	1	2
1834—1838	1	1	0	2
1939—1843	2	1	0	3
1844—1848	1	0	0	1
1849—1853	2	0	1	3
1854—1855	0	1	0	1
合计	34	26	89	148

据上表可制成黄运地区"清代黄运两河河工空间分布图"（图2—6）。

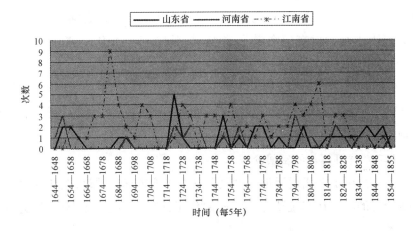

图2—6　清代黄运两河河工空间分布图

从图中可以看出：（1）清初前十年三省河工都较多，说明清初鼎革之际各种水利设施遭到极大破坏，亟须整修，同时也说明黄淮关系日趋恶化，"今之水势与前代虽异而实同，前代止治河，今则兼治淮矣"[①]。

（2）以康熙五十二年（1713 年）为界，前后两个时段明显不同。前一时段自康熙八年至五十二年（1669—1713 年）的 45 年，山东、河南地区河工较少，江南地区河工数量多，甚至在康熙十八年至二十二年（1679—1683 年）达到 9 次之多，年平均 2 次。此时正是靳辅大治淮安清口的时期，"治河、导淮、济运三策，群萃于淮安清口一隅，施工之勤，糜帑之巨，人民田庐之频岁受灾，未有甚于此者"[②]。康熙十六年（1677 年）还将河督驻地由济宁移至淮安清江浦。雍正年间分设三个河道总督，北河驻天津，东河驻济宁，南河驻清江浦。河南地区河工多的原因，是"豫省黄河在河阴以上土性坚硬，从来不事修防，在荥泽以下土性虚松，堤岸易溃。每遇伏秋河涨，卒发荡激冲撞，甚有一日之间塌卸河岸宽一

[①]　戴逸、李文海主编：《清通鉴》卷 9，清世祖顺治九年（1652 年），山西人民出版社 2000 年版，第 1006 页。

[②]　《清史稿》卷 127《河渠志二》。

二十丈至四五十丈者，岁修、抢修在在有之"①。

（3）康熙五十三年后（1714年），三省间的差别不如前一阶段明显，总体而言江南最多，河南次之，山东最少。但个别时期山东河工较多，例如雍正五年（1727年）正月，嵇曾筠指出，近年豫省河务险工下移，堤岸完固平稳，山东河务甚属紧要。② 乾隆五十九年至嘉庆二十三年（1794—1818年），江南地区的河工又表现为一个多发期。

（4）咸丰五年（1855年）黄河夺大清河入海前的20余年间，江南地区的河工骤然减少，河南地区的数量相应增多，预示着在铜瓦厢决口的前夜，河南地区已现大灾的端倪。

（二）黄河河工的空间分布

上文分析了清代黄运地区两河河工的空间分布，那么上述变化主要是哪个省的河工在起主要作用？故制作了河南、山东、江南各省黄河河工次数一览表（表2—6）。

表2—6　　　　　　　　清代黄运地区各省黄河河工次数一览表

时间	河南	山东	江南	合计
1644—1648	0	1	0	1
1649—1653	2	2	0	4
1654—1658	2	0	1	3
1659—1663	1	0	0	1
1664—1668	0	0	1	1
1669—1673	0	0	3	3
1674—1678	0	0	3	3
1679—1683	0	0	4	4
1684—1688	1	0	2	3
1689—1693	1	1	1	3
1694—1698	0	0	1	1
1699—1703	0	0	1	1
1704—1708	0	0	1	1

---

① （清）张鹏翮：《治河全书》卷10《河南黄河图说》。

② 参见《雍正朱批谕旨》卷175。

续表

时间	河南	山东	江南	合计
1709—1713	0	0	0	0
1714—1718	0	0	0	0
1719—1723	5	1	1	7
1724—1728	1	0	2	3
1729—1733	0	0	2	2
1734—1738	0	0	0	0
1739—1743	0	0	3	3
1744—1748	0	0	3	3
1749—1753	3	1	1	5
1754—1758	0	0	4	4
1759—1763	1	0	0	1
1764—1768	0	0	1	1
1769—1773	2	0	0	2
1774—1778	2	0	3	5
1779—1783	0	0	1	1
1784—1788	1	0	2	3
1789—1793	0	0	1	1
1794—1798	0	2	2	4
1799—1803	2	1	3	6
1804—1808	0	0	4	4
1809—1813	0	0	5	5
1814—1818	1	0	0	1
1819—1823	3	0	1	4
1824—1828	1	1	2	4
1829—1833	1	0	1	2
1834—1838	1	0	0	1
1939—1843	2	0	0	2
1844—1848	1	0	0	1
1849—1853	1	0	1	2
1854—1855	0	0	0	0
合计	35	10	61	106

表中显示了山东、河南、江南三省的河工数量，可见江南省最多，河南省次之，山东省最少，说明清代河工重点移到了江南地区。为进一步区分清代不同时期黄河河工的空间分布情况，下面再根据表2—6制成图2—7。

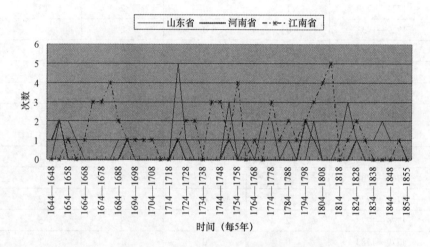

图2—7 清代黄河河工空间分布图

据图可知：（1）康熙五十二年（1713年）前后，黄河河工主要限于江南地区，很少波及河南，当时河南境内黄河处在一个安静期，故靳辅治河的重点是清口以下河段。据统计，从康熙五年至五十九年（1666—1720年）的50余年，河南地区只发生过4次决溢。而顺治、康熙、雍正、乾隆四朝150余年中，下游河道决溢200次，发生在萧县以下至河口段的约120次，占6/10。① 清代后一时段，二者变化的趋势比较一致，江南、河南地区同时受到黄河变迁的影响。据研究，从嘉庆元年（1796年）至咸丰初年（1851年）开始时，决口地点都集中在曹、丰、沛一带，以后又向上游河南境内移动。②

（2）以康熙五十二年（1713年）为界，前一时段河南地区河工次数较少，此后至1723年出现一个短暂的爆发期，后又沉寂了一段时间。乾

---

① 参见邹逸麟《黄淮海平原历史地理》，安徽教育出版社1993年版，第112—114页。
② 同上书，第113页。

隆九年（1744 年）后，河南地区的河工一直保持相当数量，说明乾隆以后黄河形势日趋恶化。同时也说明雍正、乾隆时期，特别是乾隆中叶以前，对于黄河的治理还是比较重视的。[①]

（3）山东地区的黄河河工次数总体上不多，一方面说明所辖黄河段较短，另一方面也说明上游河南地区的黄河变化对山东地区影响不大。山东地区的河工建设主要集中在清初及嘉庆年间。

（三）运河河工的空间分布

运河流经清代黄运地区的山东省和江南省，故本节只研究这两个地区的运河河工空间分布，方法也是以 5 年为一个时间段，统计出各段的运河河工次数（表2—7）。

表2—7　　　　　　　黄运地区各省运河河工次数一览表

时间	山东	江南	合计
1644—1648	0	0	0
1649—1653	1	0	1
1654—1658	0	1	1
1659—1663	0	1	1
1664—1668	0	0	0
1669—1673	0	0	0
1674—1678	0	0	0
1679—1683	0	5	5
1684—1688	0	2	2
1689—1693	0	1	1
1694—1698	0	0	0
1699—1703	0	3	3
1704—1708	0	2	2
1709—1713	0	0	0
1714—1718	0	0	0

———

① 参见《黄河水利史述要》编委会《黄河水利史述要》，中国水利水电出版社 1982 年版，第 307 页。

时间	山东	江南	合计
1719—1723	1	0	1
1724—1728	1	2	3
1729—1733	2	1	3
1734—1738	2	0	2
1739—1743	0	0	0
1744—1748	0	0	0
1749—1753	0	0	0
1754—1758	0	0	0
1759—1763	2	1	3
1764—1768	0	1	1
1769—1773	0	1	1
1774—1778	0	0	0
1779—1783	0	0	0
1784—1788	0	0	0
1789—1793	0	1	1
1794—1798	1	2	3
1799—1803	0	0	0
1804—1808	1	0	1
1809—1813	0	1	1
1814—1818	0	0	0
1819—1823	2	0	2
1824—1828	0	1	1
1829—1833	0	0	0
1834—1838	1	0	1
1939—1843	1	0	1
1844—1848	0	0	0
1849—1853	0	0	0
1854—1855	1	0	1
合计	16	26	42

为区分清代各时期运河河工的空间分布，下面利用表 2—7 制成图 2—8。

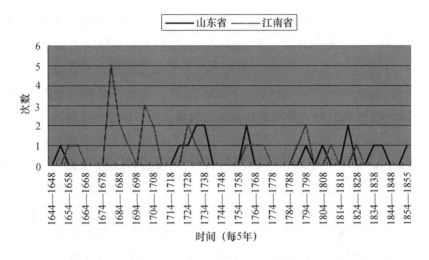

图 2—8 清代运河河工空间分布图

据图可知：（1）江南地区在清前期黄运两河河工次数均较多，清中期黄河河工次数明显多于运河，说明清中期治河官员更重视桀骜不驯的黄河，而运河比较稳定。江南地区康熙十三年至四十七年间（1674—1708 年）河工次数最多，先后开挖了皂河、中河，使黄运彻底分离，并疏浚运河、建造减水闸、开挖六塘河，分泄骆马湖、洪泽湖水。山东地区的河工主要集中在清代中期（1719—1739 年）和后期（1789—1855 年）两个时间段，而且越往后次数越频繁，主要的工程有开凿伊家河、整修湖堤、加强水源治理等。

（2）比较江南与山东，康熙五十八年（1719 年）以前江南地区的河工次数明显多于山东地区。康熙五十八年至道光八年（1719—1828 年）二者相差不大，且在变化趋势上也比较一致，这一时期江南地区洪泽湖减水问题以及海口淤积问题突出，山东地区则面临着水源不足的困扰。道光八年（1828 年）以后，山东地区的河工次数反多于江南地区，表明运河浅阻的问题更加突出。

本章小结

"窃惟国家今日之重计,孰有重于黄运河工哉?"[1] 明清时期的黄河、运河治理,包括挑浚分洪、蓄清刷黄、筑堤束水和尾闾改道等多种河工类型。不过总体而言,与黄河有关的治水活动主要集中在堤防修筑、堵口塞决上面,河道改迁工程相对较少。河道改迁工程更多的是体现在运河的治理上,是伴随着黄河堤防建设以及黄运关系调整而进行的。

明清几百年间黄运地区的河工治理,无论在时间序列上还是在空间分布上,都有明显的变化。从时间上看,明代越到后期河工越频繁,规模也越大。明代前期运河工程居多,后期黄河工程居多,就整个明代而言,黄河河工与运河河工的数量基本持平。明中叶以后,实施"坚筑堤防,纳水于一槽"的治河方针,把筑堤视为治河的一项重要措施,工役接连不断,故这一时期出现了刘天和、朱衡、万恭、潘季驯等著名治水人物。

清代前期大型河工较多,后期小型河工居多,且小型河工有随时间推移明显增加的趋势。清代黄河河工次数,1644 年至 1688 年的 45 年共有 20 次,1689 年至 1718 年为一个 30 年的平静期,此后 100 多年间又兴举不断,直到道光四年(1824 年)后才逐渐减少。运河河工与黄河河工有明显不同,清初运河河工次数是黄河的一半,比例悬殊的原因是黄运关系的处理使得运河河工急剧减少。诚如靳辅所言:"河、运宜为一体。运道之阻塞,率由河道之变迁。"[2] 黄河得到治理,运河自然无事。以1749 年为界,运河河工分为前后两个时期,前一时期年均 0.24 次,后一时期年均 0.15 次,说明清代中后期运河逐渐脱离黄河,河工治理主要针对难以根治的黄河,在运河方面用力较少。

就空间特征而言,河工建设地点自上游而下游、自北而南、自西而东不断下移。明前期河工治理重北轻南,以保漕为主,多在北岸修筑大堤,尽量使黄河南流,工程规模大、数量多。明初黄河河工集中在河南

---

① (清)慕天颜:《治淮黄通海口疏》,载《清经世文编》卷99《工政五》。
② 《清史稿》卷127《河渠志二》。

境内开封地区，归德地区的河工主要集中在 15 世纪末，兖州地区的河工则要到 16 世纪初才大幅增加，南直隶徐州地区的河工在明中期以前较少，直到 16 世纪中期后才大量出现，最晚的是淮安地区，其大幅出现比徐州又晚近 20 年。

清初山东、河南、江南三省河工都较多，此后 1679—1693 年，江南地区河工数量明显多于山东、河南。靳辅任河道总督后，全面负责黄运治理，江南地区河工数量仍保持优势，但三省间的差距不如之前明显。比较黄河与运河河工，可发现江南地区清前期黄运河工次数均较多，清中期黄河河工次数明显多于运河，1828 年以后，山东地区的运河河工次数多于江南地区。

就工程规模而言，明代大型工程居多，动辄用工几万人，用银数千两，筑堤上百里，浚河上百里。到清代有所减少，运河尤其明显。说明经过明清几百年的治理，一些大的堤防、闸坝工程已较完备，此后更多的是小的堵口塞决、引河清淤工程。而且很多河工是在水患发生后临时进行的，多为灾后应对型，是为了救灾需要，限于人力物力以及技术的原因，只求早日见效，不考虑长远坚固。这些在紧急情况下抢修而成的险工，工程布局不尽合理，工程强度较低，很难保证工程的质量，易生新险，导致恶性循环。低劣的河工难免会加重当地百姓的负担，使百姓在饱尝漫决之灾后，又遭遇兴工之累。

第 三 章

河工建设与河流环境的变迁

　　河流环境是河水所流经的空间环境。其对地球生物圈和生态系统，尤其是陆地生态系统，具有重要的影响。[1] 研究人类与河流的关系，已经成为大江大河地理学研究乃至陆地地球系统科学研究的核心内容。[2] 有关历史时期黄运地区河流环境的研究，一些水利史、灾害史、区域史等研究中有所涉及。以往研究表明，黄河夺淮、黄河废弃、京杭运河开发等，会对河流环境和水系结构带来影响[3]，表现为人工设施破坏了原有的天然水系，使水系分解、重组，引起了水沙变化，河湖系统泄洪、蓄洪的功能发生紊乱，河流排泄能力降低及入海水道不畅，环境问题和自然灾害较多，出现频繁而严重的洪涝灾害等。[4] 但总体而言，以往研究虽涉及人类水利活动对河流环境的影响，但多限于部分地区或某些方面的影响，

---

　　[1] 参见徐祖信编《河流污染治理技术与实践》，中国水利水电出版社 2003 年版，第 1 页。

　　[2] 参见许炯心《中国江河地貌系统对人类活动的响应》，科学出版社 2007 年版，第 1 页。

　　[3] 参见邹宝山等《京杭运河治理与开发》，中国水利水电出版社 1990 年版，第 58—61 页；孙益群等《徐州以下黄河故道区域开发略论》，载《黄河明清故道考察研究》，河海大学出版社 1998 年版，第 337 页；赵筱侠《黄河夺淮对苏北水环境的影响》，《南京林业大学学报》2013 年第 3 期；谭徐明等《13 至 19 世纪黄淮间运河自然史研究》，《中国水利水电科学研究院学报》2014 年第 2 期。

　　[4] 参见邹逸麟《山东运河历史地理问题初探》，《历史地理》创刊号，上海人民出版社 1981 年版；邹逸麟《从地理环境角度考察我国运河的历史作用》，《中国史研究》1982 年第 3 期；吴祥定、钮仲勋、王守春《历史时期黄河流域环境变迁与水沙变化》，气象出版社 1994 年版；王均《黄河南徙期间淮河流域水灾研究与制图》，《地理研究》1995 年第 3 期；蒋自巽等《苏鲁豫皖接壤地区的环境特征及水环境问题》，《地理学报》1998 年第 1 期；张红安《明清以来苏北水患与水利探析》，《淮阴师范学院学报》2000 年第 6 期；卢勇、王思明《明清淮河流域生态变迁研究》，《云南师范大学学报》2007 年第 6 期；路洪海、董杰、陈诗越《山东运河开凿的生态环境效应》，《河北师范大学学报》（自然科学版）2014 年第 4 期。

更多是强调自然灾害的发生原因及其对经济社会的影响①，至于以黄河、运河河工建设为视角的河流环境变迁研究，还很薄弱。

第一节　河道工程与河流环境的变迁

一　河道疏浚工程

（一）黄河疏浚工程及其影响

黄河是黄运地区最大的自然河流，以"善淤、善徙、善决"著称，到金代时已发生了周定王五年（前602年）、西汉王莽三年（8年）、北宋庆历八年（1048年）和金明昌五年（1194年）四次大迁徙，其中第四次迁徙导致黄河南流夺淮入海。到明清时期，黄河的决徙变迁愈加频繁，河道疏浚工程也频频进行。

明代前期，河患多发生在河南境内，尤其集中于郑州、开封地区，决口后大多南流夺淮入黄海，有时东北流至山东寿张穿运河入渤海。在相当长的时间内，黄河还曾多支并流入淮：一经元末贾鲁河故道，在徐州以下至淮阴入淮；一经颍水至寿州入淮；一经涡河至怀远入淮，造成了今豫东、鲁西南、苏北、皖北一带异常复杂的河流环境。因黄河水流湍急，干道疏浚工程不易进行，主要大力疏浚黄河支流河道，减杀黄河水势，并实行"北堤南分"的治河策略。例如，永乐九年（1411年）浚祥符鱼王口及鱼台塌场口，使黄河归故道。宣德六年（1431年）浚祥符抵仪封黄陵冈淤道450里，四年后又浚金龙口。成化十一年（1475年）浚耐牢坡至塌场口旧河98里，改称永通河。弘治年间白昂浚古汴河，下徐州入泗，并浚睢河自归德至宿迁，以会漕河。其后刘大夏治河，浚仪封黄陵冈贾鲁旧河40里，由曹州出徐州，以杀黄河水势。浚祥符四府营淤河20里，由陈留至归德，分二派入淮。又浚孙家渡口，由中牟、颍川东入淮。还主持修建了一条自河南武陟、虞城至江苏丰县、沛县的黄河大堤，遏制黄河北流，南岸分流由濉、涡、颍入淮。正德五年（1510年），工部侍郎崔岩疏浚祥符董盆口及荥泽孙家渡入淮河道，并疏浚贾鲁

---

① 参见廖艳彬《20年来国内明清水利社会史研究回顾》，《华北水利水电学院学报》2008年第1期；戴培超、沈正平《水环境变迁与徐州城市兴衰研究》，《人文地理》2013年第6期。

河以通运道。

明中期以前的治河取得了很大效果，作用不可低估。但由于"治河、治运和治淮交织在一起，错综复杂，修治之困难非前此任何一代所可比拟，河道的紊乱也超过了以前任何时期"①。以保运为目的的治河活动，过度向南分流，疏通南岸支河，使黄河分为濉、泗、涡、颍四派支流入海，导致"大河正流乃夺汴入泗合淮，遂以一淮受莽莽全黄之水"②。黄河带来的泥沙沿途淤积，南岸涡、颍、濉等分流河道纷纷淤塞断流，黄河遂改道自兰阳、考城、曹县、濮州奔赴沛县飞云桥及徐州溜沟。随着河患地点的东移，徐州至淮安间黄运交汇段运河，往往受到黄河的冲淤，漕河时通时阻。下游曹、单、丰、沛地区，从此成为水患多发之地。

明中期以后，由于河南境内堤防的形成，再加上黄河由颍入淮的河道逐渐淤塞，河患移至山东和南直隶境内，尤其集中在曹县、单县、沛县、徐州等地。正德、嘉靖年间，黄河在归德以下、徐州以上的范围内，此冲彼淤，呈多道分流入运之势③，疏浚工程不断进行。这一时期，最值得一提的河道疏浚工程是徐州、吕梁二洪的治理，疏浚对象不仅仅是泥沙，更多的是乱石。徐州洪、吕梁洪为黄河上的两处险滩，巨石盘踞，水流湍急，是"咽喉命脉所关，最为紧要"的一段。早在嘉靖以前，工部主事郭升凿去徐州外洪恶石300余块，徐州洪主事尹珍、饶泗又相继凿去洪中乱石。后来王俨对吕梁下洪进行了凿治，工部侍郎杜谦又乘水涸凿去徐州洪露出水面的恶石。嘉靖二十年（1541年），管河主事陈穆修治徐州洪中洪，疏凿巨石，使洪流加深且舒缓，纤道较前平坦。嘉靖二十三年（1544年），管河主事陈洪范又疏凿吕梁洪，经过三个月，怪石基本凿尽。

凿去二洪怪石在一定程度上改变了河流的环境，缓解了河道的危险，便利了漕船的通行，却加剧了泥沙淤积。早在陈瑄主张凿去二洪怪石时，

---

① 《黄河水利史述要》编写组：《黄河水利史述要》，中国水利水电出版社1982年版，第233页。

② 郑肇经：《中国水利史》，载《民国丛书》第四编，上海书店出版社1992年版，第42页。

③ 参见《黄河水利史述要》编写组《黄河水利史述要》，中国水利水电出版社1982年版，第252页。

工部尚书宋礼就持反对意见，认为"河水多泥，留此石可以激泥先下，澄浊为清也"①。万历后期，有人将二洪淤积归咎于巨石的开凿，认为"彭城上下皆幸而无泛滥之患，盖地设之巧与人工之补救参焉。……由徐吕二洪之凿，无复冲激之力也，不激则淤，淤则高，岁淤岁高。……今堤高已与城等，而水涨几与堤平矣"②。这一时期的直隶巡按牛应元也认为，嘉靖末年（1566 年）凿徐吕二洪巨石导致"沙日停，河身日高"③。

嘉靖二十五年（1546 年），尽塞黄河南流故道，使全河尽出徐、邳，夺泗入淮，加速了河道的淤积。河患集中于徐州上下，危及泗州祖陵。嘉靖、隆庆之际，徐州段黄河出现了"河渐涨，堤渐高，行堤上人与行徐州城等"的情况④，故隆庆以后的河工重点"不在山东、河南、丰、沛，而专在徐、邳"⑤。此后，河工建设围绕如何拦截黄河北流、如何分杀黄河水势、如何避黄行运等展开，涌现出了一大批治水名家。潘季驯实施了"筑堤束水、以水攻沙"的治河方略。杨一魁主张"分黄导淮"，使黄水向北分流入海，导淮水东经里下河地区入海，还主张疏浚海口，开桃源黄家坝新河至安东县五港灌口，分泄黄河水入海。杨一魁"分黄导淮"对河流环境的影响立竿见影，泗州祖陵积水消减、盱眙被淹没的田庐很快涸出，出现了"泗陵水患平，而淮、扬安矣"⑥的局面。但负面影响也很大，分黄横穿沂沭河，夺灌河口入海，导致五港等入海口淤塞，黄淮不能畅流入海，不久黄崗口附近决口，淹没泗州城，导致水系混乱，杨一魁因此获罪，被削职为民。

清代基本维持明末的河道，黄河变迁决溢情况与明代无异，下游清口至云梯关是河工的重点地段。清初著名的治河官员靳辅，上任后即实施了"疏、浚并举"的做法，提出了"取土筑堤""加筑高堰堤岸"等八项河工事宜，疏浚下游徐州至海口 600 余里的河槽，在故道内开挖三条平行的新引河，所挖引河之土修筑两旁堤防。又在淮河出洪泽湖口开挖

---

① （清）谈迁：《国榷》卷 15，中华书局 1988 年版，第 1063 页。

② （明）李之藻：《黄河浚塞议》，载《明经世文编》卷 484《李我存集二》。

③ 《明神宗实录》卷 284，万历二十三年四月癸亥。

④ 参见（明）王士性《广志绎》卷 2《两都》。

⑤ 《明史》卷 83《河渠志一》。

⑥ 《明史》卷 84《河渠志二》。

五道引河，集中水势由清口入黄，以收刷宽冲深河槽之效。张鹏翮总督河道时，采取蓄清敌黄、修筑堤工、疏浚海口的措施。经过整治，稳定了黄河下游河道的河势，减轻了冲决的危险，增加了行船的安全。但黄河非人力所能疏挑，挑河会引起潮水内侵。

总体而言，因黄河水流湍急，干道疏浚不易进行，专门就黄河河道的疏浚工程很少。正如潘季驯所言："若夫扒捞挑浚之说，仅可施之于闸河。其黄河河身广阔，捞浚何期？捍激湍流，器具难下，前人屡试无功，徒费工料。"① 明代除对徐吕二洪主河道进行直接疏凿外，主要采取了"筑堤束水攻沙"的间接疏浚措施。清代也有人认为："缘大河纯以气胜，时长时消，溜激沙行，趋向不定。即将淤处挖净，水过复淤，即能将浅处挑深，不能禁它处又浅。盖黄河底淤实非人力所能强制。"② 清代疏浚工程多限于支流及海口，海口疏浚工程便利了排泄积水，但也增加了靳辅所担心的"海有潮汐""海水倒灌"③ 的危险，因此遭到主张筑堤束水攻沙的官员的反对。

（二）运河疏浚工程及其影响

与上述黄河河道的疏浚情况不同，运河疏浚以干流的人工清淤为主，以达到行船的要求。

1. 运河干流的疏浚

京杭运河是通过开挖人工河道将自然水系连接起来的水利工程，南北跨越五大水系，河道类型也因此有很大差别。明代，运河各段皆"因地为号"，有白漕、卫漕、闸漕、河漕、湖漕、江漕、浙漕之别。④ 其中，通州至天津段利用潮河、潞河、白河等水道，称白漕，又称潞河；天津至临清段利用漳卫河水，称卫漕，元代称御河；临清至徐州段为会通河，北至临清会卫河，南出茶城会黄河，引汶、泗、洸、沂河水及山东诸泉，因闸座众多，又称闸漕或闸河；徐州至淮安段运河借黄行运，称河漕，上自茶城与会通河会，下至清口与淮河会，其间有徐吕二洪之险；淮安

① （明）潘季驯：《河防一览》卷7《两河经略疏》。
② 《再续行水金鉴》卷87《河水》，道光二十三年。
③ （清）纪昀等：《八旗通志》卷204《于成龙》。
④ 参见《明史》卷85《河渠志三》。

至扬州370里多利用天长诸山所潴高、宝诸湖之水，地势卑下，积水汇为泽国，称湖漕；长江以南统称江漕和浙漕。以上各段中，最重要的是闸漕、河漕、湖漕三段，分别因闸座众多、借黄行运、河湖一体而著称。正如《明史·河渠志》所言："淮、扬诸水所汇，徐、兖河流所经，疏瀹决排，繁人力是系，故闸、河、湖于转漕尤急。"① 其中，闸漕、河漕以及湖漕北段，均位于本课题所研究的黄运地区。

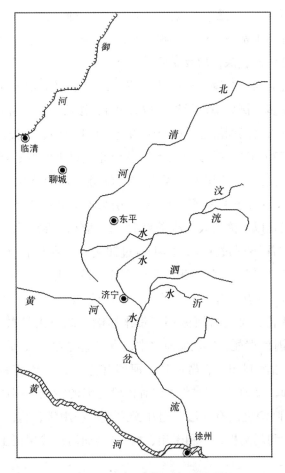

图3—1 元初运河水系示意图

① 《明史》卷85《河渠志三》。

不同地段的河道，疏浚工程自然不一样，最有代表性的是闸漕，即会通河的疏浚。明永乐九年（1411 年）疏浚会通河故道，自济宁至临清385 里，建戴村坝遏汶入运，至南旺南北分流，同时留坎河口分泄汶水入海。宣德间浚济宁以北旧河，自长沟至枣林闸 120 余里，并修浚济宁以南的南阳浅、仲家浅。正统时疏浚滕县、沛县一带淤河。景泰年间徐有贞治沙湾，上治河三策，其中一条为"挑深运河"。正德年间浚南旺淤河 80里。嘉靖四十五年（1566 年），朱衡疏浚留城以下至境山南旧运河 53 里，"于是河不北侵，沛流悉断，漕道大通"①。由于闸河的特性不同于黄河，虽然疏浚工程小于黄河，但效果很明显，"盖黄河浊流，随挑随合，人力难施，闸河则愈挑愈深，功效立见"②。

清代，会通河的疏浚承袭明代，济宁以南是河工重点地区，乾嘉以前疏浚工程尤多。例如雍正元年（1723 年），浚治山东运河泉源，大开府河，引泗、沂入马场湖济运。乾隆十四年（1749 年），大浚山东运河。乾隆四十年（1775 年），挑浚南旺运河及台儿庄以上八闸运河。嘉庆元年（1796 年），挑汶上、济宁及滕县彭口、峄县大泛口运河。嘉庆十二年（1807 年），大浚济宁牛头河 120 余里，引水入微山湖济运。

运河疏浚是以干流的人工清淤为主，以达到行船的要求。按照规定，会通河疏浚"深不得过四尺，博不得过四丈。务令舟底仅余浮舟之水，船旁绝无闲旷之渠"。泥沙淤积严重的南旺，最初要求三年二挑，正月兴工，三月竣事。隆庆六年（1572 年）改为当年九月大挑，次年二月通运。挑浚日期的变化，难免对河流环境带来影响。此前正月兴工非常不便，"坚冰初解，时尚严凝，驱之泥淖之中，责以疏凿之力"，而今九月兴工，"疏浚甫完，藉冰封闭，春融冻解，河即有待"③，"天霁秋清，气候清爽，河鲜沮洳，镢锸易施"④。并针对该段运河的特点，创造出特殊的疏浚方法，"治闸漕之淤有二法：遇泥淤之浅，利用爬、杓，不利于刮板；遇沙淤之浅，利用刮板，不利于爬、杓"。会通河疏浚保证了漕船按规定

① 郑肇经：《中国水利史》，载《民国丛书》第四编，上海书店出版社 1992 年版，第222 页。

② （明）潘季驯：《河防一览》卷 14《钦奉勅谕查理河漕疏》。

③ （明）万恭：《治水筌蹄》卷下《运河》。

④ 《明神宗实录》卷 4，隆庆六年八月戊寅。

期限顺利通过，"十一月兑军，十二月开帮，次年二月过淮，三月、四月过徐州洪入闸"①。

2. 运河泉源的疏浚

运河各段水源不一，由清口至镇口闸资黄河与汶、泗之水；由镇口闸至临清资汶、泗之水，即泰安、莱芜、徂徕诸泉；由临清至天津资汶河与漳、卫之水；自天津至张家湾资潞河、白河、桑干诸水。② 其中，镇口至临清的会通河段，水源问题尤为突出，每年春夏之交常天旱水涸，会通河段阿城、七级等闸"如置水堂奥之上，舟胶而不可行"③。会通河又称"泉河"，其水源来自泰沂山区三府十八州县。刘天和的《问水集》称："运道以徐、兖闸河为喉襟，闸河以诸泉为本源，泉源修废，运道之通塞系焉。"④ 统计发现，明初山东诸泉100多处，以后逐年增加，到清乾隆初增加为439处。⑤

"治漕之法，裕源为先。导水浚泉，所以裕其源也。"⑥ 但"诸泉之水浚则流，不浚则伏，雨则盛，不雨则微"⑦。明初，陈瑄开发山东诸泉，汇入汶河。正统年间，漕运参将汤节疏导泗水泉林，得泉源13道。嘉靖十九年（1540年），侍郎王以旂浚山东诸泉以济运，清浚旧泉178眼，开新泉31眼。⑧ 嘉靖年间，都御史李如圭评价说："治运河者，浚泉导流，不少懈怠，则体立矣。"⑨ 万历年间河臣杨一魁浚小河口，引武、沂、泉水济运。据载，万历年间新浚泰安州泉源6处，新泰县5处，莱芜县5处，东平州1处，曲阜县1处，均导入汶河济运。⑩ 清康熙六十年（1721年），张鹏翮要求地方官员考察泉源，蓄积湖水。雍正元年（1723年），泉源淤塞，汶、泗二河仅存一线细流，所属州县挑浚疏通。

---

① （明）万恭：《治水筌蹄》卷下《运河》。
② 参见（明）茅瑞征《禹贡汇疏》卷4。
③ （清）叶方恒：《山东全河备考》卷2《河渠志上·诸湖蓄泄要害》。
④ （明）刘天和：《问水集》卷2《诸泉》。
⑤ 参见《清史稿》卷127《河渠志二》。
⑥ 乾隆《兖州府志》卷18《河渠志》。
⑦ （明）胡瓒：《泉河史》卷4《河渠志》。
⑧ 参见《明史》卷85《河渠志三》。
⑨ （明）杨宏、谢纯：《漕运通志》卷10《漕文略·济宁治水行台记》。
⑩ 参见（明）潘季驯《河防一览》卷14《钦奉敕谕查理漕河疏》。

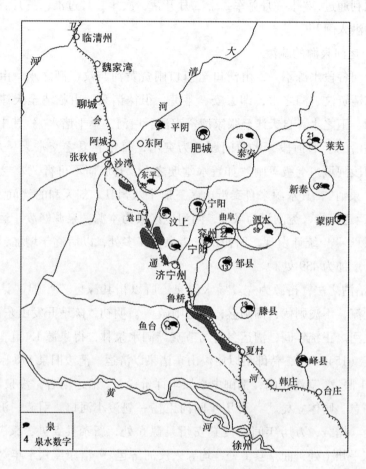

图3—2　明代会通河泉源示意图①

　　泉源的疏浚，滋润了干涸的河床，增加了汇入运河的水量，造就了新的涓涓河流，改善了洸、汶、沂、泗等济运河流的环境。鉴于泉源对漕运的重要性，明清《漕河禁例》特别规定："凡决山东南旺湖、沛县昭阳湖堤岸，及阻绝山东泰山等处泉流者，为首之人并迁充军。军人犯者，徙于边卫。"清康熙二十九年（1690年）下旨："漕运关系重大，河水浅阻处所，地方各官随时挑浚，下埽束水，以济漕运。"② 此外，还设立工

---

① 改绘自邹逸麟《椿庐史地论稿》，天津古籍出版社2005年版，第162页。

② （清）载龄等修纂：《户部漕运全书》卷44《漕运河道》。

部管泉分司，派设管泉通判、主事、泉夫加以管理。

总体而言，运河河道疏浚工程较多，包括运河干道疏浚以及相关引水河道及泉源的疏浚，即便是黄河入海口的疏浚，实际上也和运河有关，是为了防止入海口河道壅塞给上游清口地区运河带来影响。

二　河道改迁工程

（一）黄河改迁工程及其影响

明代，黄河有时决于北，有时决于南。北决则侵害鱼台、济宁、东平、临清，并波及郓城、濮州、恩县、德州等地；南决则侵害丰县、沛县、萧县、砀山、徐州、邳州，并波及亳州、泗州、归德、颍州等地。[①]治河方略也相应发生变化，前中期主要实行"北堤南分"的治水策略，中后期更加重视堤防建设，实施"筑堤束水，以水攻沙"。总体而言，明代与黄河有关的治水活动主要集中在堤防建设、堵口塞决上，河道改迁工程相对较少，且工程规模不大。例如，永乐年间陈瑄因老黄河迁曲，从骆家营开支河，为新黄河，而老黄河淤塞。崇祯年间嗣荣以骆马湖运道溃淤，创挽河之议，起宿迁至徐州，别凿新河，分黄水注其中，以通漕运，不久因河道淤浅而获罪。万历间开草湾支河，以致清口交汇要地，二水相持，淮不胜黄，导致清口遂淤，形成门限沙，成为高出地面的沙丘。

清代以后，黄河河床淤积严重，遂有计划地进行截流改道。例如，康熙三十五年（1696年），河督董安国于云梯关下10里处马家港筑拦黄坝，挑挖引河4200多米[②]，导黄河水由马家港引至南潮河入海，泥沙的旁泄减少了黄河入海尾闾的淤积速度。这是"清代以来第一次有计划的截流改道"[③]。但董安国的做法导致黄水倒灌、清口淤塞、下流不通、上流溃决。于是康熙三十九年（1700年）于成龙堵闭引河，次年，张鹏翮拆除拦黄坝，塞马港引河，挽河归故道。又如，乾隆四十八年（1783年），因河南青龙冈多次漫决，河身淤积严重，阿桂等实行改河之法，于

① 参见（清）叶方恒《山东全河备考》卷2《河渠志下·曹单黄河备考》。
② （清）张鹏翮：《治河全书》卷15《章奏》。
③ 王恺忱：《黄河河口的演变与治理》，黄河水利出版社2010年版，第278页。

兰阳三堡起新筑南堤，变原南堤为北堤，改河近 200 里，于商丘七堡复入故道。改河后，迁考城县于北岸仪封崮阳，距旧城 60 余里。康熙至乾隆年间还在徐州等地实行了一些"逢弯取直"的工程，也使得局部河道发生变化。道光六年（1826 年），有人提出改黄河下游河道，但包世臣认为费用太多，且"道里太长，中多集镇，迁徙绕越，皆费措置，故其说为难行也"。苏北黄河下游的北沙河工，因"集镇人多，迁徙为难"，不得不绕集镇开河，结果导致河道迁曲，增加了坐湾顶冲的隐患。① 另外，在明清入海口附近，有两次人工改道：一次是明嘉靖二十四年（1545 年）北岸黄坝改道，新河长 300 里，由灌口入海；另一次是清康熙三十五年（1696 年）云梯关外马港改河，由北岸南潮河入海。这两次向北改河，都不久即淤，没有成功。②

（二）运河改迁工程及其影响

明代给事中罗鉴言："治运河，非独挑浚也。梗阻时有，不胜其屡浚，更须度地势，别穿一渠以避。"③ 运河改迁是伴随着黄河堤防建设以及黄运分离活动进行的，较运道及泉源的疏浚而言，运河干流开挖改道的环境影响更加明显。

1. 山东段运河的改迁

山东段运河的改迁工程主要有袁口、南阳新河以及李家口河改线。

其一，会通河重开与袁口改线。明初，汶上县袁口以北会通河淤积严重，安民山南、安山、寿张等闸屡遭河患。永乐九年（1411 年），尚书宋礼、侍郎金纯、都督周长负责疏浚会通河，同时进行了袁口改线。新运道不再经过寿张闸，而是从袁口"经靳口、安山镇、戴庙至沙湾"④，左徙 20 里至寿张沙湾接旧河⑤，西距元寿张旧运道 30 余里⑥，运道发生了明显的东移。东移后的新运道由经行安山南改为安山北，循金线岭东，

---

① 参见（清）包世臣《中衢一勺》卷 4《宣南答问》。

② 参见徐福龄《黄河下游明清时代河道和现行河道演变的对比研究》，《人民黄河》1979 年第 1 期。

③ （明）吴道南：《吴文恪公文集》卷 3《河渠志》。

④ 《梁山县志》编委会：《梁山县志》，新华出版社 1997 年版，第 90 页。

⑤ 参见（清）陆耀《山东运河备览》卷 1。

⑥ 参见（清）蒋作锦《东原考古录·元明运河考》。

由袁口北经安山湖中，寿张闸、旧安山闸等废弃不用，取而代之的是靳口闸、戴庙闸、新安山闸等。自此，"徐州至临清几九百里，过浅船约万艘，载约四百石，粮约四百万石，若涉虚然"①。

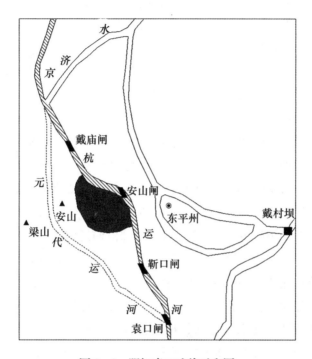

图3—3 明初袁口改线示意图

其二，南阳新河的改迁。因黄河决沛县，济宁至徐州间运道淤积200余里，全河逆流，大水"或横绝，或逆流入漕河，至湖陵城口，散漫湖陂，达于徐州，浩渺无际，而河变极矣"②。嘉靖四十五年（1566年），工部尚书朱衡循南阳湖东岸，开凿了南阳到留城的新运道141里。新运道从原来的昭阳湖西东移30里至湖东，由运河东岸的水柜变成西岸的水壑，自南阳闸下引水，经夏镇抵沛县留城，与旧运道相接，引湖东山泉水济运，地势上舍低就高，成功遏制了徐州以北黄河决口对运河的直接

① （明）何乔远：《名山藏》卷49《河漕记》。
② 《明史》卷83《河渠志一》。

侵扰。一旦"遇黄流逆奔，则以昭阳湖为散衍之区"①。从此"黄水不东侵，漕道通而沛流断矣"②。时人总结新河的优点，"地势高昂，黄水南冲"，"津泉安流，无事堤防"③。而且，新河将众多支流汇集到一起，增强了运河水系的吸纳能力。但负面影响亦不可忽视，由于对上游山地发水情况重视不够，新河刚竣工便遭遇山洪暴发，毁坏粮船数百艘。给事中吴时来称，新河接纳东昌、兖州两府以南的费县、峄县、邹县、滕县等地所来之水，以区区一条河堤来抵御群流，焉能不溃决？遂建议分流以减轻水势。④ 于是朱衡又治理新河上源，开凿 4 条支河，导水进入赤山湖，以分减水势。

其三，李家口河的改迁。万历十九年（1591 年）大水，"东则微山、吕孟诸湖，西则马家桥、李家口一带，汇为巨浸，牵挽无路，军民船只栖泊无所"⑤。为避留城一带湖水，总河潘季驯主持改开李家口河，自夏镇吕公堂向西，转东南近微山，又折西南经龙塘至徐州北内华闸，接新开镇口河，全长 100 余里。⑥ 李家口河的开凿使运道再次东移，官民船只皆行李家口，朱衡所开夏镇南至留城一段漕渠遂废弃不用。但新运道的开凿并不能彻底避开微山湖扩展的影响，开南阳新河后，南北各支河合流，河势更加大涨。⑦ 万历二十年（1592 年），总河舒应龙不得不改从郭庄开河以泄湖水。不久，赤山、吕孟、微山、张庄、武家等小湖泊逐渐连成一片，漕运新渠很快为积水所困，李家口河最终淹没于湖中。

2. 苏北段运河的改迁

苏北段运河的改迁工程主要有泇河和中运河。泇河连接鲁南、苏北，尽管大部分在山东境内，但开凿目的主要为避开苏北徐州段黄河二洪之险，故本章将其归到苏北段运河中。

其一，泇河的改迁。南阳新河开凿后，徐州至淮安段运河仍借黄行

---

① 《明穆宗实录》卷31，隆庆三年四月丁丑。

② 《明史》卷83《河渠志一》；（清）叶方恒：《山东全河备考》卷2《河渠志下·闸坝建置事宜》。

③ 《明穆宗实录》卷31，隆庆三年四月乙亥。

④ 参见《明史》卷223《朱衡传》。

⑤ 民国《沛县志》卷4《河防志》。

⑥ 参见（清）狄敬：《夏镇漕渠志略》上卷。

⑦ 参见《明史》卷83《河渠志一》。

运。万历二十二年（1594年），总河舒应龙开韩庄运河，自微山湖东韩庄
一带挑河40余里，下通彭河入泇，以泄昭阳、微山诸湖水，但未能通
漕。万历二十八年（1600年），总河刘东星循舒应龙韩庄故道，凿良城、
侯迁、台庄至万庄河道。到万历三十二年（1604年），总河侍郎李化龙开
成泇河，自沛县夏镇引水东南行，经西万、彭口出韩庄，经韩庄运河南
下，合彭河、丞河，至邳州直河口入黄河，全长260里，避开了330里的
黄河二洪之险。泇河的开通，避免了徐州茶城一带的黄河淤塞，改善了
整个运河的漕运状况。泇河开通之前，曹、单一带黄河决口即"冲谷亭，
塞镇口，运道遂淤"。泇河开成以后，"曹、单黄流与运远隔，得不为
患"①。之前入新河至留城的滕、峄诸泉，移至昭阳湖东入泇河济运。

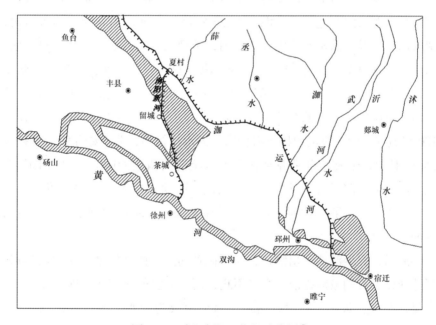

图3—4　南阳新河、泇河改线图②

　　然而，泇河开凿后，济宁以南段泗水完全被黄沙淤平，泗水改由运
河行水，而以泗为名的河流只剩下源头至鲁桥入南阳湖的一段。泇河的

---

① （清）叶方恒：《山东全河备考》自序。
② 据谭其骧《中国历史地图集》改绘。

开凿在增加运河水源的同时，改变了沂、武等河流的自然流向，将彭、丞、沂、沭等纳入运河水系，使水系更加紊乱。咸丰《邳州志》言："迦运既开，齐鲁诸水挟以东南，营、武、迦、沂一时截断。堤闸繁多，而启闭之务殷，东障西塞而川脉乱矣。"光绪《峄县志》亦称："迦河既开，运道东徙，于是并东西二支，横截入漕，堤闸繁多而启闭之事殷，前障后防，而川源之派乱矣。"①

其二，中运河的改迁。清沿明制，在运道建设上，基本没有大的变动。② 清康熙前仍沿袭元明两代所开凿的运道，以维修和疏浚为主。康熙间靳辅治河，进行了中运河的改迁工程，中运河由通济新河、皂河、中河、新中河等一系列河工组成。早在天启五年（1625 年），开挖了上接迦河、下至骆马湖口的通济新河。康熙十九年（1680 年），靳辅在骆马湖西直河口与董口间开皂河 40 里，西北至窑湾接迦河，南至原皂河入黄河，泄黄河、骆马湖涨水经沭阳入六塘河，由灌河入海。次年，皂河口又淤，靳辅于皂河以东开支河 20 里，经龙冈岔路口至张庄，使迦河来水由张庄运口入黄。康熙二十五年（1686 年），靳辅开中河，自骆马湖凿渠，上接皂河，下经宿迁、桃源至清河，增加了骆马湖南泄的出路，彻底避开了180 里黄河之险。沂河也因下游淤塞，湖水位抬高，非至盛涨不能直接入湖。③ 其后，于成龙自桃源县盛家道口至清河凿渠 60 里，弃中河下段，是为新中河，前后近 80 年，中运河水系最终形成。至此，黄、淮、运三河交汇于清口一隅，黄河与运河几乎脱离关系，基本达到了避黄保运的目的。

此后，北上漕船一出清口，即可截黄而北，由仲家闸进中河入皂河，抵达通州的日期较前提前一个月不止，而且回空船只亦无守冻之虞。④ 不过仍存在一些问题，皂河开凿后，六塘河成为沂水、泗水入海的干道，沭水则辗转向东分散入海，沂、沭水系逐渐与淮河分离，自成水系。随

---

① （清）李狄门：《募建台庄城引》，载光绪《峄县志》卷23《艺文志》。

② 参见邹宝山、何凡能、何为刚《京杭运河治理与开发》，中国水利水电出版社 1990 年版，第 28 页。

③ 参见水利部淮河水利委员会沂沭泗水利管理局《沂沭泗河道志》（送审稿），第 317—318 页。

④ 参见（清）靳辅《治河奏绩书》卷 4《中河》。

着康熙二十八年（1689 年）禹王台竹络石坝的修建，使沭水全部东行，经蔷薇河、盐河至临洪口入海，从此沭河循行故道，独流入海。而且，运河水量不足时，往往仍需引黄河水为源，新运道紧邻黄河，仍不免受黄河影响。正因如此，清代的漕运总督、河道总督均驻扎于淮安，这里的河工成为康熙、乾隆南巡的重要目的地。此后，针对中运河进行了一些后续工作，如修建减水坝将汇入骆马湖的水减入黄河，修建郯城县禹王台分流入骆马湖之水，等等。

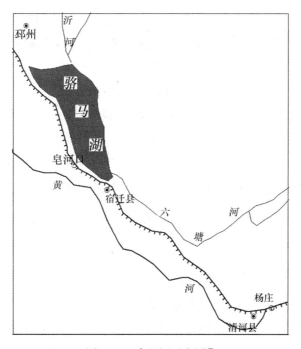

图 3—5　中运河示意图①

三　河道引水与减水工程

（一）减黄引河及其影响

"减水河者，水放旷则以制其狂，水隳突则以杀其怒。"② 黄河多余的水由减水闸、滚水坝、天然坝等分泄出来，通过减水河道分泄入海，既

---

① 改绘自水利部淮河水利委员会编《淮河水利简史》，中国水利水电出版社 1990 年版。

② （元）欧阳玄：《至正河防记》。

减轻河道的负担，又可保证漕运畅通。其中，引河作为减水河道的一种，是分泄黄河水的重要人工河道。明代及以前，"引河"还不是一个专门的名词，大多情况下是作为动词使用。《河防一览》《北河记》中多有"引河入塌场以济之""引河水正北""凿堤引河""引河南流"的提法。作为专有名词，当时较多的是"支河"一词。清代以后，有关"引河"的记载在《两河清汇》《世宗宪皇帝朱批谕旨》《江南通志》《河南通志》《治河方略》中大量出现。诚如《两河清汇》评价的："引河之说未之前闻，今行之而屡效，可谓发前人所未发矣。"清代中前期，引河工程频繁兴举。嘉道以后，因政府财政紧张，面对耗费巨大的引河工程，虽有所讨论，均因"建拦河大坝、挑引河、筑两岸大堤，需费颇巨"① 而得不到具体实施。

一般而言，"挑河之法，固宜相土地之淤松以施浚"②，"中州土性沙松"③，"从上源倒湾处挑引，建瓴之势，日刷日深，日冲日阔"④，故河南地区修建引河及善后较为容易，保存时间长。而苏北地区修建引河不易，需经常维护，对河流环境的影响也更加明显。下面以清代苏北、皖北地区最具代表性的毛城铺引河、陶庄引河为例进行分析，以加深对减水河环境影响的认识。

1. 毛城铺引河

毛城铺位于砀山县（今属安徽省）黄河南岸，"为南河第一蓄泄关键"⑤，建于清康熙年间。毛城铺引河可将毛城铺闸及附近天然闸、峰山四闸减泄出来的黄河水，经洪河、濉河汇归濉溪口，历五湖出小河口、达安河入洪泽湖。濉河、洪沟河、巴河、蒋沟即为毛城铺泄水之咽喉通道。乾隆初年（1736 年），先前 10 余道宽深支河逐渐淤平，仅保留倒勾河 3 道，"迂回曲折，泄水无几"，南岸逐渐淤高，北岸刷低，有漫溢之患，河督白钟山建议恢复毛城铺旧制。⑥ 乾隆二十一年（1756 年），因

① 《清史稿》卷 126《河渠志一》。
② （清）靳辅：《治河奏绩书》卷 4《挑浚引河》。
③ （清）康基田：《河渠纪闻》卷 4。
④ （清）薛凤祚：《两河清汇》卷 7《或问九条》。
⑤ （清）康基田：《河渠纪闻》卷 16。
⑥ 参见（清）康基田《河渠纪闻》卷 21。

毛城铺引河泄水过多，下游濉河自徐淮口至符离集 70 里淤成平陆，洼地常被淹浸，河臣建议将下游洪、濉二河挑浚深通。二十二年（1757 年），因毛城铺引河日久宽深，下水过多，白钟山请求堵筑进水闸。二十三年（1758 年），归仁堤五堡减水坝冲毁，濉水由安河泄入洪泽湖。三十七年（1772 年），浚毛城铺引河。四十年（1775 年），启放毛城铺引河，河水盛涨，引河分泄不及，丁家集一带普遍漫滩。嘉庆十六年（1811 年）黄河漫决，由毛城铺宣泄旧路入洪泽湖。毛城铺引河的建设，缓解了上游黄河的盛涨之水，但对下游河流环境带来一定的影响。

其一，自康熙年间靳辅筑坝后，黄流冲出支河十余道，下注水流增多，减泄不及，往往致洪、濉河不能容纳，临河的萧县、宿州、永城、灵璧等地受淹。[1] 例如乾隆元年（1736 年），麦黄水长，毛城铺下游萧县近湖田地及永城县祝家水口一带洼地散漫为患。乾隆四年（1739 年），因黄河水势迅猛，毛城铺坝下引河狭小不能容纳，导致铜山县西乡、萧县东北南三乡受水，水流入濉溪口至睢宁。又因洪泽湖水满荡漾，淹没北岸石林口一带。[2] 乾隆九年（1744 年）秋，因毛城铺减水停淤，宿州、灵璧一带浊流遍野，浮舟山麓，远近村庄莫辨，禾稼尽在水中。乾隆十七年（1752 年），因上游毛城铺减泄黄水过多，濉河无法容纳，漫溢四出，凤阳受灾严重。[3] 当时凤阳知府项樟所著《玉山文钞》中收有"上高大中丞凤郡被水情形禀启""上各宪府宿灵虹水势请亟闭毛城铺禀启""覆两宪府毛城铺原委""上各宪府宿灵虹冬水情形禀启""上裘高两宪府浚河议"等奏报，反映了康熙中期毛城铺引河的负面影响。[4] 乾隆五十六年（1791 年），因毛城铺土坝刷宽，漫水下注安徽宿州等地民田，淹浸庐舍。

其二，毛城铺减下之水常"淤湖为湖患"，或汇于扬疃、姬村、永埆等五湖，或下泄注入洪泽湖。洪泽湖不能容，又经塘埂六坝注入高、宝

---

① 参见（清）康基田《河渠纪闻》卷16。

② 参见（清）庄亨阳《河防说》，载《清经世文编》卷100《工政六》；（清）康基田《河渠纪闻》卷20。

③ 参见（清）李中简《嘉树山房文集》卷3《杂文·项太翁墓志铭》。

④ 参见（清）项樟《玉山文钞》卷3。

湖，导致高邮、宝应、兴化、盐城等七州县民田受淹，"尽成泽国"①。嘉庆间，太仆寺少卿莫瞻菉指出，黄河自毛城铺至清口，迂回600余里，挟沙而行，致洪泽湖上游小五湖及湖内西北面发生淤垫。②至道光朝，洪泽湖已"河底日渐淤高，清水不能畅出"③。

其三，毛城铺减下之水常冲刷堤根。引河"不过暂分水势，其下仍归黄河"，而不是"直泄入海"④，故对周围环境的影响不可忽视。例如，砀山毛城铺至徐州城旧有遥堤一道，地势高洼不等，每当伏秋水涨时，从洼处出槽，直灌堤根，水退沙停，日久淤高。近河滩地高于旧堤，水发即遭灭顶之灾。⑤又如，自康熙十八年（1679年）靳辅创建砀山县毛城铺滚水石坝，减黄入滩，于是有洪沟河。二十三年（1684年），靳辅修筑徐州十八里屯及王家山石闸，减黄入滩，于是有天然闸河。二十四年（1685年），靳辅建睢宁峰山四闸，减黄入滩，于是有峰山闸河。

2. 陶庄引河

陶庄引河位于淮安府清河县东陶家庄黄河坐湾处。康熙三十八年（1699年），恐黄流逼近清口，淮水不得畅出，河督高晋建议在清口对岸"陶庄积土之北开一引河，使黄离清口较远，至周家庄会清东注，不惟可免倒灌，淤沙渐可攻刷，即圩堰亦资稳固，所谓治淮即以治黄也"⑥。次年三月，命大挑陶庄引河，长780丈，宽30丈，深1丈3尺。但因线路迂曲，屡挖屡淀。康熙四十年（1701年）七月，为使黄河水向北岸流去，远离清口，免倒灌之患，河督张鹏翮奏开陶庄引河，次年引河告成，黄淮交汇地点移至周家庄，不致逼向运口。陶庄引河开成之初，河督董安国放水过早，致引河迅速淤垫，此后屡挑屡淤，到雍正八年（1730年），陶庄引河基本淤塞。乾隆四年（1739年），大学士鄂尔泰建议重开陶庄引河。六年（1741年），皇帝下诏高斌循康熙年间张鹏翮所开陶庄引河旧

---

① （清）陈世倌：《筹河工全局利病疏》，载《清经世文编》卷100《工政六》；（清）康基田：《河渠纪闻》卷14。

② 参见（清）莫瞻菉《固高堰守五坝疏》，载《清经世文编》卷100《工政六》。

③ （清）王先谦：《东华续录》道光十二。

④ （清）康基田：《河渠纪闻》卷16。

⑤ 参见（清）康基田《河渠纪闻》卷14。

⑥ 《清史稿》卷126《河渠志一》。

迹，重开陶庄引河，导黄使北。不久因汛水骤涨停工，再加上高斌离任，引河之议遂寝。直到乾隆四十一年（1776年），皇帝下决心开引河，历时一年完成，新河直抵周家庄，"会清东下，倒漾之患永绝"①。

陶庄引河开成后，一定时期内解决了黄河倒灌之患，"黄水已不与淮水争道，而淮得畅流出口"②。但对河流环境的影响不可低估，陶庄引河只是一小段改道，其结果并非一劳永逸，黄流依然倒灌清口，引河本身也免不了淤垫，"每年俱有漫溢之事"③。康熙四十一年（1702年）张鹏翮开成陶庄引河，康熙帝称赞"今所开陶庄引河甚善"④，但不久发现引河附近缕堤容易受到侵害，于是创筑撑堤于清河县治东。乾隆皇帝也高度评价乾隆四十二年（1777年）开成的陶庄引河，认为"自此黄河离清口较远，既免黄河倒灌之虞，并收清水刷沙之益，实为全河一大关键"。不久也发现，因陶庄引河首尾宽而中间窄，河身虽已刷深，但水势尚嫌束缚，一旦伏秋汛涨，恐宣泄不及。于是命萨载将河宽60余丈处展10余丈，河宽不及60丈处展20余丈。⑤康熙五十一年（1712年），要求再将陶庄引河疏浚深通，务必导流仍由北岸而行，清口无倒灌。陶庄引河企图免去清口倒灌，但随着北运口的不断南移，最终没起到相应效果。⑥

（二）运河的引水、减水河及其影响

1. 运河的引水河道

水源不足是运河的突出问题之一，需"浚泉以发其源，导河以合其流，坝以遏之，堤以障之，湖以蓄之，闸以节之"⑦，利用一定的自然或人工河道引水济运。京杭运河的引水工程是在治河保运的大背景下进行的，包括直接利用汶、泗、洸、沂济运，引五派泉水济运，利用沙湾支河、塌场口河、贾鲁故道等引黄济运，引漳、沁、丹水入卫济运，等等。

其一，引水济运的汶、泗、沂等河道。清张希良《河防志》称："漕

① 《清史稿》卷126《河渠志一》。

② （明）马麟，（清）杜琳、李如枚：《续纂淮关通志》卷3《川原》。

③ （清）康基田：《河渠纪闻》卷28。

④ 乾隆《江南通志》卷53《河渠志》。

⑤ 参见《清史稿》卷325《萨载传》。

⑥ 参见邹逸麟《淮河下游南北运口变迁和城镇兴衰》，载《历史地理》第6辑，上海人民出版社1988年版。

⑦ （清）叶方恒：《山东全河备考》序。

河原不资黄，惟用洸、汶、沂、泗诸泉沟之水。"汶河源出山东莱芜北，明初筑戴村坝，堵塞了汶水北入海的通道，使之尽出南旺，南北分流，南流一派至济宁城与沂、泗、汶三水合流而南。洸河是汶河自宁阳县堽城坝西南流的一支，经兖州、济宁之境，合泗、沂二水，凡100余里。泗水出泗水县陪尾山，西流至兖州城东，合于沂河，又西南流至济宁城东合汶水。沂河有大、小之分，小沂河源出曲阜尼山，西流至兖州与泗水合，由黑风口入府河济运；大沂河出沂水艾山，会蒙阴、沂水诸泉，与沂山之汶合，流至邳州入淮。为解决中运河的水源问题，曾开芦口、江风口等"引沂济运"工程。① 府河是引泗济运的通道，每年南旺大挑以后即挑挖府河。

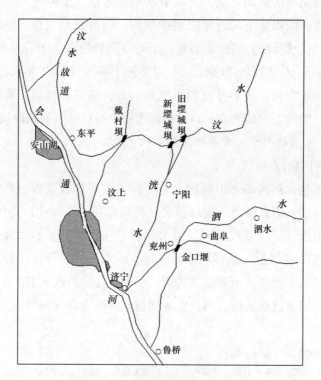

图3—6 洸汶沂泗济运图②

① 参见于化成《清代沂沭河中上游地区水利建设——以沂州府辖区为中心》，《华中师范大学研究生学报》2010年第3期。

② 改绘自姚汉源《京杭运河史》，中国水利水电出版社1998年版，第151页。

除洸、汶、沂、泗外，彭、薛、泇、沙等河也用来济运。泇河因东、西两泇水而得名，二泇汇合后继续南流，汇彭河、武河，再往南合蛤鳗、连汪诸湖，至邳州汇沂水，入黄河。南阳新河开凿前，运河出济宁天井闸至徐州茶城，汇黄、沁二水。南阳新河开凿后，运道由昭阳湖西移到湖东，并疏凿王家口，引薛河入赤山湖。疏凿黄浦，引沙河入独山湖。万历年间，河臣杨一魁浚小河口，引武、沂济运。万历二十六年（1598年），总河刘东星在赵家圈开渠以接黄河，并开泇河以济运。万历三十二年（1604年）李化龙开凿泇河后，利用泇、沂、武等水源，改变了沂河、武河等河流的自然流向，将其纳入运河水系。

其二，引泉水济运的泉源及河道。"运河得以不溃，惟泉源是赖"①，"泉源，漕河根本"②，"会通河实赖山东诸泉源"③，"东省运河，专赖汶河之水，南北分流济运，而汶河之水尤藉泉源以灌注"④。明初，山东诸泉有100多处，以后逐年增加。王琼《漕河图志》记成化间山东兖州、青州、济南三府泉源163处；王宠《东泉志》记正德间泉180处；王以旂《漕河四事疏》记嘉靖初以前旧泉178处，新泉31处；黄承玄《河漕通考》记隆庆时18州县泉源244处；隆庆、万历年间张克文《新泉序》记旧泉226处，新泉36处；万历中期胡瓒《泉河史》记18州县泉源294处；万历后期谢肇淛《北河纪》记入汶河泉源144处。清康熙间靳辅《治河方略》记清初泉源430处；雍正年间朱铉《河漕备考》列主要泉源180处，薛凤祚《两河清汇》记17州县泉源420处，《山东通志》引《会典》记清代泉源425处；乾隆年间陆耀《山东运河备览》记478处；另外，清代《泉河图》记17州县泉源共478处。

上述来自兖州、青州、济州三府十几州县的泉源，分为天井、分水、鲁桥、邳州、新河五派水系济运。其中，新泰、莱芜、泰安、肥城、东平、平阴、汶上、蒙阴以西、宁阳以北九州县泉，由汶河注入南旺，然

---

① （清）叶方恒：《山东全河备考》序。
② （明）陈黄裳：《漕河议》，载康熙《聊城县志》卷1《河漕》。
③ （明）杨宏、谢纯：《漕运通志》卷10《漕文略·济宁治水行台记》。
④ （清）张伯行：《居济一得》卷4《疏浚泉源》。

后南北分水，称分水派，又称汶河派；泗水、曲阜、滋阳、宁阳以南四县泉，由洸、府二水会于济宁天井闸，称济河派或天井派；济宁、鱼台、邹县、峄县以西及曲阜以南五州县泉水，经泗水至鲁桥入运，称泗河派或鲁桥派；邹县以南、峄县、滕县境内流入昭阳湖诸泉，由沙河注入运河，称为沙河派。嘉靖年间开南阳新河后，滕县诸泉入蜀山、吕孟诸湖达南阳新河，故又称新河派；沂州、蒙阴诸泉与峄县许池泉由沂河至邳州注入黄河，是为沂河派。明万历后期开伽河后，改为伽河之源。以上五派中，最重要的是分水、鲁桥、天井三派。

其三，引黄济运河道。"借河为漕始于永乐之金纯，成于景泰之徐有贞。"① 明前期，引黄济运活动较频繁，就地点而言，引黄济运北不过临清，南不过淮河，主要利用沙湾支河、塌场口河、贾鲁故道等作为引黄济运河道，引黄入会通河或徐淮段运河济运。济宁南旺以北运河，主要依靠汶河来水，"余无所资，每苦浅涸"，需引黄河水至张秋济运。明景泰间徐有贞治沙湾，自张秋金堤开支河，西南行百里，过范县、濮州，西北经寿张之沙湾接济漕运。但徐有贞的引水活动忽视了对黄河的根本治理，导致此后黄河屡屡南决由涡、颍入淮。开封以南地势平衍地区，水停沙淤，河道受阻，"壅于下者必溃于上，壅于南者必决于北"②。所以30 年后，户部侍郎白昂不得不疏浚多条河道分流：一由涡颍达淮河，一由古汴河下徐州入泗，一由宿迁小河口入漕河。后来弘治年间刘大夏治河，筑长堤阻挡黄河，"极力排塞，不资以济运"③。会通河因此很少受黄河干扰，亦再无法引黄济运。此后，治黄者坚持"北堤南分"的治河方略，不轻易作出引黄河水入张秋济运的决定。

南旺以南运河，主要利用汶、泗、洸河以及嘉祥、巨野以东田地坡水，偶尔引黄河自曹州至鱼台塌场口入运。洪武元年（1368 年），大将军徐达开鱼台县谷亭北十里之塌场口，引黄水入泗水故道济运。永乐九年（1411 年），尚书宋礼、侍郎金纯征发民夫十万，浚祥符县贾鲁河故道，

---

① （清）张希良：《河防志》卷 2《考订·黄河考》。

② 郑肇经：《中国水利史》，载《民国丛书》第四编，上海书店出版社 1992 年版，第 38 页。

③ 《明世宗实录》卷 249，嘉靖二十年五月丁亥。

引河水自开封北入徐州小浮桥故道，分流由封丘金龙口下鱼台塌场口济运。该工程使黄河、汶河在鱼台以下被纳入到运河水系，解决了运河山东南段的水源问题，其结果是"黄河乃分流自兰阳，东至徐州入漕河，以疏豁之，而黄河始东"①。景泰三年（1452 年），徐有贞治沙湾，开广济河一道，"起张秋，以接河、沁"②，进一步将沁水纳入运河水系，解决了运河山东北段的水源问题。咸丰五年（1855 年）黄河铜瓦厢决口，夺山东大清河入海，运河被拦腰截断。张秋以北别无其他水源，仅能引黄河水济运。

苏北徐淮段运河最初借黄行运，明弘治以后，因黄河迁徙不定，运河常面临水源不足的困扰。当时的情况是，黄河出境山以北则闸河淤塞，出徐州以南则二洪干涸。③ 故引黄入徐淮段济运的记载频频出现。正德、嘉靖以后，归德至徐州地区河患加重，引黄工程主要体现在徐吕二洪的治理上。至万历中期，黄河两岸全面筑堤，将黄河主流固定在徐州至淮安段运道，缓解了运道的水源问题。至万历三十二年（1604 年）开凿泇河，彻底避开了徐州段黄河二洪之险，遂多引上游沂河水及邹、滕等地山泉水，出直河口入运，引黄济运的情况大为减少。

清顺治元年（1644 年），黄河自然回复故道，由开封经徐州、邳州、宿迁，至云梯关入海，徐淮段不再担忧水源问题，却担心如何避开黄河暴水的冲决。故清初很长一段时间内，不敢轻易引黄济运。康熙二十五年（1686 年），河道总督靳辅开凿中运河，进一步避黄行运，使漕船所经行的黄河仅剩数里。乾隆五十年（1785 年）大旱，洪泽湖蓄水量极少，河臣萨载、李奉翰引黄入洪泽湖济运，不过这只是局部的引黄，与此前大规模的做法不可同日而语。

引黄济运固然可解决运河水源问题，却对河流环境带来诸多影响，古人形容引黄济运是"引寇而入室"。首先是黄河泥沙问题。引黄难免使泥沙淤积运河，增加疏浚的负担，故"万历以来泥沙日积为漕害"④。其

---

① （清）张希良：《河防志》卷 2《考订·黄河考》。
② 《明史》卷 171《徐有贞传》。
③ 参见《明史》卷 83《河渠志一》。
④ （明）沈尧中：《沈氏学弢》。

次是黄河水量不稳定。冬春季水小时有利无害，夏秋洪水季节则危害无穷，故曰漕渠"必赖黄河之水自西入之，而后漕运流通，水利深广。然或过多又反为害，故方欲引之，而又欲塞之"①。明工部侍郎王轼亦称："圣朝建都于西北，而转漕于东南。运道自南而达北，黄河自西而趋东。非假黄河之支流，则运道浅涩而难行。但冲决过甚，则运道反被淤塞。利运道者莫大于黄河，害运道者亦莫大于黄河。"②

其四，引漳、沁、丹等入卫济运的河道。卫河发源于河南苏门山，东流合淇、漳等水。漳河有二源：一出山西潞州长子县发鸠山，名浊漳；一出平定州乐平县沾岭，名清漳。过临漳县分为二：一北至武邑县界入滹沱河，一东流至临清县界入卫河。临清板闸以东借卫水行运，但该河流浊势盛，"运道得之，始无浅涩虞。然自德州下渐与海近，卑窄易冲溃"③。明万历以前，漳河自馆陶入卫，卫河水源足以行舟，不需要引水。

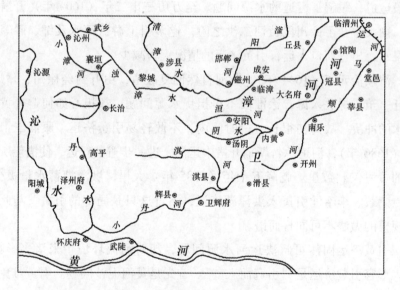

图3—7　清代卫河水系示意图④

---

① （明）王琼：《漕河图志》卷2《河沁汴》。
② （明）王轼：《处河患恤民穷以裨治道疏》，载《明经世文编》卷184《王司马奏疏》。
③ 《明史》卷87《河渠志五》。
④ 据谭其骧主编《中国历史地图集》改绘。

　　引水入卫济运的活动，主要集中于明后期和清前期，漳、沁、丹等水是重要的济运水源。明代，杨一魁、范守己、王佐、张国维等提出的引沁入卫济运方案，仅停留在讨论阶段，并未真正付诸实施①，原因在于不仅会增加农田被淹的危险，且沁水混浊，还易导致临清、德州一带河流湮塞。② 清代，引水济卫已不再限于纸面上的讨论，而是用于实践，多采取由馆陶分流漳水济运的措施。顺治十七年（1660年）春夏之交，因卫水微弱，粮运涩滞难行，于是于漳河之上筑堰，分流灌溉之水入卫济运。康熙三十二年（1693年），卫河水流微弱，故依赖漳水作为灌输水源，由馆陶分流济运。三十六年（1697年），明后期北徙的漳河忽然分流回归，仍由馆陶入卫济运。全漳之水汇入馆陶，漳、卫合流，卫河涨溢，"夏秋泛涨，淹没禾稼，漂庐舍，溺生灵，计数岁中或一二焉"③。恩县、德州、馆陶等地首当其冲，不得不于德州哨马营、恩县四女寺等处开支河减杀水势，由钩盘河达老黄河入海。

　　沁水源出山西沁源县绵山东南，水流混浊，又称小黄河。明代，河、沁、汴三河分合不定，黄河北徙则与沁水合流，南徙则与汴水合流。弘治十一年（1498年）黄河决，自小河口至徐州段水流渐细，河道浅阻，工部员外郎谢绪建议堵塞决口，筑堤引沁水至徐州。隆庆、万历年间，漳河又北徙，入曲周县滏阳河，东入馆陶的水流断绝，致卫河水少，漕船浅涩难行。其后，许多大臣提出引沁河东流入卫济运、以减杀黄河水势的建议，但卫水混浊，而沁水尤甚，以浊盖浊，临清、德州一带必致湮塞④，故建议未被采纳。后来泰昌元年（1620年）和崇祯十三年（1640年），总河侍郎王佐、张国维分别再次提出引漳、沁、丹，疏通滏、洹、淇河入卫的建议，仍未实施。⑤ 直到清顺治十二年（1655年），治河者筑堤于河南武陟木栾店，将沁水截入黄河。此后，沁水基本固定在由武涉县入黄河的线路，无须引至徐州入黄济运。再加上中运河开凿后，

---

① 参见《明史》卷87《河渠志五》。
② 参见（清）朱铉《河漕备考》卷1《临清至天津漕河考》。
③ （清）刘克敬：《李公堤记略》，载乾隆《东昌府志》卷7《漕渠》。
④ 参见（清）朱铉《河漕备考》卷1《临清至天津漕河考》。
⑤ 参见《明史》卷87《河渠志五》。

运河基本避开了黄河的侵扰，遂不存在引沁济运的必要了。

2. 运河的减水河道

引水济运以资其利的同时，还要减水保运以避其害。通过开挖减水河等工程减杀运河水势，分泄注入海洋、湖泊、洼地或其他河流。运河上的减水河道，主要分布在黄运地区以北的临清至通州段运河，即北运河与南运河。这两段运河利用了漳卫河、潮白河等天然河道，伏秋雨水盛涨，往往水流湍急。为减少洪水对运河的威胁，多在运河东岸开减河，宣泄异涨之水，使之经黄河故道、大清河等河流入海，如恩县四女寺、德州哨马营、沧州捷地、青县兴济、青县马厂等减河。

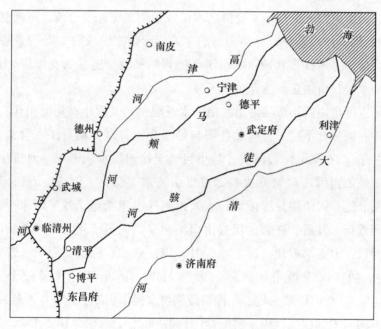

图3—8　清代徒骇河、马颊河示意图①

在黄运地区，作为人工河道的临清至淮安间运河，冬春季节常患水源不足，夏秋季节又多洪水，"每遇洪水暴发，运河即有难容之势"，也需建减水工程排泄多余河水，诚所谓"东省水利，以济运为关键，以入

① 据谭其骧主编《中国历史地图集》改绘。

海为归宿"①。但与上述临清以北自然河道的情况有所不同，此段河道减水河数量相对较少，主要有马颊河、徒骇河、大清河、六塘河数条泄水通道。此外，作为闸座辅助工程的月河，也具有减水的功能。

一是利用徒骇河、马颊河减水。徒骇河是古黄河支流漯水的下游，从东昌府聊城东北流经禹城、滨州，至沾化县的久山口入海。明代以前称土河，明代始称徒骇河，非《禹贡》所载九河之一的徒骇河。明清时，徒骇河仅指运河以东部分，运河以西则称金线河。明正统六年（1441年）在徒骇河建龙湾减水闸，排泄汶水及上游阳谷、莘县等处入运积水。陆耀《山东运河备览》称，该河虽在运河东岸，但对于西岸的东昌、阳谷一带州县十分重要，"每遇伏秋大汛，水势日增，运河顶阻，疏泄无路，必俟运河水落，方能开西岸之闸放水入运，使由运入河归海。若运河消落稍迟，则数州县之淹浸不免矣"②。景泰四年（1453年）徐有贞治沙湾，开广运渠，于东昌之龙湾、魏湾等处筑减水闸8座，沙湾决口得以堵塞，即所谓"用王景制水门法以平水道，而山东河患息矣"③。成化十二年（1476年），因运河减水泛涨，又在聊城东北开挖七里河（湄河），接受漕河减水闸所泄之水，北流经博平县西北入徒骇河归海。雍正五年（1727年）、乾隆二十二年（1757年）、乾隆三十二年（1767年）、乾隆四十一年（1776年）、乾隆五十六年（1791年）多次对徒骇河进行疏浚。乾隆三十一年（1766年），山东巡抚崔应阶奏称，运河西岸沙河、赵王河入运之水，俱由张秋三空桥、五空桥及平水闸、滚水坝等处泄入东岸大清河、徒骇河。

马颊河因上宽下窄、状如马颊而得名，亦非《禹贡》所载九河之一的马颊河，而是唐武则天久视元年（700年）为排泄黄河洪涝，上游利用秦汉黄河溜道，中下游将笃马河、屯氏别河北渎等河道连通起来，开挖形成的排水通道。明清时期，马颊河主要接受博平东岸减水闸、滚水坝宣泄的汶水以及马颊河上游来水，东北经清平、高唐、夏津、恩县、平原、德州、德平、乐陵、庆云至海丰县直沽口入海。马颊河与运河交汇

① 《清史稿》卷129《河渠志四》。
② （清）陆耀：《山东运河备览》卷7《上河厅河道》。
③ 《明史》卷83《河渠志一》。

处建有魏湾减水闸，早在元代即用于泄水，明景泰间徐有贞修减水闸，泄运河异涨之水。清乾隆间用第四空为减水闸，第五空为滚水坝。康熙五十六年（1717 年）、雍正四年（1726 年）、乾隆二十二年（1757 年）、乾隆二十三年（1758 年）多次对马颊河进行疏浚，疏浚后宽深的河道，加速了水沙的排泄。乾隆二十二年（1757 年），运河连年漫溢，派大员会同河臣督理挑浚，添建滚水坝，并将徒骇河头之龙湾，马颊河头之魏湾，老黄河头之四女寺各滚坝落低 7 尺，以导其北注。① 但至乾隆三十八年（1773 年），马颊河淤浅已久，运河横梗中间，每年伏秋之际，运河水满，泄放不及，以致莘县、冠县、堂邑等地遭受水灾。

二是利用大清河减水。大清河即古济水，俗称盐河，又称北清河。大清河减水设施位于大清河与运河交汇处的张秋至沙湾一带，因地势低洼，每遇雨涝之年，水大流急。上游沙河汇魏河、洪河、小流河来水，经濮州、范县到张秋入运；枣林河则由沙湾入运，通过减水闸泄入大清河入海，故沙湾、张秋间常患黄河决水穿运。平阴诸泉入汶者仅二泉，其余俱入大清河。张秋运河西岸沙河、赵王河汇上游河南之仪封、延津，直隶之长垣、东明，山东之郓城、濮州、范县、寿张等地沥水，横冲入运。

此处运河东岸设三空桥、五空桥、八里庙等减水闸坝。三空桥减水石闸又名金线闸，位于戴家庙以北的运河东岸，为景泰五年（1454 年）都御史徐有贞治沙湾时所建，使洪水"入盐河归大清河"。弘治五年（1492 年）参政熊秀重修，每遇运河水涨，可由此闸"泄入盐河，东入于海"，减杀运河异涨。五空桥减水石坝在沙湾运河东岸，创建于弘治十年（1497 年）。六年以后，涝水泛涨，冲决运河东岸，截流夺汶入海，漕运中断受阻，朝廷命刘大夏、李兴、陈锐等前往治理，"植木为杙，中实砖石，上为衡木，着以厚板，又上墁以巨石，屈铁以键之，液糯以填之"② 通过五空桥减水闸宣泄漕河溢涨之水入盐河，东归于海。清初，黄河决荆隆口（或称金龙口），五空桥减水闸毁坏，每逢大雨之年，运河势不能容，曹家单薄必受冲决，需重建减水闸。顺治八年（1651 年），北

---

① 参见（清）载龄等修纂《户部漕运全书》卷42《漕运河道》。
② （明）谢肇淛：《北河纪》卷4《河防纪》。

河分司主事阎廷谟重修五空桥，运河西岸坡水及运河多余之水得以重新由五空桥泄入大清河入海。八里庙滚水坝位于张秋镇南 8 里处，乾隆二十三年（1758 年）因五空桥底部较高，水流宣泄不畅，创建此坝。滚水坝宽 12 丈，上设木桥，以通行人。伏秋多雨时，来自上游郓城、濮州等地的坡水，可汇流至此入运排出。乾隆二十六年（1761 年）连日大雨，各处坡水皆由沙河、赵王河、鹅鸭坡、白家洼等处汇入运河，由八里庙减水闸坝分泄入海。

三是利用六塘河减水。六塘河位于骆马湖尾闾，用来宣泄骆马湖水，历宿迁、桃源至清河县之朱家庄，分南北两股：南曰南六塘河，北曰北六塘河。北支经沭阳至安东县谢家庄入硕项湖，由海州龙沟、易泽河入潮河归海；南支经安东苏家荡至沭阳孟家渡、武障河，入潮河归海。宿迁一带运道，上接山东省诸山水以及沂河、白马河汇入骆马湖之水，来源广而河身狭，遇伏秋大汛，不能容纳，漫溢为害，需通过刘老涧减水坝，由六塘河至海州入海。雍正九年（1731 年），山东省山湖水涨，下游泛滥，冲堤溃岸，河臣嵇曾筠疏浚六塘河，水患平息。岁久复淤淀，一经水发，即漫入民田，为患宿迁、桃源、清河、沭阳、安东、海州六州县。乾隆《淮安府志》指出，随着挑六塘河减骆马湖异涨，以及减上中河刘老涧坝下之水，"桃、清、安多被水灾"[1]。

综上所述，明清河道工程建设表现为河道疏浚、改迁以及引水、排水诸方面，主要围绕治黄保漕进行，表现出"疏于治河而注重运道"[2]的特色。河道引水和减水工程早在明初就已出现，其目的是"泄水怒，防溢涨"[3]，对于保护堤坝、闸座的作用是明显的。通过工程的实施，将沿线诸多河湖泉源纳入运河体系，改变了原有水系的自然格局，形成了以运河为主干的水运网络，确保了漕运畅通，解决了部分地区的内涝问题。例如山东西南部因减水工程的兴建，"河水北出济漕，而阿、鄄、曹、郓间，田出沮洳者，百数十万顷"[4]。其中挑挖引河"系紧要工

① 乾隆《淮安府志》卷 8《水利》。
② 郑肇经：《中国水利史》，《民国丛书》第四编，上海书店出版社 1992 年版，第 37 页。
③ 乾隆《淮安府志》卷 4《叙》。
④ 《明史》卷 83《河渠志一》。

程"①,作用有三:分流以缓冲,预浚以迎溜,挽险以保堤。②

但同时也应看到,引水与减水工程难免会对当地河流环境带来消极影响,使"运道民生胥受其累"③。其一,引水、减水工程改变了河流的方向,增加了水系的紊乱,导致河水力量分散,"此泄则彼淤"④,"有旁泄侵堤之虑"⑤。例如,戴村坝的兴建,"夺二汶入海之路,灌以成河,复导洙、泗、洸、沂诸水以佐之,汶虽率众流出全力以奉漕,然行远而竭,已自难支。至南旺,又分其四以南迎淮,六以北赴卫,力分益薄"⑥。不仅破坏了原有水系,还浪费了大量本可为农业所用的泉水。又如,运河因排水方式的改变,造成运西许多洼地的形成,引发地区间排水的矛盾,出于保漕之目的,政府对运西地区采取只准报灾、不准挖河的政策。其二,引水、减水工程往往带来大量泥沙,淤塞河道或湖泊,增加挑浚的难度。除黄河、漳河这样的浊水外,夏秋山洪也会使运河"承受山水,不免淤垫"⑦。古人在这方面有清楚的认识,漕渠"必赖黄河之水自西入之,而后漕运流通,水利深广"⑧,"非假黄河之支流,则运道浅涩而难行,但冲决过甚,则运道反被淤塞"⑨。因此明中期徐有贞、白昂、刘大夏治河时,尽量不引用黄河水济运。

第二节 堤防工程与河流环境的变迁

"国家治河,不过浚浅、筑堤二策。"⑩ "防水之功,莫大于堤",但"疏浚之工十二三,堤之工则得十之七八矣,故堤为要焉"⑪。一般来说,

① 《雍正朱批御旨》卷 140。
② 参见(清)靳辅《治河奏绩书》卷 4《挑浚引河》。
③ 《雍正朱批御旨》卷 126。
④ 《清史稿》卷 310《齐苏勒传》。
⑤ 《八旗通志》卷 161《人物志·齐苏勒》。
⑥ 《明史》卷 85《河渠志三》。
⑦ 《清高宗实录》卷 1311,乾隆五十三年八月戊申。
⑧ (明)章潢:《图书编》卷 53《黄河图叙》。
⑨ (明)王轼:《处河患恤民穷以裨治道疏》,载《明经世文编》卷 184《王司马奏疏》。
⑩ 《明史》卷 83《河渠志一》。
⑪ (清)靳辅:《治河奏绩书》卷 2《闸坝涵洞考》《堤河考》。

堤防建设包括修筑、塞决两个方面，即所谓"因河安则修堤，因河危则塞决"①。

一　黄河堤防工程

（一）黄河堤防工程概述

明代，黄河下游两岸系统堤防的建设可分为三个时期：洪武初至弘治元年（1368—1488 年）为第一时期，弘治二年至嘉靖末年（1489—1566 年）为第二时期，隆庆元年至明末（1567—1644 年）为第三时期。

第一时期主要是局部修防，重点在河南温县、武陟、阳武、原武、荥泽、中牟、开封等处，护堤、开河工程兼而有之。采取的措施有"卷土树桩，以资捍御""中滦导河分流，使由故道北入海""编木为囤，填石其中，则水可杀，堤可固""分流大清，不专向徐吕""筑石堤于沙湾，以御决河""因决口改挑一河，以接旧道，灌徐吕""置水闸门……开分水河……挑深运河""先疏金龙口宽阔，以接漕河，然后相度旧河或别求泄水之地，挑浚以平水患"② 等。

第二时期主要是"北堤南分"治河方略的实施。弘治年间，户部侍郎白昂"筑阳武长堤，以防张秋"，副都御史刘大夏筑"大名府之长堤，起胙城，历滑县、长垣、东明、曹州、曹县抵虞城，凡三百六十里。其西南荆隆等口新堤，起于家店，历铜瓦厢、东桥抵小宋集，凡百六十里。大小二堤相翼"。正德年间，工部侍郎崔岩"筑长垣诸县决口及曹县外堤"，侍郎李堂"起大名三春柳至沛县飞云桥，筑堤三百余里"。嘉靖前期，总河副都御史龚弘"筑堤，起长垣，由黄陵冈抵山东杨家口，延袤二百余里"，工部侍郎潘希曾"于济、沛间加筑东堤，以遏入湖之路，更筑西堤以防黄河之冲"，总河副都御史刘天和"自曹县梁靖口东岔河口筑压口缕水堤，复筑曹县八里湾至单县侯家林长堤各一道"③。

嘉靖二十五年（1546 年），尽塞南流故道，使"全河尽出徐、邳，

---

① （明）孙承泽：《春明梦余录》卷46。
② 《明史》卷83《河渠志一》。
③ 同上。

夺泗入淮"①。嘉靖后期，治河者多采取开河分水的措施，总河都御史詹瀚请于赵皮寨诸口多穿支河，以分水势。侍郎吴鹏、总河副都御史曾钧奏请"于徐州以上至开封浚支河一二，令水分杀"，工部尚书朱衡"开鱼台南阳抵沛县留城百四十余里"②。有研究者指出，北堤南分治理黄河，是片面为达到遏黄保运目的而置黄河自然规律于不顾的治河方法，导致南岸分流纷纷淤塞，黄河水连续北徙，黄河善决地段自河南境内下移至河南、山东、南直隶交界处，曹、单、萧、砀一带屡屡被灾。③

第三时期是隆庆、万历年间堤防建设的高潮。万历六年（1578 年）潘季驯复任总河后，力陈堤防的重要性，认为"河决崔镇，水多北溃，为无堤也。淮决高家堰、黄浦口，水多东溃，堤弗固也。……上流既旁溃，又歧下流而分之……水势益分则力益弱，安能导积沙以注海？"建议"固堤以杜决"，"沿河堤固，而崔镇口塞，则黄不旁决而冲漕力专。高家堰筑，朱家口塞，则淮不旁决而会黄力专"，于是筑高家堰 60 余里，归仁集堤 40 余里，柳浦湾堤东西 70 余里，筑徐、睢、邳、宿、桃、清两岸遥堤 196000 余米，筑徐、沛、丰、砀缕堤 140 余里。④ 到万历二十年（1592 年），黄河两岸的堤防已接近云梯关海口。在其晚年所著《河防一览》中，潘季驯陈述"有缕堤以束其流，有遥堤以宽其势，有滚水坝以泄其怒"的筑堤障河观点⑤，认为黄水常决于崔镇等处，往往出现舟行市井之中、民栖山顶之上等情况，原因是缕堤束水太急，难免冲溃。遥堤筑成后，范围宽广，纵然遇到河水泛涨，至遥堤则水力浅缓，河渠可免于淤垫，民田可免于淹没。⑥

潘季驯治河，两岸堤防随河床的淤垫而加高，行水线路长期保持稳定，形成了完全由堤防约束的、高于两侧地面的封闭性的河流。⑦ 但到万

---

① 《明史》卷 84《河渠志二》。

② 《明史》卷 83《河渠志一》。

③ 参见吴萍《略论明代黄河治理的复杂性》，载中国水利学会水利史研究会编《黄河水利史论丛》，陕西科学技术出版社 1987 年版，第 74 页。

④ 参见《明史》卷 84《河渠志二》。

⑤ 同上。

⑥ 参见（明）潘季驯《河防一览》卷 2《河议辨惑》。

⑦ 参见陈远生、何希吾、赵承普等主编《淮河流域洪涝灾害与对策》，中国科学技术出版社 1995 年版，第 8 页。

历二十一年（1593 年），河决单县黄堌口，"邳城陷水中，高、宝诸湖堤决口无算"。二十二年（1594 年），"暴浸祖陵，泗城淹没"。二十三年（1595年），"决高邮中堤及高家堰、高良涧，而水患益急"①。后来杨一魁实行"分黄导淮"，致下游水系紊乱，或北趋张秋，或南泛涡、颍，"水得分泻者数年，不至壅溃，然分多势弱，浅者仅二尺，识者知其必淤"②。

清代，治河者以"有决必塞，维持故道"为原则，采取被动的治河办法，徐、邳以下堤防问题尤为突出。"开、归以下，土地宽广，堤多者至四五重，无甚险。徐、邳而下，迄于云梯关，险工栉比，几及五十。"③顺治七年（1650 年）八月，河决荆隆朱源寨，河督杨方兴"先筑上游长缕堤，遏其来势，再筑小长堤"④。其后近 30 年间，决口几乎连年出现，但是较大的堤防工程却很少见。直到靳辅治河时，堤防建设才形成了又一个高潮，靳辅创筑云梯关外河道束水堤 18000 余丈，筑兰阳、中牟、仪封、商丘月堤及虞城周家堤，筑周桥翟坝堤 25 里，加培高家堰长堤。康熙二十四年（1685 年）秋，靳辅以河南地在上游，"河南有失，则江南河道淤淀不旋踵"，乃筑考城、仪封堤 7989 丈，封丘荆隆口（金龙口）大月堤 330 丈，荥阳埽工 310 丈。⑤

靳辅以后的治河官员，固守前人的做法，几乎没有什么创新。康熙、雍正两朝及乾隆初，黄河下游比较安定，维持了长达 119 年的小康局面，其间水患频率平均仅为 0.139⑥，故堤防工程较少。乾隆中期以后，河政败坏，堤防建设虽有所进行，但已大不如靳辅治河时期，多为局部的修补加固。

（二）黄河重要堤防工程举例

按照类型划分，黄河堤防有缕堤、遥堤、格堤之分。缕堤紧贴河床，是黄河的第一道防线，但因缕堤靠近河滨，束水太急，容易激起怒涛迅溜，导致伤害堤防。于是缕堤之外再筑遥堤，遥堤离河颇远，距离一里

①　《明史》卷 83《河渠志一》。
②　同上。
③　（清）靳辅：《治河奏绩书》卷 4《王公堤》。
④　《清史稿》卷 126《河渠志一》。
⑤　参见《清史稿》卷 126《河渠志一》。
⑥　参见任士芳《黄河环境与水患》，气象出版社 2011 年版，第 184 页。

多或二三里，伏秋暴涨之时，其势必缓，则堤防容易得到保护。①

按照材料划分，主要有土堤、石堤两种类型。有关黄河石堤的记载主要出现在明代前期，当时黄河多支分流，水量较小，便于石堤的建设。但因"建筑石工，必地基坚实。惟河性靡常，沙土松浮，石堤工繁费巨，告成难以预料"②，再加上无法就地取材，石料运输艰难，与俯拾皆是的泥土材料不可同日而语，故黄河堤防绝大多数是土堤。其功能除作为抵御河水流出、流入的屏障或用作道路外，堤上常种植树木，提供治河材料或树荫，还往往建造堡房供管理人员居住。太行堤、徐邳段黄河大堤是著名的黄河土工堤，而归仁堤则是土工、石工兼而有之。

1. 太行堤

黄河迁徙无常，伏秋大汛时节，巨大的水流携带泥沙，往往沿途淤积，甚至冲垮堤岸，决溢漫流，需筑堤御洪。明弘治六年（1493年）春，黄河决河南仪封黄陵冈，滚滚洪水向东直冲山东运河沿岸的张秋镇，运道受阻，漕粮无法正常北运。副都御史刘大夏主持修建了一条自河南武陟、虞城至江苏丰县的黄河大堤，全长360余里，后被称作太行堤。自刘大夏筑堤后，太行堤在长时间内发挥了很大的作用，后因黄河迁徙而有所毁坏。到万历年间，总河潘季驯将该堤大加修缮，作为遥堤，即黄河的第二道防线，并年年加以修缮维护。

太行堤是明清治河书中屡屡提到的堤防工程，其修筑目的是保护运河免受黄河的侵袭，在治河史上具有重大意义：其一，弘治八年（1495年）是明代黄河史上的重要分水岭，此前为南北分流时代，此后为全流南注夺淮时代。大堤的修建遏制了黄河北徙对运河的影响，黄河北流断绝，此后140余年间，张秋镇未再遭受黄河的侵袭，史称"自黄陵冈之役，百四十年，至崇祯七年而张秋始决"③。其二，太行堤的建成是黄河大规模筑堤的开始，是"北堤南分"治河思想的具体体现，该堤修建于黄河北岸，逼黄河水全部经颍、涡、濉等支流南下入淮。其三，刘大夏

---

① 参见（明）朱国盛撰，徐标续撰《南河全考》卷下；（明）潘季驯《两河经略》卷4《堤决白》。

② 《清史稿》卷126《河渠志一》。

③ （清）俞正燮：《癸巳存稿》卷5《会通河水道记》。

治河后，稳定的河流环境促进了运河城镇张秋以及鲁西南地区的发展，"自太行堤创而归、开、临、德之害消"①，"曹、单、金、鱼诸县，南临大河，惟赖太行古堤障之"②。

但太行堤的修筑也为环境带来一定的负面影响，"张秋之患息，而曹、单岁受冲矣"③。淮河尾闾灾害加重，淤垫加速，江淮间地势由南高北低变成北高南低。清代学者胡渭在他的《禹贡锥指·例略》中其至称之为黄河史上的第五大变迁。而且，大堤的修筑减少了安山湖的外来水源，加快了其被废弃垦殖的速度。弘治间安山湖方圆 80 里，到嘉靖初年（1522 年）仅能够在湖中心修筑方圆 10 余里的湖堤，"湖之广益狭矣"④。到崇祯时，安山湖"尽为平陆"⑤，乾隆间认定垦科，"湖内遂无隙地矣"⑥。自清末运河废弃以来，由于自然的风雨侵蚀或者人为的改造破坏，导致太行土堤遭到很大破坏，很多地方的原有风貌已经失去，仅部分地区还有残存。

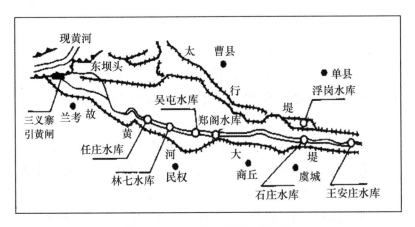

图3—9　太行堤、黄河大堤图⑦

①　乾隆《山东通志》卷 18《河防》。
②　（清）徐乾学：《憺园文集》卷 16《治河说》。
③　（清）顾炎武：《天下郡国利病书》第 15 册（山东上）引《黄河图说》。
④　（明）刘天和：《问水集》卷 2《闸河诸湖》。
⑤　《行水金鉴》卷 132《运河水》，引总河张国维奏疏。
⑥　（清）俞正燮：《会通河水道记》，载《小方壶舆地丛钞》第四帙。
⑦　采自刘会远主编《黄河明清故道考察研究》，河海大学出版社 1998 年版，第 15 页。

2. 徐邳段黄河大堤

苏北地区的黄河以宿迁为界，可分为上、下两部分。宿迁以下，河面广、流速快，"宜纵之，必勿堤"；宿迁以上，即徐邳段河道，河道窄、水流缓，宜"束之亟堤"①。受两侧山地所束，此段河道非常狭窄，正河宽仅60余丈，是整个南北大运河中"咽喉命脉所关，最为紧要"②的地段。

元代开会通河后，徐邳段借黄行运，河道即运道，不过最初河道较稳定。明正统十三年（1448年）后，黄河决新乡八柳树口，徐邳地区深受其害。嘉靖二十五年（1546年）尽塞南流故道，河道固定后，水位抬升，水源充足，有利于漕船的通行，故黄承玄《河漕通考》称："徐、邳河自隆、万以来，修防太密，尽塞诸口，两堤夹峙，束水中行，以是二洪之间常得饱水，不虞险涩，运称利矣。"③但是，由于水流过大，泥沙过多，需要不断地加高、加固堤防。

徐邳段河道上还有徐州洪、吕梁洪两处险滩，更加大了漕运的艰险。吕梁洪位于徐州城东南50里处，绵延7里多，分上、下二洪，水流湍急，水中怪石林立，"涸则岩崿毕露，流沫悬水，转为回渊，束为飞泉，顷刻不谨，败露立见。故凡舟至是必祷于神"④。仅次于吕梁洪的是徐州洪，位于徐州城东南3里处，绵延1里余，"汴泗流经其上，冲激怒号，惊涛奔浪，迅疾而下，舟行艰险，少不戒即破坏覆溺"⑤。

为确保漕运畅通，徐邳段河道几乎年年都要兴举修筑之工，加强堤防建设。隆庆三年（1569年），潘季驯发动丁夫修筑缕堤30000余丈。六年（1572年）春，工部尚书朱衡与兵部侍郎万恭罢泇河议，专事徐邳河段，自徐州至宿迁小河口修筑长堤370里，并修缮丰、沛间大黄堤。朱衡特别提出："茶城以北，当防黄河之决而入。茶城以南，当防黄河之决而出。防黄河即所以保运河，故自茶城至邳、迁，高筑两堤。"⑥万历元年

① （明）万恭：《治水筌蹄》卷上。
② 《明神宗实录》卷191，万历二十五年九月丁巳。
③ （明）黄承玄：《河漕通考》卷下《徐吕二洪》。
④ （明）袁桷：《清容居士集》卷25《附札记》。
⑤ 万历《徐州志》卷3《河防》。
⑥ 《明史》卷85《河渠志三》。

（1573 年），自沛县洼子头至秦沟口筑堤 70 里，接古北堤，并于徐邳新堤外加筑遥堤。六年（1578 年），筑徐州、睢宁、邳州、宿迁、桃源、清河一线两岸遥堤 56430 余丈，筑马厂坡堤 740 余丈，筑徐州、沛县、丰县、砀山缕堤 140 余里。① 随着大规模堤防的创建，正河安流，运道大通。② 万恭《治水筌蹄》评价徐邳间筑堤之效益："三百里之堤，内束河流，外捍民地，邳、睢之间，波涛之地，悉秋稼成云。"③

　　但强化堤防系统和固定河床的结果，使黄河下游由多股分汊河道演变成为固定的单股河道，泥沙不断在河槽中堆积。明王士性《广志绎》中提到，嘉靖、隆庆年间，"河渐涨，堤渐高，行堤上人与行徐州城等"④，徐州如同位于锅的底部，岌岌可危。同时入海口迅速向海中推进，河道越来越长。⑤ 万历十八年（1590 年）黄河漫溢，大堤危急，潘季驯挑挖徐州奎山支河。二十年（1592 年），潘季驯离职，总河杨一魁实行分黄导淮，结果运道阻塞。三十一年（1603 年），河水冲决单县苏家庄及曹县缕堤，决沛县四铺口太行堤，灌昭阳湖，入夏镇，横冲运道，堤防遭到破坏。⑥ 清代靳辅治河时期，堤防建设形成高潮，但当时的河工重点在淮安清口至入海口地段，徐邳段未有大的筑堤工程，仅是局部的修修补补，更多的是通过修建减水闸坝、开挖引河的方式，保护堤防安全。

　　3. 归仁堤

　　归仁堤位于淮安府山阳县西北、宿迁县东南黄河南岸 16 里处，大部分在宿迁、桃源县境内。该堤始建于明嘉靖间，最初规模较小，甚至没有名字。其名称当来自后来的归仁集，该集镇创建于明万历四年（1576 年），"归仁"二字取自孔子名句"克己复礼，天下归仁焉"。因担心黄流倒灌小河、白洋河，挟诸河水冲射祖陵，万历六年（1578 年），潘季驯

---

① 参见（明）潘季驯《河防一览》卷 5《历代河决考》。
② 参见《明史》卷 83《河渠志一》。
③ （明）万恭：《治水筌蹄》卷下。
④ （明）王士性：《广志绎》卷 2《两都》。
⑤ 参见《中国水利史稿》编写组《中国水利史稿》下册，中国水利水电出版社 1989 年版，第 128 页。
⑥ 参见《明史》卷 84《河渠志二》。

修筑高家堰的同时，沿洪泽湖西北的归仁集、洋河镇一线古白洋河南岸修筑长堤。在原来基础上"自归仁集起至孙家湾，特筑遥堤一道捍御之"①，"葺治"了一条长 7680 丈，横亘 40 里的大堤，称作归仁堤，又称归仁集遥堤。归仁堤既有土工，又有石工，其中泗州乌鸦岭至归仁集一段 500 余丈为土堤，归仁集至五堡一段 3088 丈为石堤，五堡至桃源县界 3700 余丈为土堤。万历二十年（1592 年），舒应龙改建石堤 3000 余丈。万历二十四年（1596 年），杨一魁培归仁堤，以护陵寝。②

归仁堤的作用是拦蓄濉河、永堌湖、邸家湖、白鹿湖之水尽入黄河，避免流入洪泽湖，并用来冲刷白洋河以下黄河河床泥沙，减缓河床淤垫，同时防止黄河决溢淤积洪泽湖。"所以捍濉水、湖水及黄水，使不得南会于淮，而又遏濉水、湖水使之并入黄河，助其冲刷也"③，"以障濉、汴二渠及邸家、白鹿诸湖之漫溢，兼杀洪湖水势也"④，"兼为高家堰等处一带堰堤之外藩者也"⑤，"祖陵命脉全赖此堤"⑥。

清初，归仁堤年久失修，残破不堪。顺治十六年（1659 年），河决归仁堤，濉、湖诸水悉由决口侵淮，不复入黄刷沙，以致黄水反从小河口、白洋河二处逆灌，渐淤成陆地。康熙元年（1662 年），归仁堤再决，淮水大泄，而黄河逆入清口，又挟濉、湖等水从归仁堤决口入，与洪泽湖相连，直抵高堰，冲决翟家坝，流成大涧九条，"其水东注，悉归诸湖，淮扬自是岁以灾告"⑦。到靳辅治河前，归仁堤石工自一堡至十一堡残存 5700 余丈，而石工之西至虹县界原有残缺土堤 480 余丈，石工之东有残缺土堤 2000 余丈。因堤防残破，决口洪水"漫淹泗、宿、桃、清、山、盐、高、宝、江、兴、泰等十一州县之田亩，阻运道而害民生"⑧。

鉴于黄河泛涨每每倒灌入小河口、白洋河，并挟诸湖之水决归仁堤，直射泗州，靳辅续增大修归仁堤，创建五堡减水闸，泄濉河、黄河水入

---

① （清）薛凤祚：《两河清汇》卷 5《中河分司》。
② 参见《明史》卷 84《河渠志二》。
③ （清）张鹏翮：《治河全书》卷 11《归仁堤事宜》。
④ （清）张鹏翮：《论归仁堤》，载《清经世文编》卷 100《工政六》。
⑤ （清）靳辅：《治河奏绩书》卷 3《题为特请大修归仁堤工事》。
⑥ 《明史》卷 84《河渠志二》。
⑦ 乾隆《江南通志》卷 55《河渠志》。
⑧ （清）靳辅：《文襄奏疏》卷 3《特请大修疏》。

洪泽湖，修筑黄河南岸缕堤以及归仁堤格堤。但靳辅所筑减水坝，名为减水，实则四处奔泻，漂决甚多，故自靳辅修归仁堤之后，"清水势弱，黄河之身渐高，清水不得流出，浑水益倒灌清河。河工废坏，亦由于此"①。

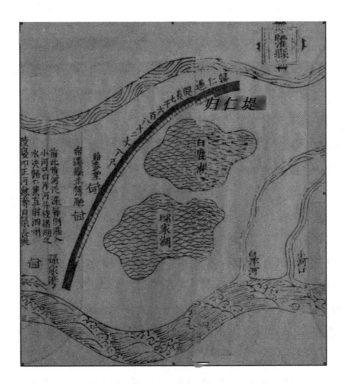

图3—10　潘季驯《河防一览》中的归仁堤

到张鹏翮任河道总督时，因归仁堤历年废弃不修，致祠堂湖一带连决7口，大水注入淮河，为害高家堰。于是开引河一道，引诸水出桃源老堤头，以达于黄。又于归仁堤建闸三座，于老堤头建闸二座。黄水大则闭老堤头闸，开归仁堤闸，以放水入淮；黄水小即闭归仁堤闸，开老堤头闸，以引水刷黄。②

康熙三十八年（1699年）皇帝南巡，特地临阅高家堰、归仁堤、烂泥浅等工。该年对归仁堤土堤、旧石工堤进行了修砌，土堤自虹县交界

---

① 《清圣祖实录》卷198，康熙三十九年三月壬寅。
② 参见（清）张鹏翮《治河全书》卷11《归仁堤事宜》。

起至归仁集石工头止，长 509 丈；旧石工堤自归仁集起至五堡格堤头止，长 3088 丈。又自九龙庙起至桃源县界止，作新开引河南岸东水堤格堤一道，自五堡起至便民闸止，长 2725 丈。康熙三十九年（1700 年），建五堡以上金门闸三座，西曰利仁，东曰归仁，中曰安仁。维修归仁石工东旧堤，自五堡起至桃源县交界止，长 3757 丈，其中自五堡以下至九龙庙1100 丈石工为新创砌。自九龙庙至桃源县老堤头黄河边挑挖引河一道，长 3700 丈，其中宿迁境内 357 丈，桃源境内 3342 丈。还创筑桃源境引河南岸东水堤一道，自宿迁堤至老堤头黄河边，长 1462 丈。创筑引河北岸东水堤一道，自格堤三堡至桃源县黄河边，长 3776 丈，其中宿迁境内 683 丈，桃源境内 3093 丈。① 雍正三年（1725 年），归仁堤五堡减水闸被冲坏。乾隆十八年（1753 年），因黄水漫涨入湖，堤多塌卸，户部侍郎嵇璜建议修归仁堤临河石工。② 乾隆二十二年（1757 年）后，因濉河改道，归仁堤失去减水助淮的作用而被废弃。

归仁堤作为"黄河南岸重门保障"③，"诚淮西北第一险要"④，与高家堰相表里，是高家堰的重要辅助工程。明冯祚泰《治河后策》总结其利有六：遏湖水使不南侵淮流；遏黄水泛涨，使不与湖汇为巨浸；使湖水并力出黄冲沙；分引黄水以注淮流；为盱泗保障，使无漂没；减洪泽湖水，以杀高堰水势。⑤ 尤其归仁堤遥堤修筑后，对河流环境的影响加大，"堤内田地悉皆干出，流民尽归耕作，凤、泗免冲溃之虞。归仁堤所以捍御黄水、濉水、湖水使不得南射泗州并攻高堰，而又遏濉水、湖水使之并入黄河"⑥。归仁堤作为屏蔽淮扬的保障，其作用仅次于高家堰，"高堰不固，下河俱为鱼鳖。归仁不堤，濉、汴、邳、鹿诸水阑入洪湖，益助滔天之势，而高堰危矣"⑦。而一旦归仁堤被冲破，"萧、砀、宿、睢、灵、虹滨河州县，田庐淹没弥甚"⑧。

① 参见（清）张鹏翮《治河全书》卷 11《归仁堤事宜》。
② 参见《清高宗实录》卷 449，乾隆十八年十月甲辰。
③（清）张鹏翮：《治河全书》卷 11《归仁堤事宜》。
④（清）崔维雅：《河防刍议》卷 4《条议》。
⑤ 参见（明）冯祚泰《治河后策》下卷《归仁堤考》。
⑥（清）薛凤祚：《两河清汇》卷 5《中河分司》。
⑦（清）张鹏翮：《论归仁堤》，载《清经世文编》卷 100《工政六》。
⑧ 乾隆《泗州志》卷 6《河防》。

二　运河堤防工程

"运河之存也以堤。"① 堤防建设对运河也是不可或缺的，但远不如黄河重要，因为运河是平地开挖的工程，多数河段仅需"从事疏淤塞决"而已。以下三种情况，运河需要筑堤：一是利用了水流湍急的自然河道，二是处于交通冲要或险工紧要地段，三是需将运河与湖泊分开。

运河堤防也包括土堤、石堤两种类型。检索史料，可发现有关运河石闸、石坝的记载频频出现，而关于石堤的记载要少得多，这是因为运河石堤仅用作运河与其他河流或湖泊的交汇处、运河码头等重要地段。明景泰二年（1451 年），工部尚书石璞于张秋以南的沙湾筑石堤，抵御黄河决口对运河的冲决。嘉靖四十四年（1565 年）七月，工部尚书朱衡修筑徐州以北马家桥石堤 30 里，使黄河趋秦沟，入二洪济运，"于是黄水不东侵，漕道通而沛流断"②。天顺八年（1464 年），佥事刘进以石修砌张秋段运河东堤，自大感应庙起至沙湾止，长 160 丈。成化三年（1467年），因济宁州小长沟至开河驿堤 50 里旧土堤易坏，将西堤改用石砌，以防西来黄水等对湖堤的威胁。七年（1471 年），陈善升修筑自张秋沙湾浅至荆门驿的东堤，改用石砌，长 1930 丈。康熙四十一年（1702 年），皇帝提出自徐州至清口皆修石堤的想法，张鹏翮认为不可行，"石堤工繁费巨，告成难以预料"，最后修筑石堤的提议作罢。③

总之，堤防工程确保了河流的安澜，减少了河患的发生，在河工建设中尤为关键。其一，堤防保护了大堤内的环境，防止客水内灌，使"黄水不致漫衍，堤内洼地悉成膏壤，南北两岸高下田畴，咸得一律丰登"④。黄河"遥堤之内，则运渠可无浅阻。在遥堤之外，则民田可免淹没。虽不能保河水之不溢，而能保其必不夺河。固不能保缕堤之无虞，而能保其至遥即止"⑤。其二，堤防阻止内水外泄，保护了大堤外的河流

① （明）万恭：《治水筌蹄》卷下。
② 《明史》卷 83《河渠志一》。
③ 参见《清史稿》卷 126《河渠志一》。
④ 康熙《南巡盛典》卷 54《河防》。
⑤ （明）潘季驯：《河防一览》卷 8《河工告成疏》。

环境，出现了"自嘉靖初曹、单筑长堤，而山东之患息"① 的情况，也出现了自万历间潘季驯筑淮安黄河南堤，阻挡了河流南溢的情况。其三，堤防可确保足够的水流冲刷泥沙，是实施"筑堤束水，以水攻沙"治河方略的重要保证。

但堤防建设往往截断一些支流，阻碍平原上的自然排水，切断洼地湖泊与河流的联系，对生态环境带来一定的负面影响：其一，堤防的束缚使泥沙在河槽淤积，河床抬高，防洪能力随河床淤高而降低，决口改道概率增大，给下游河道带来影响。其二，堤防修筑转移了河患的发生地点，迫使水流转移到他处，河流环境问题仍无法消弭。其三，堤防工程使原先相连接的水系发生了分离，破坏了水系的联系，形成一些封闭区，加重了涝灾发生。其四，傍堤取土易致堤根成河，一旦上流漫溢，则直灌堤河，壅激冲撞，对堤防造成很大隐患。

第三节　闸坝工程与河流环境的变迁

"防水之功莫大于堤，然水之消长不时，过障之虞，其溢也，闸坝以减之"，"上既有以杀之于未溢之先，下复有以消之将溢之后"，"闸坝涵洞以减之，而后堤可保也"②，"如遇汛涨非常，则赖闸坝减水以保险"③。闸坝作为一种调节流量、防洪排水的水工建筑物，在防险固堤、减水消灾方面发挥了重要的作用。

一　减水闸坝

（一）黄河减水闸坝及其影响

黄河上的减水闸坝主要分布在今苏北、皖北地区。河南境内平原广阔，境内除堤防外，无可分泄之路，黄河河身"皆宽二三十里"。到江苏丰县、砀山一带，"河身亦尚宽一二十里"，而徐州城附近，"南系城郭，北尽山冈，河身仅宽八十余丈，较上游容水不及十分之一，平日归槽之

---

① 《明穆宗实录》卷49，隆庆四年九月甲戌。

② （清）靳辅：《治河奏绩书》卷2《闸坝涵洞考》，卷4《闸坝涵洞》。

③ （清）黎世序：《黄河北岸减坝疏》，载《清经世文编》卷100《工政六》。

水尚可流行，一遇霪潦不时，非常汛涨，即有壅遏抬高之患，徐州郡城岌岌可危"。到徐州以下的邳州、宿迁、桃源、清河、山阳、海州一带，"河身亦仅宽二三百丈至五六百丈不等，加以清口、中河两路来水汇归顶托，江境防守之难，实数倍于上游"①。上游水势暴涨，河身不能容纳，下游江苏境内往往有溃决之患。潘季驯很早就发现苏北一带适合设立减水闸坝，称"吕梁上洪之磨脐沟，桃源之陵城，清河之安娘城等处，土性坚实，可筑滚水石坝三座"②。

1. 黄河南岸减水闸坝

康熙间靳辅治河，修建了许多减水闸坝，作为分泄异常洪水之用。南岸砀山毛城铺减水坝1座，铜山王家山天然减水闸1座，睢宁峰山附近减水闸4座，宿迁县归仁堤五堡减水坝1座，"盛涨之时相机启放，水落即行堵闭，是于束水攻沙之中，并用防险保堤之法"③。

其一，砀山县毛城铺减水坝。该坝位于徐州府砀山县（今属安徽省）黄河南岸毛城铺，"为南河第一蓄泄关键"④，康熙十七年（1678年）靳辅创建。二十三年（1684年）因黄河异涨，靳辅重修毛城铺大石坝，并于减坝之上添建减水深底石闸1座，以泄黄河涨水出小神湖。乾隆元年（1736年）四月，河水大涨，由毛城铺闸口汹涌南下，堤多冲塌，潘家道口平地水深3—5尺。河督高斌疏浚毛城铺水道，别开新口，塞旧口，以免黄河倒灌。后来，河官嵇璜浚毛城铺坝下引河，并于顺河集诸地开河引溜，修筑黄河岸，留新黄河、韩家堂诸地旧口以泄盛涨。乾隆十六年（1751年），在口门内填筑碎石坝一道，长50丈，并于碎石坝外围筑钳口坝。嘉庆十五年（1810年），河督吴敬等建议修复毛城铺石滚坝，以减黄助清。二十一年（1816年），百龄、黎世序奏称：毛城铺减坝虽属得力，而原建处本无山势可凭，坝之上下土性沙松，屡有王平庄、邵家坝、唐家湾掣溜之事。⑤

其二，徐州王家山、十八里屯减水闸。康熙二十三年（1684年）建

① （清）黎世序：《黄河北岸减坝疏》，载《清经世文编》卷100《工政六》。
② （明）潘季驯：《河防一览》卷7《两河经略疏》。
③ （清）黎世序：《建虎山腰减坝疏》，载《清经世文编》卷100《工政六》。
④ （清）康基田：《河渠纪闻》卷16。
⑤ 参见（清）黎世序《黄河北岸减坝疏》，载《清经世文编》卷100《工政六》。

王家山天然石闸一座，条筑十八里屯东西两头天然石闸，东西各一座。
三闸俱减水经永堌湖归灵芝、孟山等湖，由归仁堤减坝入洪泽湖助淮。
康熙三十九年（1700 年）以后，王家山石闸河底渐深，水不过闸。

其三，睢宁县峰山、龙虎山减水四闸。峰山、龙虎山减水闸俱建于
康熙年间，俱减水入灵芝、孟山等湖，越归仁堤减坝入洪泽湖助淮。后
因头、四两闸掣水过猛，患其夺溜，嘉庆元年（1796 年）以后闭而不启，
只放二、三两闸减泄。鉴于四闸创建之始，河身尚低，如遇盛涨漫滩之
水，由坝入闸，仅过水数尺，与滚坝无异。嘉庆二十年（1815 年）建徐
州虎山腰减水滚坝，二十一年（1816 年）于睢南峰山四闸之外，龙虎山
中间铲作天然滚水石坝，均备大汛时启泄，皆系就山开凿，石根坚固，
底高口宽，启放得力，宣泄有制。

2. 黄河北岸减水闸坝

其一，徐州大谷山、苏家山减水闸坝。与黄河南岸毛城铺减水坝相
对的是位于黄河北岸的徐州大谷山、苏家山，两山距离不足 500 丈，建有
大谷山减水石坝和苏家山减水石闸。其中大谷山减水石坝建于康熙十七
年（1678 年），苏家山减水石闸建于康熙二十三年（1684 年），均用来宣
泄黄河异涨，泄水入微山湖。

其二，清河县王家营减水坝。坝距清口 20 余里，建于康熙十七年
（1678 年），北达中河，减水穿鲍营河入海，泄黄河盛涨入盐河至平旺河，
转达海州五丈河入海，以免王家营民房受淹。减水大坝共长 100 丈，上造
浮桥，下通水道，分为西坝、中坝、东坝。后来于成龙筑堤堵塞，遇黄
河大涨，漫溢之水无处宣泄，淹没王家营。三十九年（1700 年），总河张
鹏翮奏请开坝泄水。四十五年（1706 年），张鹏翮于旧坝西改建王家营新
减水石坝，口宽 50 丈，坝下引河一道，与旧坝所泄之水同行，减低黄河
异涨，以免清口倒漾。乾隆五年（1740 年），高斌于清口建木龙，用以护
岸刷沙，清水渐畅注。木龙是清口地区河工治理中新创的治水工具，逼
使黄溜趋向对岸，并使黄河泥沙在木龙处渐淤成滩。乾隆皇帝对此工具
大为欣赏，御制木龙诗五首。八年（1743 年），减坝引河久淤塞。三十三
年（1768 年），始开王营减坝泄异涨，并于坝北筑越堤。因坝体仅离黄河
20 余丈，坝底过低，启放之时，溜势直下跌塘，乾隆四十六年（1781
年），河督萨载、总河李奉翰下移改建，远离河堤 85 丈，口宽 30 丈，坝

底落低4尺。① 五十年（1785年），黄水倒灌，清口淤平，开王营减坝。嘉庆元年（1796年），黄淮并涨，上游决丰汛六堡，开减坝以泄清水。十一年（1806年）复开减坝，导致大水夺溜，北穿盐河，由六塘河出灌河口入海。次年堵塞王家营减坝决口，并大浚海口。王家营减坝堵闭后，河口一带倒漾停淤，渡黄漕船皆借助黄河水浮送。十三年（1808年），运河涨溢，铁保、吴璥奏请重建减坝，五年后建成。

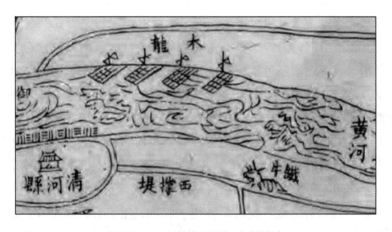

图3—11 乾隆间清口木龙图

其三，清河县仲家庄减水闸。该闸位于清口对岸清河县西，闸以上为运河，闸以下至清口间为黄河。康熙二十六年（1687年），河臣靳辅因黄河风涛之险，自骆马湖凿渠，历宿迁、桃源二县，至清河县仲家庄出口，名曰中河，仲家庄遂成中河与黄河交汇口。二十七年（1688年），靳辅于仲家庄创建双金门石闸一座，"泄山左诸山之水，而运道从此通行，避黄河之险溜，行有纤之，稳途大利也"②。四十二年（1703年），于陶庄闸以下挑引河一道，运口自仲家庄改至杨家庄，此后仲家庄减水闸遂废。

其四，安东县茆良口减水坝。坝在安东县东南黄河北岸。康熙四年（1665年）河决茆良口，六年后堵塞。康熙十八年（1679年）创

---

① 参见（清）张煦侯《王家营志》卷1《河渠》。
② （清）靳辅：《治河奏绩书》卷4《中河》。

建减水坝6座，茆良口减水坝为其中之一。如遇黄水高涨，即启减水坝以泄之，使清水达到适当高度，又不致过泄，以防止减水坝下正河淤塞。

总之，减水闸坝主要分布于苏北地区黄河两岸，充分利用了自然地理优势，"因天然之冈址凿天然之闸座"，以地高土坚之地作为坝基，形成了"天然闸者居其七"的分布格局。① 减水闸坝的兴建起到了宣泄黄河异涨、保护大堤安全的作用，水不南侵，地方"无昏垫之虞，洪沟一律深通，水无浮溢，沿河田稼屡丰，则民生之有利无病又可知"②。围绕减水闸坝开挖的引河，形成了紧密的黄河减水系统，及时将涨水分流到大海或湖泊。减下之水经过漫流，携带泥沙大部分沿途落淤澄清，北岸入微山诸湖济运，南岸由睢溪口，灵芝、孟山等湖泄入洪泽湖，增加了洪泽湖助清刷黄的水量。

但减水工程也会对河流环境带来一些负面影响：其一，增加下游地区水患，影响河道及闸坝安全。"这些减水坝启放之结果，不久即崩塌摧毁，以至堵闭。"③ 例如毛城铺引河一开，"则高堰危，淮、扬运道民生可虑"，"淮、扬百万之众，忧虑惶恐"④。又如，王家营减坝复开，致"大水夺溜，北穿盐河，刷遥堤，冲坏四民铺堰，入张家河，由六塘河出灌河口入海"⑤，"上下游州县俱灾"⑥。其二，黄河分流的泥沙淤积河道及湖泊，致使黄河两岸很多天然湖泊和分洪闸坝失去效用。例如，清代在黄河南岸修建了许多减黄闸坝，导致大量泥沙随水流进入洪泽湖。黄河泥沙对湖区的淤积，减少了洪泽湖的蓄水能力，相应地使洪泽湖的水位受到影响。⑦ 洪泽湖基准面抬高，各支流入淮受阻，汛期往往倒灌，给地貌、水系等带来很大影响。洪泽湖成为淮河中游安河、濉河、汴河、潼河、淮河等来水汇聚地。今茨河、北肥河、浍河、沱河下游的一些湖泊

① 参见（清）靳辅《治河奏绩书》卷4《黄淮交济》。
② （清）郭起元撰，蔡寅斗评：《介石堂水鉴》卷1《毛城铺减水坝论》。
③ 杜省吾：《黄河历史述实》，黄河水利出版社2008年版，第240页。
④ 《清史稿》卷310《高斌传》。
⑤ （清）张煦侯：《王家营志》卷1《河渠》。
⑥ 《清史稿》卷126《河渠志一》。
⑦ 参见郭树《洪泽湖两百年的水位》，载水利水电科学研究院编《科学研究论文集》第12集《水利史》，中国水利水电出版社1982年版，第50页。

如殷家湖、沱湖、天井湖、香涧湖等，都是 20 世纪以来因此形成的。①
又如，大谷山到苏家山一带高地，原无堤防，系留作入微山湖的分水口，
到乾隆八年（1743 年）已淤为平陆。② 因毛城铺减泄黄水过多，下游之
洪河、濉河、水线河均淤成平陆，黄河亦淤渐高，闸坝口门有建瓴掣溜
之虞，减泄之水无循序分泄之路。十八里屯两闸久经淤废，王营减坝冲
跌无存，仅有天然、峰山两处闸座，泄水无多。百龄、黎世序于是奏请
修复十八里屯旧闸，并移建王营减坝。③ 再如，道光六年（1826 年），总
督琦善等开王营减坝放水，因宣泄不畅，导致坝下黄河"正溜制动，冲
为大泓，遍地水深数尺，于是鲍营河及浪石以东之便民河淤"④。

（二）运河减水闸坝及其影响

"夫减水莫善于闸坝，但建于运河则易，建于黄河则难。"⑤ 因施工相
对容易，运河上的闸坝工程明显多于黄河，主要有三种类型：一是位于
节制闸旁的月河。月河作为运河闸座的重要辅助设施，有分减水流、保
护闸座的功能。二是运河大堤上的减水闸坝。南北向的运河阻碍了运西
的排水，一遇夏秋多雨，往往冲坏运道，故需要在运河东岸大堤修建减
水闸坝。三是与湖泊水壑相连接的闸坝。多位于运河河道的西侧，与之
相对的是进水闸坝（与湖泊相关的减水闸坝将放在第四章湖泊环境部分
探讨，此不赘）。

1. 节制闸旁的减水月河

"制闸必旁留一渠为坝，以待暴水，如月然，曰月河。"⑥ 月河是重要
的减水设施，遇到河水泛涨时，分泄闸旁水势。就地理分布而言，闸座
较多的会通河段，月河大量存在。《元史·河渠志》记载，元代济宁会源
闸南至徐州沽头闸共有闸 10 座，北至临清共有闸 16 座，"其旁各有月
河"。明永乐十三年（1415 年）所建的鲁桥闸，西岸月河长达 1116 丈。

---

① 参见邹逸麟《历史时期华北大平原湖沼变迁述略》，载《历史地理》第 5 辑，上海人民
出版社 1987 年版。

② 参见徐福龄《河防笔谈》，河南人民出版社 1993 年版，第 32 页。

③ 参见（清）黎世序《黄河北岸减坝疏》，载《清经世文编》卷 100《工政六》。

④ （清）张煦侯：《王家营志》卷 1《河渠》。

⑤ （清）靳辅：《治河奏绩书》卷 4《黄淮交济》。

⑥ （明）胡瓒：《泉河史》卷 4《河渠志》。

嘉靖二十一年（1542 年）九月，河道都御史王以旂于徐吕二洪下各建石闸，旁留月河，以泄暴水。万历三十二年（1604 年）伽河开通后，沿河设立得胜、台庄等 8 闸，每闸各有月河。万历三十九年（1611 年）四月，工部侍郎刘元霖奏称，伽河流经南直隶境内有猫窝浅，河广沙深，为伽河之患，建议开掘一条河以通沂口之月河，如洪水挟沙而来，则有月河分泄，则"伽患可减"①。

清初，台儿庄等 8 闸月河全部淤塞，微山湖出荆山口由彭家河的通道已不能泄水，张伯行提出将 8 闸月河"挑挖宽深"，以便宣泄微山湖水，减少济宁南乡以及鱼台、沛县、徐州等地受淹。康熙六十年（1721年）十一月，山东巡抚李树德奏称，倘遇闸河发水溜急之时，"放入月河，以分水势，实于漕运有益"②。乾隆四十六年（1781 年），河东河道总督韩鑅奏称，因连月阴雨频繁，运河水势猛涨，彭口、山河二处挟沙较多，停淤达 30 丈，应当开月河疏泄水势。③ 包世臣《闸河日记》载曰："自新闸至台闸，名八闸，闸北皆有月河，头窄尾宽，以闸密溜急，故于月河放水，令其先绕至闸下擎托，免至悬流滞运。……江南七河，亦有月河，河口宽并正河，非八闸之善也。"淮安清江浦有通济、复兴等 5 闸，因伏秋水溜，漕舟上闸难若登天，每舟需用纤夫 300—400 人，仍不能通过，用力急则断缆沉舟，故于"各闸旁开月河一道，避险就平，以便漕挽"④。

2. 运堤东侧的减水闸坝

南北向的运河阻碍了运西的排水，一遇夏秋多雨，往往冲坏运道，故需在运河东岸大堤上修建减水闸坝。明初《漕河图志》记载了运河各段的减水闸坝，其中山东会通河段 11 处，分别为李家口、魏家湾、土桥、中闸、老堤头北、裴家口、米家口、官窑口、方家口、柳家口、戴家庙减水闸。其中临清至聊城间 10 处，聊城以南 1 处。而徐州以南至淮安的苏北段运河，该书中未见减水闸的记载，其原因当在此段运河借黄

① 《明神宗实录》卷 482，万历三十九年四月壬申。
② 《清圣祖实录》卷 295，康熙六十年十月癸丑。
③ 参见《清高宗实录》卷 1133，乾隆四十六年闰五月辛未。
④ 乾隆《淮安府志》卷 6《运河》。

行运，修建闸坝不易。明中期以后尤其是清代，随着黄运分离的完成，苏北段运河上的减水闸坝有所增加，但总体上山东段运河上的减水闸坝仍明显多于苏北段。

山东段运河上的减水闸坝，最值得一提的是魏湾减水闸、龙湾减水坝、五空桥减水坝以及金线闸。

其一，魏湾减水闸。位于清平县运河东岸，为明景泰间徐有贞所建，有六孔。后来用第四孔为减水闸，第五孔为滚水坝，泄运河水以及运西之水入马颊河，东北经清平、高唐、夏津、恩县、平原、德州、德平、乐陵、庆云至沙河口入海。

其二，龙湾减水坝。位于东昌府城南部，亦为明徐有贞所建，有一空、二空、三空、四空、五空之分，第五孔分支入小盐河，其他四孔泄入徒骇河。后来多用第一孔为滚水坝，第二孔为减水闸。泄运河水以及运西阳谷、莘县积水，东北经博平、高唐、茌平、禹城、齐河、临邑、济阳、商河、惠民、滨州至沾化久山口入海。

其三，五空桥减水坝。位于张秋镇之沙湾，弘治间副都御史刘大夏治理张秋决河，于旧决河以南筑减水石坝，长宽各 15 丈，其上砌石，留作五孔，故称五空桥减水坝。泄运河以及运西多余的水入盐河，由济南府雒口下海。少师李东阳《敕撰安平镇减水石坝记》详载其创建情况："乃相地于旧决之南一里，用近世减水坝之制，植木为杙，中实砖石，上为衡木，着以厚板，又上墁以巨石，屈铁以键之，液糯以埴之。坝成，广袤皆十五丈。又其上甃石为窦，五梁而涂之。梁可引缆，窦可通水，俾水溢则稍杀冲啮，水涸则漕河获存。"[①]

其四，金线闸。位于张秋城南戴家庙闸以北运河东岸，景泰五年（1454 年）徐有贞建，以分杀水势。弘治五年（1492 年）参政熊绣重修，每遇运河涨水，由此闸泄入盐河东入海。需要指出的是，山东段运河尽管减水闸众多，如魏湾减水闸、龙湾减水闸、戴家庙三空桥闸、沙湾五空桥闸等，但减水河数量极少，仅有马颊河、徒骇河、大清河三条泄水通道减水入海。

苏北中运河上的减水闸坝，主要分布在皂河以南，"盖自皂河而上溯

---

① （明）谢肇淛：《北河纪》卷 4《河防纪》。

至台庄，运河有纳无宣。自皂河而下沿至杨庄，运河有宣无纳，其大较也"①。以宿迁为界，可分为南北两个部分：宿迁以上，减水闸坝与骆马湖沟通，湖涨入运，运涨入湖；宿迁以下，运河东岸有刘老涧滚水闸、盐河头双金闸以及杨庄西小盐河闸。

其一，刘老涧减水闸。位于宿迁县东南运河北岸，地当六塘河与中运河汇合处。刘老涧出水口在康熙开中河时即已有之，靳辅因口建草坝，张鹏翮改为石滚坝，设九孔减水闸，每孔宽 1 丈 3 尺 3 寸，泄运河涨水入六塘河。雍正十年（1732 年），又补修刘老涧减水闸底以及下口三合土、关石、梅花等桩，以资巩固，后年久倾圮。道光八年（1828 年）冬，总河张井于旧闸以上建石滚坝，改九孔闸为条石滚坝，口门放宽，宣泄更畅。刘老涧减水闸为沂泗入运后分泄入六塘河之咽喉，减水由六塘河经桃源、清河、安东、沭阳至海州入海。清《介石堂水鉴》评价说："宿迁一带运道，上接东省诸山水及沂河、白马汇入骆马湖之水，来源广而河身狭，故其势易盈，遇伏秋汛不能容纳，必至漫溢而为害。此刘老涧一工，最为切要也。"②

其二，盐河头双金闸。为双孔石闸，位于中运河东北岸，分泄运河水由引河入盐河。康熙二十七年（1688 年），河督靳辅于清河县西仲家庄创建双金门石闸 1 座，以泄黄河异涨。随着中运河开挖成功，双金闸成为分泄运河水的主要口门，"可以泄山左诸山之水，而运道从此通行，避黄河之险溜，行有纤之，稳途大利也"③。该闸连接黄河、运河，既是黄河的减水闸，也是运河的减水闸。

其三，杨庄西小盐河闸。为中运河入黄要口，每当夏秋盛涨，此堰拆卸，中运河之水分由旧黄河东下入海，堰西即为中运入黄处，运水来自西北，复南出会淮入里运河。康熙四十二年（1703 年），改移仲庄运口于杨家庄，遂移盐河头于杨庄以上。杨庄建石闸，以资宣泄，冬春水小，筑坝堵闭，蓄中河之水以济运，伏秋水盛，分中河之涨以保堤。

---

① 武同举：《江苏江北运河为水道系统论》，载《两轩剩语》，民国十六年（1927 年）铅印本。

② （清）郭起元著，蔡寅斗评：《介石堂水鉴》卷 5《刘老涧说》。

③ （清）靳辅：《治河奏绩书》卷 4《中河》。

综上所述，"所赖以杀其势者，惟减水闸耳"①。黄河为自然河道，水急沙多，其减水闸坝主要分布在徐州上下地区，且南岸多于北岸。运河多为人工河道，水小流缓，闸坝工程明显多于黄河，但规模及影响却不及黄河。运河减水闸坝主要分布在水源不足的临清至南旺间山东段运河上，然后是皂河至清口的苏北段运河上，此两段运河上的减水闸坝占较高的比例。就时间特征而言，明代减水闸坝较少，清代以后逐渐增加，尤其苏北地区多有创建。就空间特征而言，运河东岸的减水闸坝多于西岸，且主要分布在山东段运河上。

黄运地区减水闸坝的建设，对于分减水量、保护堤防、改善河流环境意义重大，例如康熙间黄河两岸毛城铺、十八里屯、大谷山、龙虎山、苏家山等减水闸坝的建设，使得"徐州至清口河涨不为患，后之防河者赖焉"②。而一旦减水坝荒废，会导致"运河水大，不能宣泄，以致冲决堤岸，淹没民田，其害不可胜言"③ 或"减水闸坝泄出之水，由徒骇、马颊诸河入海，因坡度甚缓，宣泄未畅，以致旁溢"④ 等情况。

二　拦水闸坝

（一）黄河拦水坝及其影响

减水闸坝外，还有拦水闸坝的建设。据史料记载，明初陈瑄治河，于吕梁上洪洪口建闸，并于淮河口置移风、清江、福兴、新庄4闸，递互启闭，以防黄水之淤，即为拦黄闸。嘉靖《吕梁洪志》记载，宣德七年（1432年），在陈瑄所凿吕梁漕渠的基础上进一步深凿，安置了两座石闸，按时启闭，以节约水源，以期"往来无虞"。正统七年（1442年），汤节于吕梁洪南北建上下闸，又于徐州洪上流筑堰，逼水流归月河，于南口设闸，以"壅积水势"。成化六年（1470年）春，工部主事郭升招募工匠修治徐州洪外洪，修筑堤坝130余丈。继郭升之后，徐州洪主事饶泗继续对闸坝加以修治，将下洪以前所建障水草坝改为石坝，并延长了

---

① （明）王琼：《漕河图志》卷1《诸湖》。
② 杜省吾：《黄河历史述实》，黄河水利出版社2008年版，第182页。
③ （清）张伯行：《居济一得》卷1《减水闸》。
④ 汪胡桢：《整理运河工程计划》第四节《洪水问题》，《水利月刊》1935年第9卷第2期。

100 多丈。①

上述拦水闸坝均建于明初，普遍规模较小，原因有三：其一，洪武二十四年（1391 年）黄河改流，自汴梁北 5 里处分为两支，主流由凤阳入淮，称为大黄河。支流出徐州以南，称小黄河，以通漕运。② 其间河道相对稳定，总体上拦水工程量不大。其二，明初河道管理尚不完善，当时管河官与管漕官合而为一，不设专门的总理河道之官，在发生溃决变迁或漕渠浅阻时，临时任命大臣前去治理，"事竣还京"③。其三，明代中期以后，黄河两岸筑堤，分流水口被堵塞，形成了"束水攻沙"的单一河道，水流更加湍急迅猛，泥沙被大量输送到海口，故无法且没必要实施拦黄工程，这一时期更多的是采取避黄改道的措施，先后开挖了南阳新河、泇河等。

清代，因洪泽湖刷黄能力下降，黄河下游入海不畅，淮安地区清口倒灌时有发生，因此许多大臣建议采取修筑拦黄坝的措施。康熙二十八年（1689 年），河臣王新命建宿迁竹络坝，外临黄河，内临运河，以备黄、湖涨溢。清水弱，则引黄以济不足。黄水盛，则分黄以泄有余。④ 康熙年间河臣董安国创筑拦黄坝，另辟马家港口，导河北流入海，结果致上流易溃，黄水倒灌，海口淤塞。乾隆四十年（1775 年），因清口倒灌，将清口东西坝基下移 160 丈，筑拦黄坝 130 丈，于陶庄以北开引河，使黄河水远离清口，使清水畅流攻沙。四十四年（1779 年），河决河南仪封、兰阳，开下游郭家庄引河，筑拦黄坝。

清口束清、御黄两坝为蓄清敌黄的关键。康熙三十七年（1698 年）于清口建束清、御黄坝，一改听任洪泽湖水自行流出的局面，通过人工调节洪泽湖水位的方式来冲刷黄河之泥沙⑤，清口自淤自刷的时代结束。⑥ 乾隆五十年（1785 年）修建清口兜水坝束清，易名束清坝。后移东西二

---

① 参见（明）冯世雍《吕梁洪志》。
② 参见《明史》卷 83《河渠志一》。
③ （明）王琼：《漕河图志》卷 3《漕河职制》。
④ 参见（清）载龄等修纂《户部漕运全书》卷 42《漕运河道·修建闸坝》。
⑤ 参见王英华《清口东西坝与康乾时期的河务问题》，《中州学刊》2003 年第 3 期。
⑥ 参见韩昭庆《黄淮关系及其演变过程研究：黄河长期夺淮期间淮北平原湖泊、水系的变迁和背景》，复旦大学出版社 1999 年版，第 151 页。

坝于福神庵前，加长东坝以御黄，缩短西坝以出清，易名御黄坝。束清是因清弱，束之使高，御黄是堵绝，如此则外有东西坝御黄，内有兜水坝束清，无论湖水大小，相机拆展收束，均可得心应手。[①] 但阻挡了黄河的入海通道，一些淮河支流往往倒灌，影响了正常的水系流向，由于水流很急，来往船只都在这里祭供河神。乾隆后期随英国马嘎尔尼使团来华的安东尼，详细记载了此地祭祀河神的场面。[②]

雍正元年（1723 年），于风神庙前重建清口东西束水坝，长各 20 余丈，以御黄束清。嘉庆间，因黄河淤积严重，改为夏闭秋启。后为避免黄河水涨倒灌，堵御黄坝，使黄水全力东趋。堵闭御黄坝虽失去蓄清刷黄之效，但可以免去黄水倒灌，暂时延缓运河的淤垫。诚如嘉庆六年（1801 年）琦善所言，自御黄坝堵闭，运河淤垫不复增高，而洪湖清水蓄至丈余，各船可资浮送。[③] 反之，延迟堵闭御黄坝则会引发大患。道光四年（1824 年），张文浩迟堵御黄坝，致倒灌停淤，酿成巨患。蓄清刷黄的过程也是不断提高洪泽湖蓄水位的过程，仅康熙以后到道光初的 100 余年，洪泽湖蓄水位升高了约 2 米，运河与河湖之间的闸坝愈建愈多。[④] 于是道光以后，御黄坝终岁不启，改用灌塘之法，自黄浦泄黄入湖。朱铉直言拦黄坝的负面影响，称"又若拦黄坝之作，直如劈头一揿，砰冲峻猛之性蓦遭遏抑，有不怒而思逞者乎？"[⑤]

（二）运河拦水坝、跨河闸及其影响

1. 运河拦水坝

"截水可施于闸河，不可施于黄河。盖黄河湍悍，挟川潦之势，何坚不瑕？安可以一堤当之？"[⑥] 黄河水流湍急，拦河工程建设不易，主要建在运河上。运河上的拦水坝有草土坝、石坝、竹络坝等类型，其作用有三：一是用以拦截水流入运，增加运河水源。例如万历十九年（1591

---

① 参见杜省吾《黄河历史述实》，黄河水利出版社 2008 年版，第 240 页。
② 参见 ［英］斯当东《英使谒见乾隆纪实》，叶笃义译，上海书店出版社 1997 年版，第 440 页。
③ 参见《清史稿》卷 127《河渠志二》。
④ 参见王恺忱《黄河河口的演变与治理》，黄河水利出版社 2010 年版，第 283 页。
⑤ （清）朱铉：《河漕备考·河漕议》。
⑥ 《明史》卷 83《河渠志一》。

年），潘季驯筑满家闸西拦河坝，使汶、泗尽归新河。康熙二十三年（1684年）建惠济闸，引淮水以达漕河。康熙三十九年（1700年），张鹏翮于三义坝筑拦河堤，截旧中河上段、新中河下段合为一河，重加修浚，运道称便。① 二是用来控制湖泊外泄水流，"以制水势"②。例如，雍正二年（1724年），齐苏勒因骆马湖东岸低洼易泄，旧坝不足抵御，于湖东陆塘河通宁桥西高地筑拦河滚坝，再筑拦水堤600丈，口门宽30丈，以便宣泄。三是拦水入湖济运。例如，明初陈瑄开凿清江浦四闸，"以时宣泄"③，还于末口两侧建仁、义、礼、智、信五坝，引湖水至坝，坝外即淮河，如遇清江口淤塞，运船可经此盘坝入淮。《京杭运河工程史考》一书评价说，五坝虽有盘驳之劳，但对确保运河入淮咽喉要道的畅通，却起了极为重要的作用。嘉庆年间，运河浅阻，用河督栗毓美言，于韩庄闸上朱姬庄以南筑拦河大坝，拦截上游各泉及运河南注之水，并拦入微山湖。

另外还有一些拦水坝，建在与运河相连的其他河流上，如戴村坝、禹王台坝等。戴村坝是滚水、乱石、玲珑三坝的统称，建于汶河东流入盐河的通道上。明初，宋礼在堽城坝下游坎河西筑戴村坝，堵住汶水北支入海的通道，使之"无南入洸而北归海"，全部经小汶河至南旺。后来多次对滚水、乱石、玲珑三坝进行改造。成化十一年（1475年），主事张盛改堽城坝为堽城闸，增加了洸河水量。万历二十一年（1593年），总河舒应龙重修堽城坝，遏汶水南行济运，并开马踏湖月河口，导汶水北行济运。雍正四年（1726年），内阁学士何国宗修筑戴村坝，并在汶水以北建坎河石坝。九年（1731年），因汶河挟带大量泥沙入运，河督田文镜建议改坝为闸，以资宣泄。嘉庆十九年（1814年），因戴村坝低矮，致使汶水多旁泄，河督栗毓美建议照旧制增高。

禹王台位于山东郯城县城东北10里处，是阻镇沭河水势而修建的防洪石坝，始建年代不详，北魏郦道元《水经注》有"沭水又南，径建凌山西"的记载。作为沭河上的重要工程，禹王台经历了从石坝、竹络坝

---

① 参见《清史稿》卷127《河渠志二》。
② 《明史》卷85《河渠志三》。
③ 《明史》卷153《陈瑄传》。

到玲珑坝的演变过程。明中期以前，受禹王台阻隔，沭河可单独直接入海，沂、沭基本互不相干，故下游郯城一带"不罹沭之患"①。正德年间，郯城县令黄琮毁禹王台，取石修筑县城北门拱极门，结果导致沭水盛涨时无所御。康熙十七年（1678 年），沭水先后会白马河、沂水，造成水患，郯城县城北城墙被冲塌 60 余丈。二十八年（1689 年），河督王新命重建郯城禹王台，以防沭水侵沂，并减御流入骆马湖之水，迫使沭水全部东行，经蔷薇河、盐河至临洪口入海。此后 40 多年间，沭河水患大为减少。雍正八年（1730 年）六月，禹王台石坝被洪水冲垮，后又于此地重新修筑玲珑石坝，坝下留空隙，泄三分水量由别渠南行，主流由故道南下入骆马湖。

2. 运河跨河闸

"夫漕河之水名曰无源，盖谓其出有限而其流无穷，所以摏节积蓄，俾盈科而进全，有赖于诸闸也。故地有高下，则闸有疏密，要之势相联络，庶几便于启闭。"② 需在运河上多建跨河闸。跨河闸又称节制闸，是闸坝分类中"最多最重要"③ 的一类。根据材料不同，有砖闸、板闸、石闸、草土闸之分。跨河闸的主要作用在于节水行运。《南河志》云："曰湖曰塘，所以蓄水也。曰闸曰坝，所以节水也。"④

元代开会通河，沿线建闸 26 座，以节蓄泄。明初重开会通河，南北置闸 38 座，按时启闭。明中期以后，实施避黄行运工程，新开了南阳新河、迦河，新设了许多节制闸，其中南阳新河 56 里建闸 8 座，迦河 260 里建闸 8 座。山东段运河多置上下闸，以时开闭，通放舟船，如荆门上下闸、阿城上下闸、七级上下闸等。微山湖以下至邳州段运河，闸座密集，有下八闸、上八闸的说法。杨庄至台庄间为下八闸，即潴流、亨济、利运、汇泽、河成、河定、河清、台庄 8 座闸；台庄至韩庄间为上八闸，即侯迁、顿庄、丁庙、万年、张庄、六里、得胜、韩庄 8 座闸，故齐召南《水道提纲》感叹此段运河闸座"其密如此"⑤。

---

① （清）陆耀：《山东运河备览》卷首。

② （明）潘季驯：《河防一览》卷 14《钦奉敕谕查理漕河疏》。

③ 姚汉源：《京杭运河史》，中国水利水电出版社 1998 年版，第 159 页。

④ （明）朱国盛撰，徐标续撰：《南河志》卷 1《水利》。

⑤ （清）齐召南：《水道提纲》卷 4。

黄运地区运道的关键在南旺,南旺的关键又在南旺上下闸,两闸对峙,实为"南北全河之枢轴"①。清雍正年间,张伯行严令关闭,以防水流南泄,形成了汶水专济北运、泗水专济南运的局面。南旺至临清间水流增加,无浅阻之患。苏北邳州黄林庄至三汊河段运河,上承山东来水,地形上亢下卑,上游闭闸,则水势立见消耗,启板则汛流下注不停。雍正二年(1724年),河臣齐苏勒建河清、河定、河成三闸,蓄水济运。乾隆五十年(1785年),于河清、河定、河成三闸之外添建利运、亨济二闸,两年后再添建汇泽、漾流二闸。为管理跨河闸,设立专门的闸官、闸夫,每年挑浚淤浅,严格控制闸座启闭。以南旺闸为例,北运用水则放之北行,南运用水则放之南行,不可使水流轻易越过南旺上闸,上闸闸板或三日启一次,或两日一次,不得已才一日启一次,决不可使水多泄于南。南旺下闸不下闸板,粮船一过柳林闸,可直接顺流而下直抵袁家口闸。② 其他如荆门上下闸、阿城上下闸、七级上下闸基本类似。

综上所述,闸坝是一种控制水位、调节流量、防洪排涝的水工建筑物。这些类型各异的闸坝,主要分布在水源不足的河段以及河流交汇地段,在空间上具有明显的差异性。明代黄河闸坝的修建,主要分布在明初至弘治间以及正德至嘉靖中期两个阶段,至嘉靖中期以后,多采取"筑堤束水,以水攻沙"的治河策略,由修筑闸坝转向多筑长堤。

闸坝工程建设往往引发河流环境的变迁。现代科学研究表明:在建闸以前,河道水流的变化主要决定于气象因素,河道水流的流速和流量变化均比较明显。在建闸以后,河道水流由于受到人工的调节,流速、流量的变化要相对平缓。③ 例如,戴村坝的修建,有力地保障了济运的水源,使得"会通之源,必资汶水"④,改变了山东地区的水系格局。戴村坝坎河口改建为石滩坝,坝之北高筑土坝后,使坎河口失去作用,导致汶河余水不能入海,河中泥沙大多流向南旺,"是水不以海为壑而直以山东运河两岸之州县为壑也。且不独以山东运河两岸之州县为壑,而并以

---

① 乾隆《山东通志》卷19《漕运》。
② 参见(清)张伯行《居济一得》卷2《柳林闸》,卷4《十里闸放船法》。
③ 参见刘庄、沈渭寿、吴焕忠《水利设施对淮河水域生态环境的影响》,《地理与地理信息科学》2003年第2期。
④ 《明史》卷153《宋礼传》。

直隶、江南运河两岸之州县为壑也"①。结果汶水每泛涨一次，南旺则淤高数尺。② 工部尚书裴曰休在奏折中指出："向来入运之水，无所宣泄。泛滥于上，则濮州、范县、朝城、莘县、阳谷、寿张等处固先受其患；泛滥于下，则巨野、嘉祥、济宁、金乡、鱼台诸县亦为所波及。"③

骆马湖上游禹王台的修建，沂沭河排水条件进一步恶化。④ 导致沭河洪水越过禹王台直冲郯城北门，并与白马河合流，西犯沂河，造成沂、沭、白马河三流合一，坝西数十里间一片汪洋，且"旁及沂、邳、宿迁，咸受淹没之害"⑤。沂水被迫改道汇入骆马湖，对骆马湖、中运河带来影响，硕项湖、桑墟湖淤成平陆。由于水系的紊乱，下游低洼地区的积水长久不易排出，故鲁南地区称"地"为"湖"。时至今日，当地百姓仍称"下地"为"下湖"。康熙年间，因担心修建翟坝、轻开周桥会导致泗州、盱眙一带"尽付波流"，当地百姓"阻夫修筑"翟坝。有歌谣唱道："东去只宜开海口，西来切莫放周桥。若非当道仁人力，十万生灵丧巨涛。"⑥道光七年（1827年），王营减坝决口堵合，黄水随即倒灌淤积，不得不常年堵闭御黄坝，南方来的漕船只得倒塘灌运。自此以后，淮、黄开始分流，海口独泄黄河来水。⑦

本章小结

黄运关系变动是该地区河流环境变迁的原因及表现，其中黄运分离是河流环境变迁的趋势。堵口塞决、筑堤防水、借黄、引黄、避黄等一系列河工建设都是针对黄河侵扰采取的人为应对措施。

影响河流环境的河工，时空特征明显，黄运各有侧重。就黄河而言，堤防工程逐渐自河南、山东随河患下移到苏北。北堤南分、筑堤束水、

---

① （清）张伯行：《居济一得》卷6《治河议》。

② 参见（清）陆耀《山东运河备览》卷12《名论下》。

③ 康熙《南巡盛典》卷39《河防》。

④ 参见《淮河水利简史》编写组《淮河水利简史》，中国水利水电出版社1990年版，第279页。

⑤ （清）陆耀：《山东运河备览》卷首。

⑥ （清）崔维雅：《河防刍议》卷6《周桥不宜开辩》。

⑦ 参见王恺忱《黄河河口的演变与治理》，黄河水利出版社2010年版，第45页。

遥堤、缕堤、格堤、太行堤、归仁堤、徐邳大堤等，是黄河堤防建设的重要体现。堤防工程对河流环境的改变极大，而灾害也在堤防的修筑过程中积累或消弭。"筑堤束水，以水攻沙"是潘季驯、靳辅等治水名家首选的治河策略，同时也需配合减水工程，黄河两岸的毛城铺、王家山、峰山、大谷山、苏家山、五堡、王家营、仲家庄、茆良口等减水闸坝即是明证。清代大行其道的引河，则为减水闸坝的辅助工程。

就运河而言，河道工程围绕治漕保运进行，表现为河道疏浚、改迁以及引水、排水等。节制闸、拦水坝主要建在运河上，用以拦截水流入运，增加运河水源，或拦水入湖济运，控制湖泊外泄水流。堤防建设对运河不可或缺，多在水流湍急的自然河道、交通冲要处、险工紧要地段以及运河与湖泊分开的地方，但远不如黄河重要，因为运河是平地开挖的工程，多数河段仅从事疏淤塞决便足够。

引发河流环境变迁的河工，相互区别又相互联系。河道、闸坝、堤防工程密不可分，各自发挥着不可替代的作用，诚所谓"浚泉以广其源，建闸以节其流，筑堤以防其溃决"①。明代白昂善治堤，清代嵇曾筠善用坝，故史有"白堤嵇坝"②之说。其一，闸坝往往与堤防并重。"常年修守，则赖堤防束水以刷沙。如遇汛涨非常，则赖闸坝减水以保险。二者互用兼资，不可偏废。"③侧向建在堤防上的闸坝，常与湖塘或天然河道相通，或引或泄，用以调节水量，保护堤防。拦河修筑的闸坝，夹在两堤之间，用于节制水量、调节水深，一般修有上下两闸，上启下闭，下启上闭，以积水行船。明代潘季驯的治堤之法，有缕堤以束其流，有遥堤以宽其势，有滚水坝以泄其怒。其二，河道与堤防密不可分。堤防修建有利于河道安全，却加大泥沙淤积的速度，埋下新的隐患。河道的溃决变迁会直接冲坏堤防，引发新一轮的筑堤堵口工程。故明代前期在治河策略上重北轻南，北岸筑堤，南岸分流，筑堤疏导并举。其三，河道与闸坝密不可分。"治黄之法，堤防与减泻，二者不可偏废。"④闸坝是与

① （明）于湛：《总理河道题名记》，载《名臣经济录》卷51《工部》。
② （清）包世臣：《中衢一勺》卷2《说坝二》。
③ （清）黎世序：《建虎山腰减坝疏》，载《清经世文编》卷100《工政六》。
④ 《清仁宗实录》卷304，嘉庆二十年乙亥三月庚子。

河道连为一体的建筑物，既可引水进入河道，确保河道的行水通航，也可减水出河道，确保河道的安全稳定。

河工建设对河流环境的影响，表现为正反两个方面。就正面影响而言，河工建设保证了河道的稳定、水流的畅通以及水患的减少，是河流环境发挥作用的重要保证。稳定的水利设施和水运条件，往往会带来沿线商贸繁荣、工业发展、人口集聚和城市兴盛。河工建设还会造就崭新的河流水域景观，人工作用下纵横交错的河渠工程，是一道亮丽的风景线①，河工堆积物也可以创造出新的人工景观。② 就负面影响而言，河工往往引起水系的变化，导致河流排泄能力降低，水患频发：或改变河流走向的基本格局，截断一些支流，切断洼地湖泊与河流的联系；或使河流失去直接入海的通道，恶化河流的排水条件，造成水系间关系愈加复杂；或造成水系的分离，导致下游地区洪涝灾害频发，湖泊淤成平陆，河流淤积不通。

---

① 17世纪欧洲旅行家路易勒康特描写道：在中国地区所有河渠，除利用于通商之外，渠中水流清洁，鲜有淤垫现象，雨岸砌建平滑之大理石，可为道路之用。其间尚有桥梁以维系两岸交通，桥梁均系三孔、五孔或七孔或更多孔之拱桥，其中间一孔特高，使帆船无须降桅捍，可以迅速通过。该拱桥均用整块大理石建成，其支撑至为坚固，所有河渠均系径直美观。（［英］李约瑟：《中国科学与文明》第10册，台湾"商务印书馆"1980年版，第408页）

② 济宁城东南疏浚运河时堆成的土山，成为清末民初著名的公共娱乐场所。

第 四 章

河工建设与湖泊环境的变迁

　　湖泊环境是指地表洼地积水形成的水体空间环境，其演化过程叠加了人类活动的影响。当前湖泊环境面临湖泊面积缩小、湖泊水质富营养化等问题。准确地分析湖泊环境变化的过程与规律，是当今科学研究的热点。① 自 20 世纪 80 年代中期，我国的湖泊与环境演变研究进入快速发展时期，主要集中在水利水电、环境科学、水产渔业等方面②，研究对象多是当代湖泊而较少历史时期的湖泊。关于历史时期湖泊的研究主要集中于湖泊成因及演变过程，散见于一些区域历史地理、湖泊志、水利志以及其他地方志中。虽然部分成果关注到了历史时期人类活动在湖泊环境演变中的作用③，但尚未见到专门从河工的角度分析人类活动影响下的湖泊生态环境变迁的成果。

　　在黄运地区，较大的湖泊有北五湖、南四湖、骆马湖、洪泽湖，小一些的有蛤蟆湖、连汪湖、柳湖、周湖、黄墩湖等。如今北五湖已全部淤废，唯南四湖、骆马湖、洪泽湖仍发挥重要的防洪、灌溉乃至航运作

　　① 参见牛振国、张祖陆《中国湖泊环境若干问题探讨》，《地理学与国土研究》1997 年第 4 期；于革《对 21 世纪中国湖泊环境变化的思考》，《中国科学基金》2000 年第 2 期；王苏民等《我国湖泊环境演变及其成因机制研究现状》，《高校地质学报》2009 年第 2 期；马荣华等《中国湖泊的数量、面积与空间分布》，《中国科学》2011 年第 3 期。

　　② 参见许炯心《水库对黄淮海平原环境的影响》，载《黄淮海平原治理与开发研究文集 (1983—1985)》，科学出版社 1987 年版，第 233 页；韩美等《中国湖泊与环境演变研究的回顾与展望》，《海洋地质动态》2003 年第 4 期。

　　③ 例如，许炯心分析了历史上治黄治淮的环境后果，彭安玉研究了洪泽湖大坝的建成及其影响。（许炯心：《历史上治黄治淮的环境后果》，《地理环境研究》1989 年第 1 期；彭安玉：《洪泽湖大坝的建成及其影响》，《淮阴师范学院学报》2012 年第 2 期）

用，而且上述三湖都是明代以后在原有分散的小湖群或洼地的基础上逐渐形成的人工湖。

第一节　堤防建设与湖泊环境的变迁

湖泊变迁一般包括湖泊的形成与扩大、湖泊的淤塞与废弃、湖泊功能的变化等。人为的河道、闸坝、堤防等工程建设，往往影响到湖泊环境的变迁。其中，堤防工程建设往往影响湖泊的大小、形状以及湖泊变化过程的加速或延缓。

一　山东地区的湖堤建设与湖泊环境

（一）北五湖湖堤

山东西部的湖泊，以济宁为界分为两大湖群：北五湖和南四湖。北五湖是指济宁以北的安山、马踏、南旺、蜀山、马场五湖，是宋代梁山泊的一部分，也是明清时期调节运河水量的重要设施。学界关于北五湖的研究，元代以前的成果主要围绕梁山泊展开，元代以后的成果多从运河的角度展开，近现代研究主要着眼于东平湖的开发。关于北五湖湖泊本身变化的研究，尤其是湖堤影响下的湖泊变迁，仍有讨论的余地。

其一，安山湖湖堤。安山湖是北五湖中最北面的一座，最初是一片洼地，北宋时梁山泊扩大，安山湖合并到梁山泊中。元末，梁山泊湖水消退下移，汇集至安山以东的洼地形成安山湖，全湖"萦回百余里"[1]，"湖形如盆碟，高下不相悬"[2]，没有一定的湖界。明永乐九年（1411年）沿湖创筑圈堤，以作水柜。正统三年（1438年）复经修浚，当时荆隆口、黄陵冈未曾全塞，仍有济水分流汇入安山湖。弘治六年（1493年）筑太行堤，塞荆隆口，济水不复通流，仅借朱家等六口并柳长河坡水入湖。[3]

---

① （明）王琼：《漕河图志》卷1《山东东平州》。

② （明）常居敬：《请复湖地疏》，载潘季驯《河防一览》卷14。

③ 参见（清）岳浚《请停设安山湖水柜疏》（雍正十一年），载《清经世文编》卷104《工政十·运河上》。

十三年（1500年）勘查发现，该湖周围80余里，于是竖立界碑，栽植柳树，以确定界限，防止盗垦。但由于湖低河高，水入湖容易出湖难，不能很好地发挥水柜的作用，而且随着泥沙的决入，湖泊不断淤浅，新淤出的土地避免不了被垦殖的命运，"岁久填淤，民多芟牧其中，官收租值以充赋税"①。嘉靖三年（1524年）勘查发现，湖面缩小，堤岸损坏严重，安山湖周围约73里零122步，沿堤损坏大小缺口55处，共长394丈，湖内高阜地385顷12亩，稍高地285顷48亩，低洼地215顷15亩，湖中各水深3尺、2尺不等。② 六年（1527年），治水者在没有认真论证的情况下，就在湖中心区域筑堤，新堤周围仅10余里，结果导致湖面急剧缩小。③

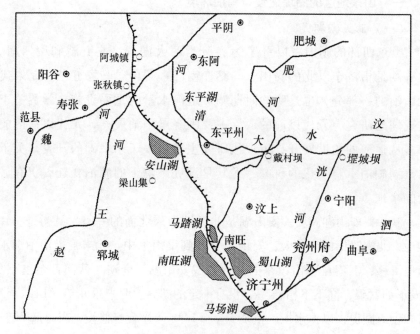

图4—1　清代北五湖示意图④

① 康熙《东平州志》卷1《漕渠》。
② 参见（明）王廷《乞留积水湖柜疏》，载（明）杨宏、谢纯《漕运通志》卷8《漕例略》。
③ 参见（明）刘天和《问水集》卷2《闸河诸湖》。
④ 据谭其骧《中国历史地图集》改绘。

明代法律虽然规定故意盗决安山湖堤者充军，但湖堤仍遭受破坏。万历六年（1578年），朝廷派人清丈安山湖，发现仅存有水柜面积416顷。十七年（1589年），根据都给事中常居敬规复安山湖蓄水的建议，修筑安山湖土堤4230丈，于高下相接处建束水堤坝，堤内蓄水济运，堤外任凭佃种。自通湖口起至吴家口止，修筑土堤17里。自吴家口经王禹庄至青姑堆，再绕至通湖口，将湖堤收缩改筑，共计19里。又自吴家口至青姑堆横筑子堤一道，约1815丈。十九年（1591年）修安山湖土堤4320丈。[①]

清顺治年间，黄河决荆隆口，安山湖"淤成平陆"[②]。雍正三年（1725年），内阁学士何国宗建议将安山湖开浚筑堤，以恢复其蓄水济运的功能。次年重修"临河及圈湖堤"，但因湖底土质疏松，没有外来水源接济，收蓄水源的问题单靠圈堤无法解决，故终无法用作运河水柜。到十一年（1733年）便很快不能蓄水济运，只用作临时性的泄洪区，"运河水涨，由通湖闸泄水入湖，以保堤岸"[③]。据乾隆元年（1736年）《山东通志》中所绘安山湖图可见，此时的湖泊已迥异于所描绘的其他湖泊，看不到任何有水的迹象，仅有湖堤的轮廓存在。乾隆十四年（1749年），听民耕种，湖田升科纳粮，"湖内遂无隙地矣"[④]。

其二，南旺三湖湖堤。南旺三湖包括南旺西湖、蜀山湖和马踏湖。南旺湖最初是一片天然洼地，宋代黄河决徙改道，在安山一带蓄积成周围300余里的梁山泊，南旺湖遂为梁山泊的一部分。金代以后梁山泊退缩，形成了南旺湖。元代开济州河穿南旺湖。明初，南旺湖以南的运河西面，还有一连串的小湖泊，如大薛湖、晋阳湖等。永乐年间，修筑了引汶水至南旺入运的工程，同时由于运河和汶河两道堤防的修建以及来水的增加，形成了一个周围150里的大湖泊。明弘治间《漕河图志》对南旺湖的描述是：南旺湖在汶上县治西南45里处，湖面萦回150里，"中为二长堤，漕渠贯其中"。根据该书所附南旺湖图来看，汶河远在湖

① 参见（清）叶方恒《山东全河备考》卷2《河渠志上·诸湖蓄泄要害》；康熙《东平州志》卷1《漕渠》。

② （清）叶方恒：《山东全河备考》卷2《河渠志上·诸湖蓄泄要害》。

③ 《清史稿》卷127《河渠志二》；乾隆《山东通志》卷19《漕运》。

④ （清）陆耀：《山东运河备览》卷6《捕河厅河道》。

区以北,与湖不相连,此时南旺三湖的格局尚未形成。

成化四年(1468年),山东按察司金事陈善因运河东西两道旧土堤易坏,用石块修筑西堤,并增筑加高东堤土堤。又在南旺湖与大薛湖间筑堤,以免南旺湖水南决,致"水退漕渠浅涸",以保证即使遇到干旱也"卒难浅涸"①。嘉靖三年(1524年),济宁州判官、济宁卫经历以及巨野、鱼台、成武知县联合对南旺东西湖进行了勘丈,发现湖泊周围150里,其中水面7333顷48亩,高阜地58顷21亩,水退露出水涨易淹地38顷76亩,并修筑南旺湖堤岸15600余丈。但随着汶河泥沙的不断淤积,"湖堤渐废,湖地渐高",湖边涸出的土地很快被垦占,二十年(1541年),将南旺一带水柜余田给人佃种。② 二十二年(1543年)重修南旺湖堤,湖区被运河堤和汶水河堤分为三个部分:运西部分称南旺西湖,周围93里;运东汶水以北部分称马踏湖,周围34里;汶水以南部分称蜀山湖,周围65里。③ 南旺三湖的格局至此形成。三湖中马踏湖为蓄水济运之湖,蜀山湖为汶水入南旺地区首先聚积处所,"较他湖为最紧要"④。南旺湖不能济运,仅作为运河的水壑,水大时由芒生闸出广运闸走牛头河接济鱼台以下运河。⑤

但汶河含沙量大,湖泊不断淤积。万历初年发现,南旺西湖及蜀山湖情况较好,仅小部分被垦为民田,而马踏湖则"可柜者无几"⑥。万历十七年(1589年),决定在南旺等湖高下相承之地筑一条束湖大堤,圈占有限的水域作为水柜,堤外湖田听民耕种,以达到"限界分明,内外有辨,小民难于侵占,官司易于稽查"的目的。此次修建共帮修湖内运堤3600丈,帮筑湖外三面大堤12600余丈,于东面筑子堤7188丈。其中,

---

① (明)王琼:《漕河图志》卷1《漕河》《诸河考论》。

② 参见(明)王廷《乞留积水湖柜疏》,载(明)杨宏、谢纯《漕运通志》卷8《漕例略》;(清)叶方恒《山东全河备考》卷2《河渠志上·诸湖蓄泄要害》。

③ 参见(明)谢肇淛《北河纪》卷4《河防纪》。

④ (清)叶方恒:《山东全河备考》卷2《河渠志上·诸湖蓄泄要害》;(清)张伯行:《居济一得》卷2《蜀山湖》。

⑤ 参见(明)刘天和《问水集》卷2《闸河诸湖》。按,牛头河即古赵王河,系宣泄运河异涨之要道,在济宁城南,旧通汶上县之南旺,由永通闸下连鱼台县之谷亭,为明代之旧运渠。

⑥ (明)万恭:《治水筌蹄》卷下《运河》。

马踏湖周围筑堤 3200 丈。① 二十五年（1597 年），重修蜀山湖东堤。② 又据《泉河史》记载，万历年间南旺西湖环筑堤岸 15600 余丈，具体时间不详。

清康熙六十年（1721 年），黄河决开州（今濮阳），横流至山东张秋，阻断运河，于是筑南旺、马场等湖堤，蓄水济运，共修蜀山湖堤 3510 丈，马踏湖圈堤 5963 丈。③ 雍正初年，马踏湖周围 34 里，南旺湖则河身日淤，弥望一片民田。④ 后来又加修南旺、蜀山以及马踏湖堤。⑤ 乾隆后期成书的《山东运河备览》对此有详细记载：南旺湖堤，雍正九年（1731 年）补修，乾隆十二年（1747 年）再次修补，三十七年（1772 年），自汶上县甘公碑起至嘉祥县天仙庙止，共筑长堤 9183 丈；蜀山湖堤，坐落于济宁、汶上、嘉祥三州县之间，以前有旧堤长 6978 丈。乾隆三年（1738 年）帮修旧堤，次年自济宁境内的苏鲁桥起，至汶上县以北的颜珠堤止，新修筑堤防 2509 丈。四十年（1775 年），因湖东南面堤防单薄，河督姚立德奏请镶砌石工以及碎石坦坡，共计 2341 丈。⑥ 五十七年（1792 年），英国马嘎尔尼使团沿运河南下，在通过南旺分水口不久，发现运河以东附近有一个大湖：湖西面由一个很高的土堤同运河分开，运河的水位比湖水高很多，当时修建这条沿整个湖同运河隔开的堤坝，所用的土方和所费的人力是非常大的，堤坝的两面都铺着一层石块。为了不使运河的水压过强以至堤坝无法承受，在堤上做了一些水门来调节河内过多的水。这些水有的通过这些水门直接流到湖里，有的流到低地，有的流到堤坝上的小沟里。⑦ 清中期以后，湖面逐渐缩小。清末漕运废止后，南旺西湖和马踏湖全部废为农田。新中国成立后，曾培修南旺湖西

① 参见（明）胡瓒《泉河史》卷 4《运河》，引万历十七年工科都给事中常居敬奏疏。
② 参见（明）谢肇淛《北河纪》卷 4《河防纪》；（清）叶方恒《山东全河备考》卷 2《河渠志上·诸湖蓄泄要害》。
③ 参见《清史稿》卷 279《张鹏翮传》。
④ 参见（清）朱铉《河漕备考》卷 1《山东漕河考》。
⑤ 参见乾隆《山东通志》卷 19《漕运》。
⑥ 参见（清）陆耀《山东运河备览》卷 5《运河厅河道下》。
⑦ 参见［英］斯当东著《英使谒见乾隆纪实》，叶笃义译，上海书店出版社 1997 年版，第 434—435 页。

堤作为滞洪之用。[①]

其三，马场湖湖堤。马场湖是北五湖中最南的一座，又名任湖，在运河北岸，原为济宁城西的沿运洼地。明初整修运河时，在运口两侧引汶水，积蓄成马踏湖和蜀山湖，汶水洪水经蜀山湖南泄，在济宁以西的洼地中形成马场湖。泗河分流之水可由府河自济宁城北入马场湖，又有洸河下源之水，亦由济宁城北入马场湖。马场湖自明初作为运河四大水柜之一。成化至万历间，马场湖周围达40余里。据《山东全河备考》记载，湖东为一道长堤，1600余丈，湖西口建有冯家坝。

清代以前，马场湖承接由冯家坝汇入的蜀山湖多余之水。清初堵塞冯家坝，于五里营建束水堤以蓄水，马场湖改受沂、洸、府、泗河之水，湖西北宋家洼数千顷土地皆被水淹，汪洋一片，"无一可施犁锄之地"[②]。乾隆四年（1739年），自田宗智庄至火头湾，在已有运堤的基础上，增建圈堤2579丈。[③] 雍正间，马场湖周围仍有40里，西北为受水处，有斗门3座。雍正九年（1731年），加修湖堤3392丈，增修786丈。[④] 此后府河淤浅，泗河之水尽由金口坝南下由鲁桥入运，不再至马场湖，该湖逐渐淤废。后来济宁知州吴柽招人佃种，马场湖尽为民田。马场湖由于失去蓄水的功能，一遇雨水连绵、山水暴发，洪水泛滥四出，不仅淹没民田，且有妨漕堤，还导致济宁南乡以及鱼台县数千顷良田变为涝洼地。[⑤]

总之，北五湖的堤防主要是土筑的圈堤，用于维持湖泊的蓄水济运功能，并作为湖泊的界限。北五湖湖泊环境变化乃至废弃的主要原因是来水缺乏和泥沙淤积。湖堤在围湖造田与蓄水济运的矛盾发展过程中也起到了一定的作用：一方面，湖堤的修筑明确了湖泊的界限，便于湖泊的管理；另一方面，不断缩建湖堤的做法，便利了人为的垦种，加速了湖泊的湮废进程。

---

① 参见邹逸麟《试论我国历史上运河的水源问题》，载复旦大学历史地理研究中心编《历史地理研究》第3辑，复旦大学出版社2010年版，第12页。
② （明）张伯行：《居济一得》卷5《东省湖闸情形》。
③ 参见（清）陆耀《山东运河备览》卷5《运河厅河道下》。
④ 参见（清）朱铉《河漕备考》卷1《山东漕河考》《山东济宁州》；乾隆《山东通志》卷19《漕运》。
⑤ 参见（清）张伯行《居济一得》卷2《复马场湖》《清查湖界》。

（二）南四湖湖堤

南四湖是南阳、昭阳、微山、独山四湖的总称。历史上的南四湖最初是一片洼地沼泽景观，受季节性气候影响，水面盈缩不定。运河开通之初，还是一连串互不相连的小湖泊，包括孟阳、吕孟、山阳、李家、白山、郗山、张庄、韩庄、马肠坡、枣庄、常阜、平山、白浴等湖。南四湖是至今仍发挥作用的湖泊，学界关于南四湖的研究远多于北五湖，尤其突出的是环境、水利、生物、渔业等现代科学的研究成果。关于历史时期南四湖的研究，主要集中在湖泊演变过程方面。

影响南四湖形成演变的因素很多，其中堤防兴建尤其值得关注。

其一，昭阳湖湖堤。昭阳湖在南四湖中出现最早。据《齐乘》记载，昭阳湖元时称山阳湖，俗称刁阳湖，后称昭阳湖。位于运河东北方向，处在南阳湖与微山湖之间，地势四周高、中间低。永乐年间于昭阳湖口建石闸，将其辟为运河四大水柜之一。宣德四年（1429 年）筑湖堤，弘治十六年（1503 年）修筑湖堤 30 里，使湖水变深，让盗种者无从下手，以达到阻止盗耕围垦的目的。① 嘉靖二十一年（1542 年），兵部尚书王以旂奏请修筑昭阳湖堤，"禁民耕种湖地，移文立碑，县治湖地"②。后因黄河屡决，洪水漫运河灌入昭阳湖，湖底抬高，水面扩大，周围达 80 余里。③ 隆庆六年（1572 年）于湖南岸修筑土堤 250 余丈，又分别于东西决口处筑堤，以防黄河水患对运道的影响。到万历年间，围湖的堤岸毁坏，湮灭了民田与湖泊界限，一些豪强围垦湖田，破坏了昭阳湖的蓄水能力。④ 万历十七年（1589 年），常居敬奏请于南旺等湖查勘顷亩，于高下相承之地筑堤束湖，堤以内永为水柜，堤以外作为湖田。⑤

康熙二十三年（1684 年），济宁知州吴柽在运河与牛头河间修筑大坝，坝长 1260 丈，拦阻昭阳湖水北泛。雍正元年（1723 年），河督齐苏勒等建议禁止侵占湖田，将马踏、蜀山、马场、南阳诸湖加以土坝，以期收蓄深广，备来年济运之资，并修复前明减水闸 14 座于运河南岸，还

① 参见（明）王琼《漕河图志》卷 1《漕河诸论》。
② 嘉靖《沛县志》卷 1《舆地志·山川》。
③ 参见（明）王琼《漕河图志》卷 1《直隶沛县》。
④ 参见（明）万恭《治水筌蹄》卷下。
⑤ 参见（清）叶方恒《山东全河备考》卷 2《河渠志上·诸湖蓄泄要害》。

于次年修建东岸湖堤 64 里。① 但上述措施无法抵挡昭阳湖日益缩小的趋势。到乾隆年间，南旺、南阳、昭阳失去了水柜的作用，仅堪泄水。② 嘉庆二十一年（1816 年），将微山湖蓄水闸板的尺寸由 1 丈 2 尺调整到 1 丈 4 尺，由于水位抬高，"迨至湖水长至一丈七八尺，数州县田没水底"，导致山东、江南两省的水利纷争，"惟是加增蓄水一尺之议起于东省，今不知如何诿之江南。查滨临三湖被淹之地，计八州县，东省居其五，南省居其三。是南省亦有切肤之痛，何至膜视？"③

其二，独山湖湖堤。独山湖最初为昭阳湖东独山脚下的一片低平洼地，为滕县、鱼台等县泉水汇聚之区。嘉靖年间开凿南阳新河以后，"坡始蓄为湖，以资灌注"④，乃阻截来自东面的山水形成独山湖。明人黄承玄总结道，自嘉靖末年（1566 年）开新河成，"河身高仰，各山泉之水无所从泄，遂潴成河，此独山、吕孟诸河之所由汇也"⑤。每到伏秋，山水过大，容易冲毁堤岸，于是隆庆六年（1572 年）建石堤 30 余里，以保护堤岸湖泊。⑥ 雍正元年（1723 年）建東湖土堤一道，二年（1724 年）、七年（1729 年）先后修筑湖堤。乾隆时期湖泊周围 196 里，东接山坡，北受泉河诸水。此后至民国年间，再没有进行大的治理工程。⑦

其三，南阳湖湖堤。南四湖中最北的是南阳湖，其前身是孟阳湖。明成化年间开挖永通河，自南旺西湖引水东南流至鱼台东北南阳闸入运，与汶、泗二水会于闸下，积水成湖。开始并不大，后因府河常塞，泗水合白马河至鲁桥入运，南阳湖水不能顺利排入昭阳湖，成为金乡、单县、曹县等地坡水的"潴蓄之地"⑧。宣德八年（1433年）修筑湖堤，隆庆元年（1567 年）南阳新河建成。运道以西为南阳湖，以东为独山湖，两湖又合称南阳湖，周围 76 里，滕县、沛县、

---

① 参见《清史稿》卷 127《河渠志二》；乾隆《鱼台县志》卷 2《山水》；乾隆《山东通志》卷 19《漕运》。

② 参见《清史稿》卷 127《河渠志二》。

③ （清）黎世序：《论微湖蓄水过多书》，载《清经世文编》卷 104《工政十·运河上》。

④ （清）叶方恒：《山东全河备考》卷 2《河渠志上·诸湖蓄泄要害》。

⑤ （明）黄承玄：《河漕通考》卷下。

⑥ 参见（明）张纯《南阳减水石闸记》，载陆耀《山东运河备览》卷 4《运河厅河道上》。

⑦ 参见乾隆《山东通志》卷 19《漕运》。

⑧ 《明史》卷 85《河渠志三》。

鱼台、邹县诸水都汇注于此。①

清初，运河自湖中间穿过，湖堤自冯家坝至苏鲁桥 4510 丈。② 康熙间，因杨家坝开通放水，不入马场济运，而径由运河转至南阳湖，南阳一湖不能容纳，遂漫入济宁南乡一带，民田受淹，田地无法耕种。③ 据《治河方略》《河漕备考》等记载，康熙、雍正年间，湖周围四五十里，水深五六尺，浅者二三尺。到乾隆时期，南阳湖已与昭阳湖连为一体，无法区分，只能笼统地称鱼台境内的部分为南阳湖，沛县境内的部分为昭阳湖，两湖共长 90 余里。④ 同治十年（1871 年），南阳湖与其他三湖合为一体。⑤ 民国二十年至二十一年（1931—1932 年）厢修湖埝，连同昭阳湖埝共计 82 公里。⑥

其四，微山湖湖堤。微山湖是南四湖中最南的湖泊，明末清初是微山湖形成的重要时期。因南阳新河一侧的吕孟、微山等湖夏季水流泛涨，外伤漕堤、内淹民田，明代万恭自渐家坝至铁河筑堤，"左出民田，右济漕河"⑦。万历后期开凿泇河后，运道东移，微山湖被隔在运道以西。东受运河的宣泄，北承昭阳湖，南接郗山、吕孟、韩庄、张庄四湖，湖面不断扩展。

清代以后，湖面继续扩大。据《滕县志》记载，自顺治间专用泇河后，"微山、吕孟并昭阳等湖既汇而为一"。到康熙初年，这些湖泊间已没有明显的界限，从东北面的南阳至西南徐州利国驿 200 余里，汪洋一片。⑧ 康熙中后期，因微山湖面临黄河泥沙淤积的威胁，张伯行建议湖南岸筑堤，以抵御黄水，自沛县太行堤接筑长堤，由荆山口南至子房山下，"若不筑此堤，或数年或数十年后，微山湖势必如堰头湖淤为平陆，不特无水济运，黄水且灌入运河，运河又必淤塞矣"⑨。雍正二年（1724 年），

① 参见《明会典》卷 197。
② 参见（清）叶方恒《山东全河备考》卷 2《河渠志上·诸湖蓄泄要害》。
③ 参见（清）张伯行《居济一得》卷 2《劝民耕种涸田》。
④ 参见乾隆《山东通志》卷 19《漕运》。
⑤ 参见吴宗越《沂沭泗河览胜》，长江出版社 2006 年版，第 62 页。
⑥ 参见山东省水利志编辑室《山东省志·水利志》（送审稿），1982 年，第 83 页。
⑦ （明）万恭：《治水筌蹄》卷上。
⑧ 参见（清）叶方恒《山东全河备考》卷 2《河渠志上·诸湖蓄泄要害》。
⑨ （清）张伯行：《居济一得》卷 1《运河总论》。

于徐州张谷山创筑草坝一道，以资节蓄。十二年（1734年）建官路口临湖大石工，长约1.5里，建韩庄上下大石工长近3里。

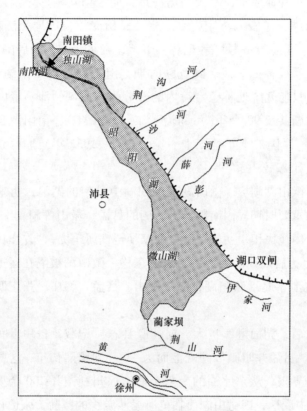

图4—2　清中叶南四湖示意图①

到乾隆初，微山湖已汇成一湖②，"名虽各异，实则联为巨浸，周围三百数十余里"③。乾隆年间，建吴家桥及葛墟店两处湖面大石工，总

①　改绘自姚汉源《京杭运河史》，中国水利水电出版社1998年版，第412页。

②　参见韩昭庆《黄淮关系及其演变过程研究：黄河长期夺淮期间淮北平原湖泊、水系的变迁和背景》，复旦大学出版社1999年版，第182页。按，关于微山湖的形成，向来有不同观点。张振克等认为，同治十一年（1872年）黄河大决于东明，济宁至江苏宿迁之间的运河堤防冲溃殆尽，南阳、独山、昭阳、微山四湖完全连成一片，形成完整的南四湖。（参见张振克等《黄河下游南四湖地区黄河河道变迁的湖泊沉积响应》，《湖泊科学》1999年第3期）

③　《续行水金鉴》卷111《运河道册》。

长约 6 里。① 乾隆二十三年（1758 年），筑徐州北岸黄村坝至大谷山土堤，屏障微山湖，始结束通河之局。三十九年（1774 年），因微山湖水弱无法济运，建堤坝 16 丈。嘉庆元年（1796 年）六月，黄河决丰县六堡高家庄，河堤浸塌，掣溜北走，由丰县遥堤北赵河分注昭阳、微山各湖，于是开蔺家坝放入荆山桥河。二年（1797 年）在乾隆年间疏浚荆山桥河道的基础上，进一步疏浚，以开通微山湖湖水流路。涨水被泄出后，湖水下降，"沉地旋涸"②。但时隔不长，蔺家坝筑堤，使微山湖再塞，湖水无法泄出。

总之，南四湖湖堤有土堤、石堤两种，堤防建设的作用有三：一是发挥水柜的作用，让湖水变深；二是明确湖泊的界限，阻止盗耕围垦；三是抵御黄河对湖泊的侵袭。反之，一旦围湖堤岸毁坏，容易湮灭民田与湖泊的界限，破坏湖泊的蓄水能力，加速围垦的进程。鲁西南各排泄坡水河道，因微山等湖堤修建，水位抬高，限制了坡水入湖，反过来影响到南阳、独山、昭阳等湖的下泄。到乾隆年间，南旺、南阳、昭阳失去了水柜的作用，仅堪泄水，而微山湖的水柜作用不断加强。由于微山湖湖面不断扩大，很多人失去了土地，被迫"植苇捕鱼，自谋生活。间遇亢旱连年，地亦时或涸出，农民不肯弃第，犹思及时种麦，以冀幸获，然必次年再旱，始得丰收一次。稍遇微雨，上游来水，则并资力种籽而悉丧之"③。

二　苏北地区的湖堤建设与湖泊环境

（一）骆马湖湖堤

骆马湖位于今苏北宿迁、新沂境内，是沂蒙山余脉马陵山以西的一片平原洼地，其湖盆是由郯庐大断裂带活动而形成的断裂凹陷。骆马湖成湖时间较晚，宋金以前的史籍没有记载，《宋史》有"马乐湖"的记载，《大金国记》有"乐马湖"的记载。最初水体面积有限，是屯兵垦殖

---

① 参见乾隆《山东通志》卷 19《漕运》；山东省水利志编辑室《山东省志·水利志》（送审稿），1982 年，第 83 页。

② 民国《济宁直隶州续志》卷 4《食货志》。

③ 同上。

的好地方。明代以后随着黄河河床的淤高，沂水南下入泗受阻，大量山水在湖盆洼地逐渐积蓄。万历年间开挖伽河时，修筑伽河东堤以抵御沂沭洪水，骆马湖西侧湖堤即借用伽运河东堤，骆马湖成为众壑所归，积水进一步增多，湖面扩大，故《行水金鉴》有"明季黄河漫溢，停积成湖"的说法。天启六年（1626 年），总河李从心进一步开挖骆马湖，湖面横亘 20 余里。明末清初，凿断马陵山脊，开拦马河，向下游泄水，使骆马湖上承沂、沭、泗、伽之水，蓄水济运。因上游来沙增多，湖底淤积严重。

清初，漕船行骆马湖西的董口，顺治十五年（1658 年）董口淤塞，船只取道骆马湖，漕运不便。康熙六年（1667 年），董口淤断，改由骆马湖行运，至窑湾接伽河。十三年（1674 年）筑窑湾以下临湖碎石工，前后屡有增筑，湖与运分。十九年（1680 年）骆马湖淤浅，湖中无法行舟，河臣靳辅取水中之土筑水中之堤，南起皂河口，北达温家沟，挑挖水旱堤工 2400 丈，两岸筑堤 4800 丈。自温沟经窑湾至邳州境内的猫儿窝，两岸筑堤 27000 丈，于是开成了自骆马湖西直河口至董口间的 40 里皂河。将运河从湖中分离出来，大大减轻了行船的风涛之险，又能够保证水源的供应。[1] 二十五年（1686 年）挑挖中河，上接张庄运口并骆马湖之清水，下历桃源、清河、山阳、安东，达于海。雍正二年（1724 年），齐苏勒以骆马湖东岸低洼易泄，旧坝不足抵御，于湖东六塘河通宁桥西高地筑拦河滚坝，再筑拦水堤 600 丈，口门宽 30 丈，以便宣泄。五年（1727 年），齐苏勒建骆马湖尾闾五坝，坝上各挑引河，蓄泄沂水。八年（1730 年），夏涝，山水骤发，堤坝埽工多被冲毁，仅存竹络石坝 27 丈，致骆马湖水漫涌而出，下游受害严重，河臣嵇曾筠新筑石土坝工 940 丈，补修 250 丈。乾隆三十年（1765 年），筑拦湖堤 155 丈。

骆马湖是季节性湖泊，夏秋上游来水丰富，除沂河、沭河、白马河等来水外，还有微山湖由徐州荆山口经邳州猫儿窝泄出的水，以及黄河经骆马湖口、十字河、竹络坝泄入湖泊的涨水，故常患水多，不患水少。堤防的修建主要不是维持湖泊的蓄水功能，而是实现湖运分离，减少湖水对运道的冲击。因此更准确地说，骆马湖堤防建设方面用力不多，除湖东一小段外，其他利用了运堤。

---

① 参见（清）靳辅《治河奏绩书》卷 4《皂河》。

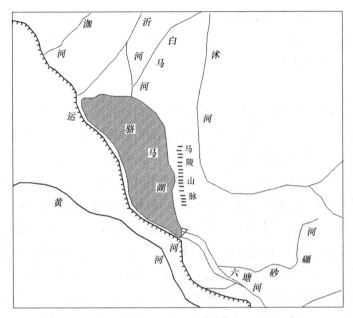

图4—3　骆马湖示意图①

因湖水容易旁泄，致"沂、郯、邳、宿诸州邑，岁有沦胥之患，且为运道梗"②，故减水工程对骆马湖尤为重要（详见本章第三节）。清末民国时期，作为昔日潴蓄之地的骆马湖，遭到围垦，"昔有骆马湖水柜，今成陆壤，水无所潴，每岱南水发，旦夕寻丈，运河不能容，则分泄入六塘河，六塘不受，转而侵沭，肇灾最酷"③。新中国成立后实行"导沂整沭"，进行了一些湖堤培修加固工程，修筑了骆马湖北堤，连接废黄河大堤和中运河大堤，形成了今日"湖水位23.0米时，湖面积375平方公里，湖容积9.0亿立方米"④的平原大水库。

（二）洪泽湖湖堤

位于苏北平原的洪泽湖是我国第四大淡水湖，面积1500多平方公里。

---

①　改绘自水利部淮河水利委员会编《淮河水利简史》，中国水利水电出版社1990年版，第224页。

②　（清）郭起元撰，蔡寅斗评：《介石堂水鉴》卷5《禹王台石畋说》。

③　武同举：《江北运河变迁史及其现状》，《江苏建设月刊》1935年第2卷第2期。

④　淮阴市水利志编纂委员会编：《淮阴市水利志》，方志出版社2004年版，第104页。

洪泽湖形成之前，沿淮河两岸有天然堤发育，天然堤外侧为大小不一的浅洼地所在，因长期潴积而发育为许多互相交错的湖泊、沟涧。① 洪泽湖原名富陵湖，隋时才有洪泽之名。元、明以后，黄河长期夺淮，下游不畅，造成低洼处大片积水，将不同的小湖泊连为一体，湖面扩大，称作洪泽湖。

洪泽湖的形成与湖堤的修筑密切相关，可以说没有大堤就没有洪泽湖。湖堤最初称高家长堤，万历时称高家堰（或高加堰），简称高堰。大堤的修筑可上溯至东汉时期广陵太守筑高家堰30里，以抵御淮水。不过当时仅是二三十里的低矮土堤，其大规模修筑是在明代以后。明永乐十三年（1415年），陈瑄"虑淮水涨溢，则筑高家堰堤以捍之"②，修筑简易的土堤。至永乐二十年（1422年），湖东大堤完工，水位随之抬升，"民田尽付汪洋"③。嘉靖元年（1522年）前后，高家堰设闸排泄湖水。万历五年（1577年）前后，阜陵、泥墩、范家等湖合并为一体。

随着入湖水量的增加，原先低矮的土堤已不敷使用。万历六年（1578年），潘季驯在洼地东侧修筑60里的土堤，内砌石堤3110丈④，拦蓄淮河大水，使之出清口，冲刷对岸的门限沙和河床淤沙。八年（1580年），潘季驯重筑高家堰，从武墩南至高良涧北创筑高家堰石工堤3000丈。但此举遭到了泗州进士常三省的反对，常从家乡利益出发，主张在高家堰多建涵闸泄水，挑浚清口以上淤沙。面对洪泽湖的蓄泄之争，首辅张居正支持潘季驯，常三省获罪，削职为民。这表明：在统治阶级的利益面前，地方利益是不值一提的，维护地方利益的官绅成了利益冲突与矛盾的牺牲品和替罪羊。⑤ 十七年（1589年），潘季驯筑张福堤，加强了对洪泽湖的约束，坚筑高家堰，"以捍淮东侵者，淮不东则淮强，淮强则黄弱，然后由清口达海"⑥。到万历二十一年至二十三年（1593—1595

---

① 参见韩昭庆《黄淮关系及其演变过程研究：黄河长期夺淮期间淮北平原湖泊、水系的变迁和背景》，复旦大学出版社1999年版，第119页。

② 《明史》卷84《河渠志三》。

③ 乾隆《淮安府志》卷8《水利》。

④ 参见（明）朱国盛撰，徐标续撰《南河全考》卷下。

⑤ 参见袁飞、马彩霞、朱光耀《中央和地方的利益与冲突——以万历年间治淮活动为中心》，《聊城大学学报》2008年第3期。

⑥ （清）阎若璩：《潜邱札记》卷6。

年），黄河大水，决高家堰，浸泗州城和明祖陵。

　　清康熙三年（1664 年），淮河决溢武家墩、高良涧，闸坝损坏，遂用土石填塞。十六年（1677 年），靳辅任河督，更加重视堤防建设。次年于周桥至翟坝无堤处筑堤 25 里，在大堤前沿加筑永久性副坝，并建徐州、桃源、清河、宿迁、安东滚水坝以杀水势，确保大堤安全。十九年（1680 年），黄河决归仁堤，直泄洪泽湖，泗州城被淹，同年接筑武家墩以北砖堤 2000 余丈。二十三年（1684 年），靳辅建黄河南岸毛城铺等减水闸坝，由濉溪口经灵芝、孟山等湖入洪泽湖，以期"减黄助清"，却导致泥沙淤垫洪泽湖。二十五年（1686 年），修筑高家堰堤工 15600 余丈。二十七年（1688 年），将大堤砖工接筑至运口。四十年（1701 年），张鹏翮大培高家堰，自武家墩起至棠梨树止，长 14981 丈。为镇水护堤，祈求大堤永固，张鹏翮还铸造了镇水铁牛安放在大堤上，铁牛身上铭文曰："维金克木蛟龙藏，维土制水龟蛇降。铸犀作证奠淮扬，永除昏垫报吾皇。"至此，100 多里的高家堰大堤初具规模，湖泊蓄水能力增强。

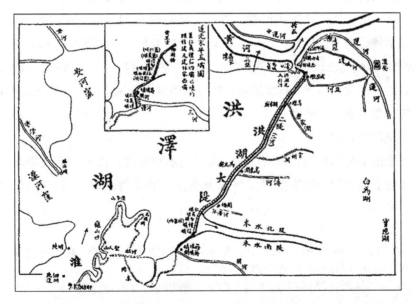

图4—4　乾隆中期的洪泽湖大堤①

---

① 采自武同举《淮系年表》表1。

雍正、乾隆年间，出现了湖泊石工堤建设的高潮。随着高家堰的加筑，洪泽湖水位不断抬升。仅康熙二十年至道光元年（1681—1821 年）140 年间，湖面水位就上升了 3.5 米，平均每年上升 0.025 米。[①] 嘉庆时，除蒋坝以南十多里的土质大堤作为天然减水坝使用外，纯粹的土堤已基本见不到了。道光以后，主要针对局部的堤防破坏，进行小范围的修补。据研究，至道光六年（1826 年），洪泽湖大堤的堤顶高程从永乐十三年（1415 年）的 9.77 米增加到 17.2 米。[②] 咸丰元年（1851 年），淮河夺路入江，从此入江水道成为主要泄洪道。次年，洪泽湖干涸千余顷，大片湖滩地得以开垦，收获丰盈。同治间，吴棠拆掉高家堰条石修筑清河县城清江浦，毁坏石工墙 1620 丈。民国年间，高家堰石工墙遭到偷盗损坏。新中国成立后进行了 4 次大规模的整理加固，形成了我们今天所看到的 140 里的洪泽湖大堤。

总之，堤防建设促成了湖泊的形成，湖泊从无到有、从小到大，成为调节水量的人工水库，保证了蓄清刷黄的水柜作用的发挥，减缓了湖田被开垦的进程。高家堰的建设抬高了洪泽湖水位，起到了蓄清刷黄、通漕济运的作用。该堤将治黄、拦淮、济运联系到一起，可以捍御洪泽全湖水势，保护淮扬地区民生，使曾经"患水尤甚"的里下河地区，"得觇平成之绩，安于田里，有厚幸焉"[③]。"高堰初筑，清口方畅，流连数年，河道无大患。"[④]"高家堰者，所以捍御洪泽全湖水势，保护淮扬两郡民生，蓄清刷黄，通漕济运，为南河第一工程。"[⑤]"高堰一堤，全淮系之，全黄亦系之。"[⑥]

但由于黄强淮弱、黄河倒灌，洪泽湖不断淤高，需不断在大堤高度、坚实度上做文章，结果使洪泽湖成为悬湖。洪泽湖水位抬高，使河防形

---

① 参见徐福龄《黄河下游明清时代河道和现行河道演变的对比研究》，载谭其骧主编《黄河史论丛》，复旦大学出版社 1986 年版，第 211 页。

② 参见徐士传《黄淮磨认》，淮阴市水利局、淮阴市地方志办公室（内部发行），1988 年，第 15 页。

③ （明）李春芳：《重筑高家堰记》。

④ 《明史》卷 84《河渠志二》。

⑤ （清）郭起元撰，蔡寅斗评：《介石堂水鉴》卷 2《高堰石工论》。

⑥ （清）靳辅：《治河余论》，载《清经世文编》卷 98《工政四》。

势由明代的"淮弱"变为清代的"淮强黄弱"①，引起水系混乱。其高屋建瓴的形势，对运河大堤以及整个里下河地区构成了严重的威胁，"高堰去宝应高丈八尺有奇，去高邮高二丈二尺有奇，高宝堤去兴化、泰州田高丈许，或八九尺，其去堰不啻三丈有余"②。一旦"倒了高家堰，淮扬二府不见面"。"凡洪泽湖涨溢，水从各减坝注高、宝诸湖，若高邮车逻等坝不尽开，则诸湖水倒漾，上泛白马湖，湖不能容，遂北浸没数十里民田。"高家堰水位的上升，使得数万顷良田变为泽国，使城镇沉入水底，周围下游蓄成许多湖泊洼地，内涝加重。③ 对东面的里下河低洼地区构成了威胁，"阡陌形同釜底，此田多沮洳，而民易流亡也"④，往往造成"千村万落，漂没一空"⑤ 的悲惨局面。据统计，1575—1855 年的 280年，洪泽湖大堤曾决口 140 余次，每次决口，里下河一带顿成泽国。⑥ 扬州、江都、高邮、宝应、泰州、兴化等地，面临着严重的水患威胁。今淮河南岸的城东湖、城西湖、瓦埠湖、女山湖，北岸的花园湖、天井湖、沱湖、香涧湖等都是由此而形成的。⑦

三　石工湖堤建设与湖泊环境

以上有关湖泊堤防的叙述中，对湖泊石堤有所涉及。为将问题引向深入，下面专门就湖泊石堤的建设情况进行分析。

首先是会通河沿线湖泊。成化四年（1468 年），山东按察司佥事陈善因运河东西两道旧土堤易坏，用石块修筑西堤。隆庆初开凿南阳新河时，建南阳湖石堤，以石块累积而成，横亘于河湖之中，长 30 里，厚 2 丈，高 8 尺，中留缝隙，水流可溢出。⑧ 隆庆六年（1572 年）建独山湖石堤30 余里，以保护堤岸湖泊。微山湖东堤最初为长 365 丈的土堤，雍正

---

① 《清史稿》卷 128《河渠志三》。

② （明）陈应芳：《敬止集》卷 1。

③ 参见陈远生、何希吾、赵承普等主编《淮河流域洪涝灾害与对策》，中国科学技术出版社 1995 年版，第 11 页。

④ 乾隆《淮安府志》卷 8《水利》。

⑤ （清）康基田：《河渠纪闻》卷 12。

⑥ 参见王洪道等《中国的湖泊》，商务印书馆 1995 年版，第 105—106 页，

⑦ 参见邹逸麟《黄河下游河道变迁及影响概述》，《复旦大学学报》1980 年历史地理专辑。

⑧ 参见（明）万恭《治水筌蹄》卷下；乾隆《山东通志》卷 19《漕运》。

十一年（1733 年）改建为石工。雍正十二年（1734 年）建官路口临湖大石工，长约 1.5 里，又建韩庄上下大石工长近 3 里。乾隆年间，建微山湖吴家桥及葛墟店两处湖堤大石工，总长约 6 里。乾隆四十年（1775 年），因湖东南堤防单薄，河督姚立德奏请镶砌石工及碎石坦坡，计 2341 丈。[①] 嘉庆年间，多次修建碎石坦坡。2008 年，经山东省文物考古研究所与中国文化遗产研究院考古发掘，清理了南旺运河一段长 40 米的河堤，发现该河堤用青砖和条石筑成，底下为 7 层条石，中间为 9 层青砖。[②]

相比会通河段的沿湖筑堤而言，徐州至淮安段湖泊石堤工程规模更大，主要是在明后期和清前期，最突出的是洪泽湖石堤的建设。究其原因，当在洪泽湖湖深水阔、风急浪高，容易损坏堤岸，且筑堤石材容易获取。据史料记载，洪泽湖大堤上的石料主要来自盱眙和徐州的山上。万历六年（1578 年）三月，工科给事中尹瑾奏称，高家堰堤防虽然高厚，但不如"包砌石堤，可一劳而永逸"[③]。八年（1580 年），潘季驯重筑高家堰，在土堤的基础上包砌石工，自武墩南至高良涧北，创筑高家堰石工墙 3000 丈。据研究，潘季驯所筑石工墙，结构是双层独立，无丁石，无铁锔，石墙外侧挡水，内侧挡土，土石之间未见有砖衬。[④]

清代以后，高家堰石工堤大量增加。康熙初，靳辅在大堤上做碎石坦坡，此后于成龙、张鹏翮担任河督期间，石工建设规模及范围进一步拓展。康熙三十八年（1699 年），增加高堰石工 5 尺。三十九年（1700 年），自武家墩至唐埂建石工 7200 余丈。雍正、乾隆年间，政府财力充足，形成了建造石工堤的高潮。雍正三年（1725 年），内阁学士何国宗建议修筑高家堰石堤。四年（1726 年）七月，总河齐苏勒建高堰山盱一带临湖石堤。七年（1729 年），发帑银 100 万两加修石工，"长堤绵亘，屹若金城，诚不世之旷举也"[⑤]。八年（1730 年）正月，总河孔毓珣和江督尹继善查勘高堰石工，

① 参见（清）陆耀《山东运河备览》卷 5《运河厅河道下》。

② 参见光明网鲁南频道，2008 年 7 月 27 日。

③ （明）尹瑾：《条陈善后事宜疏》，载潘季驯《河防一览》卷 13。

④ 参见张卫东《洪泽湖水库的修建——17 世纪及其以前的洪泽湖水利》，南京大学出版社 2009 年版，第 84 页。

⑤ （清）郭起元撰，蔡寅斗评：《介石堂水鉴》卷 2《高堰石工论》。

发现自小黄庄至山盱古沟东坝，石工地形低洼，底桩多腐朽，必须全拆，换桩加石。九年（1731年），朝廷拨巨款对大堤进行翻修，大修高家堰石工6340余丈，延袤40余里。① 乾隆七年（1742年），高家堰在古沟决口，次年堵塞，建造石工。九年（1744年），嵇璜奏称，高堰工程有砖、石之别，年份有新旧不同，应将旧有砖工尽改石工，得到批准。十六年（1751年），将高家堰滚水石坝由3座增加到5座，周桥至蒋坝修筑石工墙。至此，从潘季驯开始到乾隆十六年（1751年），历时170多年，洪泽湖石工大堤最终形成。

道光四年（1824年）十一月，大风，冲决高堰十三堡、山盱周桥之息浪庵，损坏石堤11000余丈。清末漕运停止以后，由于河道拓宽或者改建，一些石堤遭到毁坏，但也有一部分因埋于地下而被较好地保留下来。至于洪泽湖以南的高宝地区，则设有五里中坝、昭关坝、车逻大坝、南关大坝、南关新坝所谓归海五坝，其中石堤工程也很多，因超出了本书所探讨的黄运地区的范围，此不赘。

总之，运河南北区域自然地理条件的差异，导致沿湖筑堤的出发点各有不同：会通河段湖泊筑堤是为了确保湖泊的规模、维持水柜的功能，以防因盗垦变为湖田；苏北运河段水网密布，沿湖筑堤或者为了将运河分离出来，避免黄河或湖泊风涛之险对运道的损坏，或者为了蓄清刷黄济运，确保漕运畅通。湖泊堤防一般为土堤，往往在险工冲要处所建造石堤，或者把容易毁坏的土堤改为石堤。石堤的修筑，增强了大堤抗御风浪的能力，延长了大堤的寿命。高家堰石工堤始于明万历八年（1580年），清代雍正、乾隆年间大量增加，至乾隆十六年（1751年）最终形成，故包世臣有"高堰在康熙以前本属土堤，还石工非急务也"② 的说法。但修砌石工的工序复杂，投入多，需先建越坝以拦湖水，然后施工，"南河岁修三百万两"中有相当部分用在了这上面。而且，堤防的升高囤积了巨量的水能，反过来会进一步加大水患的危险，加重了对下游地区的威胁。

---

① 雍正《御制高堰石工告竣碑记》，载乾隆《淮安府志》卷29《艺文》。
② （清）包世臣：《中衢一勺》卷3《漆室答问》。

第二节　运道开凿与湖泊环境的变迁

在黄运地区，河道变迁对湖泊环境的影响莫过于黄河，但黄河的影响多表现为水灾等自然因素。如果强调人工的河道工程对湖泊环境的影响，最突出的莫过于运河。关于运河河道的演变，以往有关研究中较多涉及。① 其中有研究者分析了运河的开凿与变迁对部分沿运湖泊形成与演化的影响。② 在前人研究的基础上，本节主要从河工建设的角度，分析运河开凿所引发的黄运地区湖泊环境的变迁。

一　运道开凿与山东地区的湖泊环境

（一）运道开凿与北五湖

元代开济州河，将大清河、汶水、泗水与黄河沟通起来，最初称"济州汶泗相通河道"。济州河穿过南旺湖西北接大清河，全长 150 余里。至元二十六年（1289 年）开挖会通河，北起东平路须城安山西南，南接济州河，"引汶绝济"，由寿张西北经沙湾、张秋、聊城，西北至临清达御河（卫河），全长 250 余里。位于制高点的南旺湖水源可北流至聊城一带济运，但水量有限。明永乐九年（1411 年）重新疏浚会通河，形成了济宁至临清的 385 里河道，以南旺湖所在地为制高点。又修筑戴村坝，开挖了引汶水至南旺入运的河道，将南旺湖分成了南旺西湖、马踏湖和蜀山湖。明初重开会通河的同时进行了袁口改线，运道与安山湖的关系发

---

① 参见蔡泰彬《明代漕河之整治与管理》，商务印书馆 1981 年版；水利部黄河水利委员会《黄河水利史述要》，中国水利水电出版社 1982 年版；《中国水利史稿》编写组《中国水利史稿》，中国水利水电出版社 1989 年版；姚汉源《京杭运河史》，中国水利水电出版社 1998 年版；江苏省交通厅史志编委会《京杭运河志》（苏北段），上海社会科学院出版社 1998 年版；陈璧显《中国大运河史》，中华书局 2001 年版；邹宝山等《京杭运河治理与开发》，中华书局 2003 年版；陈桥驿主编《中国运河开发史》，中华书局 2008 年版；嵇果煌《中国三千年运河史》，中国大百科全书出版社 2008 年版；江苏省交通厅航道局等编《京杭运河志》（苏南段），人民交通出版社 2009 年版。

② 参见朱士光《运河研究刍议》，《淮阴师范学院学报》2007 年第 2 期；路洪海、董杰、陈诗越《山东运河开凿的生态环境效应》，《河北师范大学学报》（自然科学版）2014 年第 4 期；曹志敏《清代山东运河补给及其对农业生态的影响》，《安徽农业科学》2014 年第 15 期。

生了重大变化。

（二）运道开凿与南四湖

根据《山东运河备览》等文献记载，四湖中最早出现的是昭阳湖，该湖位于南阳镇以南至留城以北。元代时范围很小，至明初达十余里。永乐九年（1411 年）重开会通河后，于运河沿线设安山、马场、南旺、昭阳四大水柜，昭阳湖因此得以迅速扩大，弘治间达方圆 80 余里。嘉靖五年（1526 年），黄河决入昭阳湖，湖面进一步扩大。至嘉靖四十五年（1566 年）开南阳新河前，昭阳湖北面已接近鱼台谷亭镇，与孟阳泊合。为避开黄河东泛对运道的影响，开挖南阳新河后，运道移到了昭阳湖东面，昭阳湖由运河东岸的水柜变成西岸的水壑。以西面坡水及运河涨水为源，改变了昭阳湖的来水来沙条件。[①]

然后出现的是独山湖。嘉靖四十五年（1566 年）开南阳新河后，昭阳湖以东运河东岸独山坡下的低洼处，逐渐潴水成湖，因最初聚于独山脚下，称独山湖。最初"周回七十里"，清初达近 200 里。[②] 韩昭庆认为，"独山湖的形成，人工因素似要多一些"[③]。由于该湖位于南阳镇以南，因此一段时间内也叫南阳湖。[④]

再就是微山湖的出现。明弘治至嘉靖年间，微山岛周围出现了赤山、微山、张庄等小湖泊。万历三十二年（1604 年）开凿泇河，使运道东移，将这些小湖隔在运道以西。此后，运东山洪暴发，通过沿运闸门宣泄于此。西面黄河东决，洪水以此为壑。再加上南四湖北高南低，南阳等湖涨水也下泄至此。[⑤] 再加上周围各州县沥水皆汇于此，成为洪涝灾害最严重的地区之一。到清朝初年，上述小湖泊逐渐连成一片，北

① 参见韩昭庆《黄淮关系及其演变过程研究：黄河长期夺淮期间淮北平原湖泊、水系的变迁和背景》，复旦大学出版社 1999 年版，第 174 页。

② 参见向凯《南四湖的形成与演变》，《人民黄河》1989 年第 4 期；罗卓、亭赵凯、沈正平《关于泗河水系河道变迁的研究》，《徐州师范学院学报》（自然科学版）1989 年第 2 期。

③ 韩昭庆：《黄淮关系及其演变过程研究：黄河长期夺淮期间淮北平原湖泊、水系的变迁和背景》，复旦大学出版社 1999 年版，第 185 页。

④ 《明史·河渠志》称："南阳，亦曰独山，周七十余里。"万历《兖州府志·河渠志》："独山湖……即南阳湖也。"乾隆《山东通志·漕运》："独山湖，即南阳湖之东北岸也。"

⑤ 参见邹逸麟《历史时期华北大平原湖沼变迁述略》，载《历史地理》第 5 辑，上海人民出版社 1987 年版。

至夏镇，南至茶城，但因形成不久，习惯上仍沿用各湖原名称。各湖虽然名称各异，实际上湖泊之间并无明显的限隔，北自南阳坝，南至利国监，绵延200余里，成为兖、徐间一茫茫巨浸①，为"两省第一要紧水柜"②。

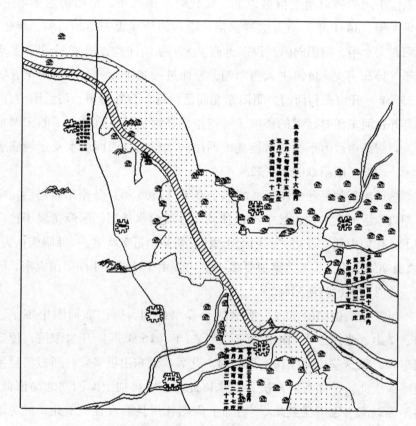

图4—5　乾隆二十二年的南阳湖③

南阳湖出现很早，但很晚才最终定型。嘉靖四十四年（1565 年）引黄济运，牛头河下游淤积严重，南阳湖所在洼地蓄水增加。南阳新河开挖后，遇山水东突，则以南阳湖为潴蓄之池，增加了湖水来源。④ 万历三

① 参见（清）靳辅《治河奏绩书》卷1《微山湖》。
② 水利水电科学研究院编：《清代淮河流域洪涝档案史料》，中华书局1988 年版，第467 页。
③ 改绘自中国第一历史档案馆藏军机处录副奏折，档案号03－0978－044。
④ 参见《明穆宗实录》卷31，隆庆三年四月丁丑。

十二年（1604 年），河决单县苏家庄，北灌南阳，"鱼台、济宁间平地成湖"①，出现了农田沦入水的情况。不过至清朝初年，南阳湖仍未形成具有独立名称的湖泊，鱼台县以东仅有独山、昭阳二湖，分别位于南阳新河的东西两岸，故顺治初年谈迁《北游录》中有"独山湖，即南阳湖也"的说法。直到康熙中期以后，南阳湖水面不断扩大，向北扩展至济宁州境内。② 这一时期南阳湖的扩大，与牛头河的开挖有关，牛头河下游改在鱼台西北塌场口入运，使南旺以南宋家洼之水以及济宁以南洼地之水都经牛头河泄入昭阳湖。康熙二十九年（1690 年），又于济宁县西北疏挖了新开河，自钓鱼嘴与牛头河交汇，同注谷亭，西部坡水顺河注入南阳湖，使湖面不断扩大，周围 40 多个村庄及大片良田化作"沉地"。

二　运道开凿与苏北地区的湖泊环境

（一）运道开凿与骆马湖

骆马湖原为蓄积马陵山西坡诸水之所，南与黄河相邻，并有口门与黄河相通。沂、沭水顺利注泗时，马陵山与泗水间洼地内并无常年积水。黄河主流由泗入淮后，沂、沭水下泄不畅，漫溢积水现象增多。骆马湖的形成与明清时期的河道工程有关。

万历三十二年（1604 年）开泇河，修筑泇河东堤以抵御沂沭洪水，骆马湖积水更多。③ 泇河开成后，夏镇以南不再绕道徐州，由夏镇东经台儿庄至泇沟，利用滕、峄山泉及薛河、沙河、吕孟、昭阳、微山等湖之水。泇河南至皂河利用沂河及郯城以北诸山泉之水。沂、武诸河入黄水路受阻后汇入骆马湖，将原来的周、柳等湖连成一体，水域不断扩大。天启四年（1624 年），漕储参政朱国盛开骆马湖新运河 57 里，自邳州直河东岸马颊口，至宿迁董沟东湖口，避刘口及磨儿庄直口之险，名通济新河。五年（1625 年），总河李从心开宿迁陈沟新运河 10 里。崇祯五年（1632 年），总河朱光祚疏浚骆马湖，避黄河之险 13 处。崇祯末年（1644

---

① 《明神宗实录》卷 399，万历三十二年八月辛丑。
② 参见（清）谈迁《北游录·纪程》。
③ 参见陈远生、何希吾等主编《淮河流域洪涝灾害与对策》，中国科学技术出版社 1995 年版，第 11 页。

年），凿断马陵山脊，开拦马河向下游泄水，使骆马湖上承沂、沭、泗、泇之水，蓄水济运。清顺治七年（1650 年），董口淤，运道改从骆马湖。康熙八年（1669 年），董口决，运道改从骆马湖穿过。十八年（1679 年），靳辅另开皂河于骆马湖旁，以便牵挽船只。两年后，皂河为黄河泥沙淤塞。二十五年（1686 年），靳辅又于清河县西黄河北岸开中河一道，自张庄引骆马湖水凿渠而东，又由遥缕二堤间历宿迁、桃源达清河县西仲家庄口，避黄河 180 里之险。

运道的开凿影响着骆马湖的变迁，而骆马湖的形成又对中运河的开挖和水量调节带来一定的影响。中河开凿前，骆马湖南岸的十字河口门用以泄水入黄河，中河开凿后变为由此口泄入中河，以助运河水势之不足。中运河的开凿使减水河变为引水河，骆马湖成为运河的水柜。康熙、雍正间，运河与骆马湖间多建竹络坝，用以调节水量，同时，在骆马湖尾间和中运河左岸刘老涧建减水坝，宣泄湖东运河多余水量，由六塘河泄水。骆马湖自此成了一些河流的新汇流处。①

（二）运道开凿与蛤鳗、连汪诸湖

蛤鳗、连汪、周、柳诸湖均位于骆马湖以西，其中蛤鳗湖周长 20 里，连汪湖周长 15 里，周湖周长 20 里，柳湖周长 15 里，四湖合在一起相当于骆马湖大小。当时骆马湖的周长也不过 60 里。② 上述湖泊通过泇河与微山、骆马等湖连通起来，泇河南会彭河水，从马家桥东，过微山、赤山、吕孟等湖，再过葛墟岭，往南经侯家湾、良城至泇口镇，与蛤鳗、连汪诸湖会合。泇河再往东会沂河水，经过周湖、柳湖，接邳州以东的直河。东南到达宿迁的黄墩湖、骆马湖，从董、陈二沟入黄河。③

随着泇河的开凿，上述湖泊环境不断变化。隆庆六年（1572 年），工部尚书朱衡请求开泇口，礼科给事中雒遵勘察后发现：泇口须经蛤鳗、周、柳诸湖，乃达邳州直河口入黄，并且蛤鳗、周、柳诸湖需要水中筑堤，花费太多。开泇河之议遂罢。万历二十年（1592 年），总河舒

---

① 参见孙益群、刘烨、孙东坡《徐州以下黄河故道区域开发略论》，载《明清黄河故道考察研究》，河南大学出版社 1998 年版，第 337 页。
② 参见（明）申时行《大明会典》卷 197《湖泉》。
③ 参见《明史》卷 87《河渠志五》。

应龙建议开韩庄支渠，借道吕孟、赤山诸湖入伽河，然后东行会沂、沭河，由周、柳诸湖出邳州直河口，以泄微山湖积水，使不病漕。二十八年（1600 年），御史佴祺又提出开伽河。工部认为伽河为漕，有利无害，不过周、柳诸湖上下可"别凿漕渠，建闸节水"①。三十二年（1604 年）总河李化龙开成伽河，弃王市以下 30 里之伽河，自王市取直达柳林直浦亭西南，至王庄，以避连汪、周、柳诸湖之险。据《大清会典》记载，随着伽河的开通，到清代时，上述诸湖已经废弃，被排除在运河系统之外。蛤蟆、连汪诸湖经历了从最初利用到后来抛弃的转变，加速了湖泊淤废的速度。

综观黄运地区运道的迁移，目的在于防止黄河冲淤，避黄行运，确保漕运畅通。这一过程中，不仅运河与湖泊的关系发生变化，而且湖泊或因湖面扩大成为新水柜，或因水柜变为水壑而失去济运功能，或者被运河所抛弃，逐渐湮没废弃。湖泊的变化还会引起通湖水源的变化，增加或减少入湖的河流。但无论如何变化，都是湖泊环境的变化。

第三节　闸坝修筑与湖泊环境的变迁

明黄承玄《河漕通考》载曰："河低河仰则可资以蓄，以济运河之不足，如山东之安山、南旺、马场诸湖及江南之练湖是也；河亢河卑则可资以泄，以减运河之有余，如沛县之昭阳诸湖是也；方河水盛时，则自河注湖以杀夏秋之涨，河水落时，则自湖注河以济冬春之竭；天然水柜，互相灌输，则如邳宿之侍邱、落马、黄墩、周、柳诸湖是也。"② 道出了湖泊与其他水体的三种关系，即蓄水、杀水、互相灌输。其中最重要的是"或蓄水，或杀水"③，即湖泊的蓄泄问题。而湖泊蓄泄主要依赖闸坝工程，故本节主要从蓄水、泄水闸坝工程来分析湖泊环境的变迁。

---

① 参见《明史》卷 87《河渠志五》。

② （明）黄承玄：《河漕通考》卷下《诸湖》。

③ （清）薛凤祚：《两河清汇》卷 1《运河修守事宜》。

一　蓄水闸坝与湖泊环境

黄运地区的湖泊主要服务于运河漕运，是重要的蓄水工程，根据运河与湖泊位置关系以及蓄水、泄水用途不同，可分为水柜和水壑。一般认为，"湖在河东者，皆蓄水以济运，谓之水柜；湖在河西者，皆建闸以泄水，谓之水壑。"①"在运河东者，储水以益河之不足，曰水柜。"②"惟蜀山、马踏在漕岸之东，可称水柜。南旺西湖及安山湖在漕岸之西，单称水壑，不可称水柜。"③ 实际上，仅根据湖泊相对运河的位置判断水柜与水壑是不准确的，还应考虑相对运河的蓄泄用途的差异。作为水柜的湖泊，可积蓄水源，为运河漕运供水；同样，作为水壑的湖泊，也可分担积蓄运河多余的水，保证运道安全。因此，无论是水柜还是水壑，都利用了湖泊的蓄纳功能，通过存取来调节运河水量，都应视作蓄水工程。故《淮河环境与治理》一书将水柜和水壑分别对应现代的"水库"和"滞洪区"④，突出了其长期或临时蓄水的功能。

（一）湖泊水柜

"柜者，蓄也，湖之别名也。"⑤"凡济运蓄水，必以水柜。"⑥ 黄运地区的北五湖、南四湖、骆马湖、洪泽湖等，都有蓄水济运的水柜功能。其中，最明显的是水源最为紧缺的山东地区的北五湖和南四湖，其次是水源充足的骆马湖，最后是洪泽湖。洪泽湖"三分济运，七分御黄"，除蓄水济运外，更多的是蓄清刷黄。

1. 北五湖、南四湖水柜

山东运河地势东高西低，运河以东的湖泊高于运河河面，可用来蓄水济运。明弘治九年（1496年）成书的《漕河图志》，载运河沿线济运的积水闸，大多位于寿张至徐州之间，沿北五湖和南四湖地段分布，反映了会通河沿线蓄水工程众多的事实。明初，利用汶上、东平、济宁、

---

① （明）胡瓒：《泉河史》卷4《河渠志》，引河道都御史翁大立"开废渠泄积水疏"。
② 乾隆《山东通志》卷126《运河考》。
③ （清）张鹏翮：《治河全书》卷4《张秋河图说》。
④ 张义丰、李良义、钮仲勋主编：《淮河环境与治理》，测绘出版社1996年版，第114页。
⑤ （清）靳辅：《治河方略》卷4《会通河》。
⑥ （明）朱国盛撰，徐标续撰：《南河志》卷4《治水条议疏》。

沛县等地区湖泊设立水柜，以积蓄泉水，调节运河水量，"漕河水涨，则潴其溢出者于湖，水消则决而注之漕"①，此即著名的昭阳、马场、南旺、安山四大水柜。上述四大水柜，除昭阳湖属南四湖外，其他三湖均属北五湖。

昭阳湖在运河东北方向，四周高、中间低，明初作为水柜。永乐八年（1410年）于东西二湖口建板闸，成化八年（1472年）改为石闸，弘治七年（1494年）重修。遇漕河水涸，开闸放湖水入薛河，由金沟口闸达漕河。② 嘉靖二十年（1541年），浚南旺、安山、马场、昭阳四湖，置闸坝斗门。

马场湖位于济宁城西10里处，在漕渠北岸，成书于万历初的《治水筌蹄》称马场湖"周四十里有奇，俱水占，可柜不可田"。嘉靖二十年（1541年）浚马场湖，置闸坝斗门。万历间修复马场湖安居斗门3座，禁止占湖种麦。府河、洸河是马场湖的重要水源，而且冯家滚水坝也泄蜀山湖之水入马场湖。马场湖多余的水由安居、十里等处斗门，宣放济运。后因府河淤，马场湖淤垫。

南旺湖最初为一个大湖，明初形成南旺、蜀山、马踏三湖。成化间，山东按察司佥事陈善因南旺湖水涨入大薛湖，于大薛湖南筑坝障水。弘治九年（1496年）成书的《漕河图志》称其"萦回百五十余里"。万历初成书的《治水筌蹄》称南旺湖周围79里，可开垦者374顷60亩，可作水柜者1607顷80亩。万历十七年（1589年），开浚南旺湖，于五里铺建石坝一座，有闸门连通河湖，"渠水涸，湖水亦涸"③。南旺三湖中的另外两个是蜀山湖和马踏湖。蜀山湖位于汶河南岸，通过永定、永安、永泰三闸收蓄汶河伏秋多余之水入湖，由金线、利运二闸放水济运。马踏湖位于汶河北岸，通过徐建口、李家口二闸收水入湖，再由新河头、宏仁桥二闸放水济运。嘉靖二十九年（1550年），因马踏、南旺、蜀山三湖堤岸湮废，居民侵种过半，徒有水柜之名，任城主事聂栎建小河口减水闸6座。万历初，测得蜀山湖周围59里，可垦殖者172顷，可作水柜者

① 《明史》卷85《河渠志三》。
② 参见（明）王琼《漕河图志》卷1《直隶沛县》。
③ （明）王琼：《漕河图志》卷2《诸河考论·汶河》。

1539 顷。而马踏湖几乎全为民占，可作水柜者无几。① 万历二十一年（1593 年），开马踏湖月河及通济闸。南旺湖仅运河以东部分起到水柜的作用，南旺西湖多受泥沙的沉淀。因将山泉引到运河，造成水土流失，"霖雨骤至，则数百里之泥沙尽洗，而流入汶河，至南旺则地势平洋，而又有二闸横拦，故沙泥尽淤，比他处独高，每水涨一次则淤高一尺，积一年则高数尺，二年不挑则河身尽填"②。南旺、马场诸湖"积沙淤塞，堤岸颓废，蓄水不多之危害"③。

清初，测得蜀山湖周长约 65 里，其积蓄湖水的工程有南月河口、胡家楼口、邢家林口、田家楼口以及长沟滚水石坝，湖中水多时，由冯家坝、陈蔡口滚入马场湖。后因冯家坝被堵筑闭塞，马场湖只接受府河、泗河来水，不用蜀山湖水。并测得马踏湖周长约 34 里，通过北月河口、徐建口、王士义口收水入湖，再由新河头、弘仁桥放湖水入运，其中弘仁桥被称作马踏湖之门户。④ 新河头系马踏湖入河济运处，雍正三年（1725 年）题准将土坝改建石闸。四年（1726 年），派钦差勘议南旺、独山、马踏湖，增修堤堰闸坝支河，添建斗门闸板，以确保运河水源。同年修东岸新河头闸，金门宽 1 丈，高 1 丈 8 尺，泄马踏湖水济运。⑤

安山湖也曾是蓄水济运的水柜。正统三年（1438 年），知州傅霖于安山湖口建闸蓄水。⑥ 弘治十三年（1500 年），通政韩鼎量得湖面积约 80 里，置立界牌、栽植柳株加以保护。嘉靖年间河道都御史王廷奏称，安山湖被人挖堤盗种，以致湖干水少，周围仅 73 里。嘉靖六年（1527 年）于安山湖内筑新堤置小水柜，周围仅 10 余里，湖泊急剧缩小，运道枯涩，漕挽不通。⑦ 万历六年（1578 年）清丈安山湖，发现高而宜田者约 77 顷，卑而宜柜者仅 416 顷，当时有人建议于高下相承之处筑束湖小坝，

---

① 参见（明）万恭《治水筌蹄》卷下《运河》。
② （清）张伯行：《居济一得》卷 2《南旺分水》。
③ （明）黄管：《论治河理漕疏》，载《明经世文编》卷 156《黄宗伯文集》。
④ 参见（清）张伯行《居济一得》卷 2《蜀山湖》，卷 4《马踏湖》《弘仁桥建闸》。
⑤ 参见道光《直隶济宁州志》卷 1《大事（十二）》。
⑥ 参见（明）王琼《漕河图志》卷 1《漕河》。
⑦ 参见（清）陆耀《山东运河备览》卷 6《捕河厅河道》，引《问水集》；（明）胡瓒《泉河史》卷 4《河渠志》，引河道都御史王廷奏疏。

堤内柜水济运，堤外听民垦殖。十六年（1588年）于似蛇沟、八里湾增建二闸，以为蓄泄之需。[①] 清康熙十八年（1679年），河督靳辅派官丈量安山湖荒地925顷，任由民间开垦佃种。[②] 到康熙后期，"安山湖地遂为纳租之地，而不为蓄水之湖矣。以致数十年来，每遇天旱，东昌一带辄有胶舟之患，粮运迟滞"[③]。故雍正《山东通志》称安山湖"久已废为民田矣"。

围绕北五湖水柜的闸坝工程，乃为确保湖泊水柜的作用，以免因豪强侵占而影响蓄水。此外，山东地区蓄水济运的湖泊还有独山、微山、郗山等南四湖水柜，"涸则引湖水入槽，随时收蓄，接应运河"[④]。

独山湖受泗河、白马河、潺河以及济宁、鱼台、邹、滕等州县山泉坡水。嘉靖四十五年（1566年）开南阳新河后，滕县各山泉之水无所泄，潴成独山湖。于是疏凿王家口，导引薛河入赤山湖，疏凿黄浦，引沙河入独山湖，"旱则济运，涝则泄之昭阳湖"[⑤]。"独山为蓄水济运之湖，昭阳为役水保堤之湖"[⑥]，利建闸为独山湖济运的重要通道。清雍正间内阁学士何国宗奏称，独山湖束水土坝用以蓄水济运。[⑦] 乾隆二十五年（1760年），为增加济运水源，巡漕给事中耀海建议将独山湖水南流的金线闸移于柳林闸北，以便独山诸湖全注北运河。

"赤山、微山、吕孟，原非柜也，新河障田成湖，而马家桥诸口决之大济运，无柜之名，有柜之实。"[⑧] 微山湖西北承南旺、马场、昭阳、南阳之水，北承独山之水，又纳赵王河、牛头河坡水，以济江南运河。[⑨] 万历二十一年（1593年），总河舒应龙挑挖韩庄中心沟，引湖水由彭河注泇河，以入黄河，泇口始开。万历后期泇河开成，微山湖成为泇河的主要

① 参见（清）叶方恒《山东全河备考》卷2《河渠志上·诸湖蓄泄要害》。
② 参见（清）陆耀《山东运河备览》卷6《捕河厅河道》。
③ （清）张伯行：《居济一得》卷4《复安山湖》。
④ 《清史稿》卷127《河渠志二》。
⑤ （清）靳辅：《治河奏绩书》卷1《河决考》。
⑥ （清）薛凤祚：《两河清汇》卷3《运河》。
⑦ 参见《清世宗实录》卷46，雍正四年七月甲辰。
⑧ （明）万恭：《治水筌蹄·运河》。
⑨ 参见（清）俞正燮《癸巳存稿》卷5《会通河水道记》。

水源，"为两省第一要紧水柜"①。微山湖口吕坝、满坝遇河水盛大，或伏
秋水发，即开坝收水入湖，蓄以济运。雍正十一年（1733 年）诏曰，微
山、郗山等湖皆运道所资以蓄泄，昔人名曰水柜，因土人乘涸占种，渐
致狭小。雍正《山东通志》记载微山湖长 92 里，湖之东岸上流有坝一
座，水口二座，桥闸各一座，俱减水入湖。② 乾隆《水道提纲》记载微山
湖南北长 150 里，东西宽 50 里。乾隆二十三年（1758 年），微山湖湖口
闸以北添建滚水坝，口门宽 30 丈，水大则漫坝宣泄，水小则收蓄济运。
二十九年（1764 年），韩庄湖口闸以北添建石坝一座，名曰湖口双闸，以
畅泄微山湖水。次年，因微山湖蓄水过多，濒湖洼地每多淹浸，崔应阶
等奏请宣泄微山湖水。四十七年（1782 年），建徐州黄河北岸潘家屯坝
10 丈，引黄水入微山湖，蓄水济运。

"微山湖为东省水柜，收蓄济运，最关紧要。"③ 乾隆皇帝《微山湖》
诗生动地描绘了其作为水柜的功能："受涝利民田，输川济漕运；水柜功
实巨，节宣要勤慎。"④ 为保证微山湖的蓄水量，湖口设有测量水位的志
桩。黄河夺大清河入海以后，咸丰、同治、光绪时期，水柜湖田由禁垦
到放垦，水柜淤废。

2. 骆马湖水柜

宿迁西北的"骆马湖，为中河水柜"⑤，上承山东蒙沂各山泉之水，
每年秋冬潴蓄，次年由沿湖王、柳二闸及驻车头、竹篓坝口门启放入运，
接济宿迁以下运河。与山东地区北五湖、南四湖的情况一样，骆马湖也
是与运河相连的湖泊，但作为运河水柜的时间要晚一些。

骆马湖本为农田，因明末黄河漫溢而蓄水。天启六年（1626
年），总河李从心在宿迁西筑堤，遏山东沂水入湖。夏秋水发时不碍
行舟，冬春水涸时需于湖中捞浚，浮送漕船北上，结果导致水环境恶
化，"宿邑骚然苦之"。康熙十六年（1677 年）骆马湖淤浅，十九年

---

① 水利水电科学研究院编：《清代淮河流域洪涝档案史料》，中华书局 1988 年版，第
467 页。

② 参见乾隆《山东通志》卷 19《漕运·水柜》。

③ 《清会典》卷 913《工部五二·河工一三·疏浚一》。

④ 康熙《南巡盛典》卷 18《微山湖》。

⑤ （清）郭起元著，蔡寅斗评：《介石堂水鉴》卷 5《禹王台石戗说》。

(1680 年）靳辅"取水中之土，以筑水中之堤"，开成了 40 里的皂河。二十五年（1686 年），靳辅自清河县运口至张庄运口开中河一道，历宿迁、桃源、清河，计 180 里。湖与中河相连，当重运经临之时，则开闸放骆马湖清水济运。回空过后，则闭闸蓄水，与微山、蜀山等湖水柜无异。① 中河之水全借于骆马湖，故"骆马湖湖水之赢缩，所系綦重也"②。

骆马湖的水源是沂河、沭河、白马河，最初沭河不流入骆马湖，后因禹王台工程被毁，沂沭合流，致骆马湖难以容纳，"沂、郯、邳、宿并罹昏垫"③。康熙二十八年（1689 年），河臣王新命重修禹王台，建竹络石坝，以减轻骆马湖的压力，但一遇天旱泉微，湖水浅涸，仍有水源不足之困。骆马湖南岸有五孔闸为通湖济运口门，建于雍正五年（1727年）。

骆马湖原利用十字河口门引湖济运，兼蓄清刷黄，后因湖水微弱，黄水倒灌，遂堵闭河口，建拦湖坝，致湖水不通运河，仅依靠黄河水济运，"致中河之水挟沙淤垫"。雍正八年（1730 年），河督稽曾筠建议复开十字河旧口门，引湖水入中河，刷深运道，拦湖坝酌量开宽。④ 乾隆七年（1742 年）五月，因邳宿一带虽有微山、骆马湖水，但所蓄不多，且通流不畅，于上游梁家山开浚支河二道以济运道。中运河水小之年，骆马湖水柜不敷使用，甚至转资黄水济运，以致挟沙下刘老涧，淤垫六塘河归海之道。五十年（1785 年），因担心百姓开垦湖内滩地，盗决堤堰，大学士阿桂建议禁止耕种，不准借名升科侵占。嘉庆十五年（1810 年），漕运总督许兆椿奏称骆马湖济运引渠日渐淤高，皇帝下旨称，"其垦种已久，无碍河渠者，可仍循其旧。如有私垦湖滩，致妨水道者，严行禁止"⑤。

---

① 参见（清）郭起元著，蔡寅斗评《介石堂水鉴》卷 5《骆马湖说》。
② （清）郭起元著，蔡寅斗评：《介石堂水鉴》卷 2《淮徐运河论》。
③ （清）陆耀：《山东运河备览》卷 8《泉河厅诸泉》引《沂州府志》。
④ 参见《清史稿》卷 127《河渠志二》。
⑤ （清）载龄等修纂：《户部漕运全书》卷 42《河闸禁令》。

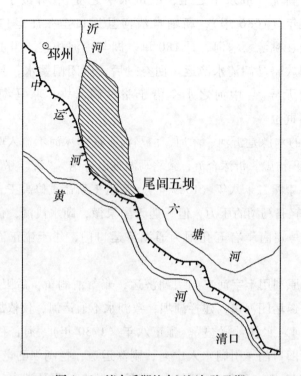

图4—6　清中后期的中运河与骆马湖

3. 洪泽湖水柜

洪泽湖原是泄水不畅的洼地，后积水形成许多小湖。汉代为富陵湖，隋代为洪泽渠，宋代为陈公塘，元时于此地设屯田万户府。明初，陈瑄"虑淮水涨溢，则筑高家堰堤以捍之"①。明中期以后，淮河泄流日益不畅，湖泊水位增高，湖面扩大，与阜陵、泥墩、万家诸湖合而为一，通称洪泽湖。明后期，潘季驯重筑高家堰，"捍御洪泽全湖水势，保护淮扬两郡民生，蓄清刷黄，通漕济运"②。

清康熙间，为补充水源，靳辅采取了"分黄助清"的策略，在徐州王家山、十八里屯等处宣泄黄河水南下，沿途沉淀后汇入洪泽湖。但"黄强淮弱"，黄河倒灌对洪泽湖水柜的负面影响极大，导致洪泽湖淤垫。

---

① 《明史》卷84《河渠志三》。
② （清）郭起元撰，蔡寅斗评：《介石堂水鉴》卷2《高堰石工论》。

湖水不出，自高家堰各坝流入高、宝诸湖，再自高、宝湖流入运河，以致里下河地区田地尽被淹没。为解决黄水倒灌入湖的问题，总河董安国建清口东西束水坝，用以御黄束清。康熙三十五年（1696 年）泗州城沦陷湖底，湖面面积愈广。四十年（1701 年）规定，如逢漕船正行之际，黄河水暴涨，关闭裴家场引河，引洪泽湖清水由三汊河通过济运坝，循靳辅所开七里闸河至文华寺入运，以济漕运。① 乾隆四年（1739 年）奏准，江南河工天然南北二坝收束诸湖之水，为洪泽湖之关键，责令管河道员封固，永不许开。二十二年（1757 年），江南河道总督白钟山奏言，必须保证清水足够的水量，以便敌黄济运。五十年（1785 年），由于连续干旱，洪泽湖几近干涸，遂采取引黄济运的措施，虽然此次"借黄济运乃系一时权宜"，仍导致清口一带淤积更加严重，此后不得已将湖水筑坝闭住。②

（二）湖泊水壑

前已述及，水柜与水壑是相对运河而言，不仅指湖泊相对运河的东西位置，还指相对运河的蓄泄功能。史书中有关"水壑"的专门词汇，仅见于山东运河沿线的湖泊。山东东部为泰沂山地，地势东高西低，故水壑多位于运道以西，如安山湖、南旺湖、微山湖、昭阳湖，但部分运河以东的湖泊也有水壑的功能，如马场湖、独山湖。山东运河湖泊水壑有三种情况：一是既发挥水柜作用，又发挥水壑作用，如安山湖、南旺湖、马场湖、微山湖；二是前期发挥水柜作用，后期发挥水壑作用，如昭阳湖；三是仅发挥水壑的作用，如南阳湖。下面分别叙述之。

明初，工部尚书宋礼在昭阳、南旺、马踏、蜀山、安山诸湖设立斗门，漕河水涨，则潴其溢出者于湖，水消则决而注之漕。③ 清康熙年间，南旺湖萦回 200 余里，减水闸 18 座④，每当伏秋运河盛涨，则开南旺湖临运各斗门，分泄收蓄，以保运堤。若湖水过大，则多余之水出芒生闸由牛头河入南阳湖。⑤ 利运闸分泄多余的蜀山湖水，由焦鸾、盛进、张箱

① 参见（清）靳辅《治河方略》卷 2《南运口》。
② 参见《清高宗实录》卷 1247，乾隆五十一年正月辛酉。
③ 参见《明史》卷 85《河渠志三》。
④ 参见（明）陈黄裳《漕河议》，载康熙《聊城县志》卷 4《艺文志》。
⑤ 参见李大镛《河务所闻集》卷 1《运河图考》。

三口入南旺湖，蓄以待用，蜀山湖以北民田可"免致漫淹"①。张伯行《居济一得》载曰："济宁南乡一带，地势洼下，迩来迭罹水患，有地不尽耕种，悬磬兴嗟，哀鸿堪悯。皆因杨家坝开通放水，不入马场济运，而径由运河转至南阳湖。南阳一湖不能容纳，遂漫入南乡一带，是以民田受淹。"

乾隆时，南阳、昭阳、微山等湖的宣泄路径有两条：一自江南省小梁山、茶山等处出口，由荆山桥至王母山归入运河；一自山东湖口闸入运，由得胜、六里、巨梁、万年、丁庙、顿庄、侯迁、台庄等闸以及江南之河清、河定、河成三闸，经宿迁、桃源，过清河之双闸以抵杨家庄，然后再分两路：一路由草坝归入黄河，一路由盐河闸坝下注入海。② 乾隆四年（1739年）连日大雨，各处山水、坡水奔赴运河，于是将出水桥闸、斗门、涵洞全部开放，泄水入南旺、南阳、安山等湖，以保运河闸坝工程。十四年（1749年），泰山山地洪水暴发，汶、泗、府三河并涨，各湖皆湖水盈槽。从东昌至东平，虽有安山湖分泄，但因水流较急，低洼处河湖相连。从安山至南旺分水口，蜀山、马踏等湖河连为一体。

马场湖"与运河相通，河水稍盈，即泄入湖"③，发挥了水壑的作用。杨家坝一旦泄水，济宁以北的马场湖会很快干涸，总河杨方兴奉旨关闭，但因济宁当地士绅百姓垂涎马场湖肥美的湖田，时常盗开杨家坝。被开垦的马场湖失去了蓄水作用，一遇雨水连绵，山洪暴发，大水四处泛滥，很容易淹没民田、损坏运堤。因此张伯行建议清查湖界，北面建湖堤一道，严禁围垦侵种。④

微山湖位于运河以西，南旺湖多余的水可从湖下游芒生闸出牛头河，经南阳湖、昭阳湖进入微山湖。每逢运河水大难容时，便由位于耐牢坡河口的永通闸泄运河水入牛头河。后来永通闸被堵闭，运河水无处宣泄，导致天井闸水流湍急，粮船通行困难，尽管每艘船用夫数百名，每天也不过通行数艘，导致漕运延迟，故康熙间张伯行提出复建此闸的

---

① （清）张伯行：《居济一得》卷2《利运闸》。
② 参见《清高宗实录》卷544，乾隆二十二年八月甲子。
③ 乾隆《山东通志》卷126《运河考》。
④ 参见（清）张伯行《居济一得》卷1《闭杨家坝》。

建议。

　　泇河开凿后，韩庄、台庄诸闸的修建使得微山湖地位日趋重要。洪水季节，沙河、薛河、彭河诸水可通过闸坝入湖蓄存。枯水季节，泇河水浅，则放水济运。蜀山湖多余积水可通过南旺上闸以南的利运闸，泄入微山等湖。微山湖过多的蓄水，一由关家坝下之荆山河、伊家河，分泄入江北运河，一由湖口双闸放水入运，接济韩庄以下八闸，以利航路。① 明代昭阳湖设减水闸 14 座，遇河流泛滥涨水，则开启闸门宣泄运河水，下达微山等湖以济韩庄闸以东泇河运道。到清康熙时仅存 4 座，运河水大时无法宣泄，致使冲决堤岸，淹没农田，为害甚大，因此张伯行建议修复减水旧闸。② 嘉道间河督黎世序以及思想家魏源对此多有批评，称"泇河厅但求蓄水之多，而不顾地方被淹之苦"，"山东微山诸湖为济运水柜，例蓄水丈有一尺，后加至丈有四尺，河员惟恐误运，复例外蓄至丈有六七尺，于是环湖诸州县尽为泽国"③。

　　乾隆二十二年（1757 年）挑挖伊家河，与运河平行，上起微山湖，自峄县韩庄西南绕过八闸至黄林庄入运，长 12463 丈，口宽 8 丈，底宽 4 丈、1 丈 2 尺至 1 丈 4 尺不等。④ 伊家河是微山湖高水位时的重要减水河，还可兼排南岸的山洪。伊家河排放湖水后，曾涸出被淹土地 3000 余顷。⑤ 二十三年（1758 年），山东微山湖湖口闸以北，添建滚水石坝一座，水大则漫坝宣泄，水小则收蓄济运。二十五年（1760 年）夏，汶河以及赵家口、大泛口山河涨水，济宁以南各闸、月河及两岸单闸桥坝一律开放，并将湖口滚坝内土坝的南裹头全部拆除，使洪水分别流入昭阳、南阳、微山等湖，再从湖口闸畅泄。⑥ 二十六年（1761 年），连日大雨，运河两岸的兖州府各州县坡水皆由各支河流入南阳、昭阳、微山等湖，以致湖

　　① 参见潘复《山东南运湖河疏浚事宜筹办处第一届报告·序》。
　　② 参见（清）张伯行《居济一得》卷 2《减水闸》。
　　③ （清）黎世序：《论微湖蓄水过多书》，载《清经世文编》卷 104《工政十·运河上》；（清）魏源：《筹漕篇下》，载《魏源全集》（第 12 册）。
　　④ 参见光绪《峄县志》卷 12《伊河》。
　　⑤ 参见《清高宗实录》卷 553，乾隆二十二年十二月甲申。
　　⑥ 参见《清高宗实录》卷 614，乾隆二十五年六月甲戌。

水、河水并涨①，危及闸座和漕运。二十九年（1764年），韩庄湖湖口闸以北添建石坝一座，名曰湖口双闸，以畅泄微山湖水。但作为运河水柜的微山湖，因蓄水过多，造成周围农田的淹浸与洪涝灾害的频发，对沿运地区的农业生态产生了严重的消极影响。②

昭阳湖最初为水柜，后来才发挥水壑的作用。嘉靖四十五年（1564年）南阳新河开凿后，促成新的水柜独山湖形成，同时也将昭阳湖由水柜变为水壑。"独山为蓄水济运之湖，昭阳为役水保堤之湖"③，昭阳湖"仅可以泄而不可以潴"④。时至今日，汇入南四湖的河流有洸府河、白马河、界河、北沙河、洙赵新河、万福河、东鱼河等近20条，而洪水出路主要有韩庄运河、伊家河和不牢河3条。因南阳新河"非有以宣泄必溃"，隆庆元年（1567年）秋建减水闸14座。⑤ 次年疏浚"回回墓"支河达鸿沟，引昭阳湖水出沟入漕河。六年（1572年）筑昭阳湖堤，以防黄河侵袭，却阻碍了运河之水入湖，"于是淤填日积，居民树艺承粮，谓之淤地"⑥，加速了湖泊被开垦的速度。万历初，昭阳湖已不能发挥济运功能，"盖洪沟之出涓涓耳，无足恃也"⑦。到清雍正时，昭阳湖为居民占种私垦。乾隆时，昭阳湖水源上承南阳湖水并济宁、鱼台、金乡、单县、曹州、定陶等州县坡水，"水柜仅堪泄水"⑧。

南阳湖则自始至终是作为水壑使用的。隆庆二年（1568年）建减水闸14座，泄南阳新河水入南阳湖。清初，南阳湖一带原有减水闸32座大部分毁坏，导致多余的水无法入湖，南阳一带"每年溃决"，冲出许多小的河流。清康熙间，张伯行发现山东南阳一带每年溃决，原因在于旧有

---

① 参见水利电力部水管司、科技司、水利水电科学研究院《清代黄河流域洪涝档案史料》，中华书局1993年版，第147、185、243页。

② 参见曹志敏《清代山东运河补给及其对农业生态的影响》，《安徽农业科学》2014年第15期。

③ （清）薛凤祚：《两河清汇》卷3《运河》。

④ （明）黄承玄：《河漕统考》卷下《河运·诸湖》。

⑤ 参见（明）李东阳《南阳湖石堤减水闸记》，载万历《兖州府志》卷20《漕河》。

⑥ （清）张鹏翮：《治河全书》卷7《鱼台县》。

⑦ （明）万恭：《治水筌蹄》卷下《运河》。

⑧ 《清史稿》卷127《河渠志二》。

减水闸 32 座，今皆无存，所余者三两座。水不得归湖，是以溃决堤岸。①
到乾隆年间，南阳湖彻底成为无法排水的水壑。

二 泄水闸坝与湖泊环境

与蓄水工程相对的是泄水工程，湖泊泄水是通过湖堤上的闸坝工程
实现的。通过闸坝将运河水排入湖泊，或将湖泊多余的水排出，以确保
湖泊及运道安全。

（一）山东湖泊的泄水闸坝

就山东地区的北五湖、南四湖而言，是通过专门在湖堤上修建的斗
门、单闸、减闸来控制水流进出的。斗门，又称陡门，首要的功能是分
泄水沙，"一以杀水势保全运堤，一以撒泥沙免淀河腹"②，"湖有闸及
斗门以泄水"③，"斗门水闸似为湖水设者"④。其次是放水济运，"漕河
水涨，则潴其溢出者于湖，水消则决而注之漕"⑤。《泉河史》载曰：
"今新河西岸多穿斗门，所以为漕河虑则周矣。水有归壑，堤始无
虞。"⑥《清代京杭运河全图》称，"遇伏秋盛涨，开放临运各斗门，分
泄收蓄，以保运堤"。该图显示，山东湖泊与运河相通的地方斗门林
立：南旺分水庙北有常鸣、刑通斗门，分水庙至柳林闸有彭石、孙强、
刘贤斗门，柳林闸以南有张金、盛进斗门，马场湖有安居、十里斗门。
该全图还绘有众多的单闸，主要分布在昭阳湖上，自北而南分别为五
里、赵家、利建、田家、桥头、邱家、石家、邵家、王家、满家、徐家
上、徐家下等。减闸则主要分布在微山湖，有郗山南、马令减闸。⑦

明初，因济运水流"夏秋则涨，冬春而涸，无雨时夏秋亦涸"，工部
尚书宋礼在昭阳、南旺、马踏、蜀山、安山诸湖设立斗门。南旺西湖西
堤斗门，遇汶水盛涨时，南北宣泄不及，即启各斗门，掣水入湖。⑧ 王宠

---

① 参见（清）张伯行《居济一得》卷 1《河堤事宜》。
② （清）薛凤祚：《两河清汇》卷 1《运河修守事宜》。
③ （清）俞正燮：《癸巳存稿》卷 5《会通河水道记》。
④ （明）王琼：《漕河图志》卷 2《诸湖》。
⑤ 《明史》卷 85《河渠志三》。
⑥ （明）翁大立：《开废渠泄积水疏》，载胡瓒《泉河史》卷 4《河渠志》。
⑦ 参见《清代京杭运河全图》，中国地图出版社 2004 年版。
⑧ 参见（清）载龄等修纂《户部漕运全书》卷 43《挑浚事例》。

《东泉志》称，南旺湖干涸在二、三、四月，泛滥在六、七、八月，泛滥时则开减水闸以泄水。成化年间，工部郎中杨恭于南旺分水口南北建南旺上下闸，又于闸左右建斗门，一通马踏湖，一通蜀山湖。平时斗门紧闭，只开中闸放水入运，一遇洪水，则开启斗门，关闭中闸，使泥沙随斗门入湖。① 嘉靖十九年（1540年），昭阳湖淤成高地，河漕侍郎王以旂建议派官清理，添置闸坝斗门。南旺湖堤原有斗门14座，到万历时仅存关家大闸、常明口2处，邢通口、孙强口等12处俱已湮塞。都给事中常居敬建议建寺前铺张住口斗门一座，以便上下接济。② 每年漕船过完以后，如遇伏秋汶河水涨，便设法通过各进水斗门引入南旺湖存储起来，当运河水源不足时，则开十字河济运闸放水南流，或开关家大闸、五里铺滚水石坝放水北流。

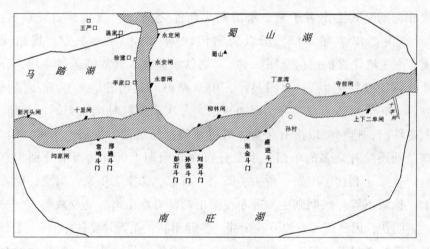

图4—7 斗门林立的南旺湖③

　　清康熙二十三年（1684年），修砌南旺湖十字河斗门，加筑湖堤。因北流之关家大闸及滚水石坝被堵筑，只开十字河，致南流湖水过多，济

---

① 参见（明）王琼《漕河图志》卷1《山东汶上县》；乾隆《山东通志》卷18《河渠志》。
② 参见（明）潘季驯《河防一览》卷14《钦奉敕谕查理漕河疏》。
③ 改绘自《清代京杭运河全图》，中国地图出版社2004年版。

宁、鱼台一带常受水淹，而以北水流不足，东昌一带运河上粮船常遭浅阻。五十五年（1716 年），开微山湖西引河一道，泄湖水下荆山河入运，旋筑蔺家山坝。雍正元年（1723 年），河督齐苏勒奏称："马踏、蜀山、马场、南阳诸湖，原有斗门闸座，加以土坝，可收蓄深广，备来年济运之资。惟独山一湖，滨临运河，一线小堰，且多缺口。"① 四年（1726年），派钦差勘议南旺、独山、马踏三湖，增修堤堰闸坝支河，添建斗门闸板，以确保运河水源。②

乾隆四年（1739 年）连日大雨，于是将出水桥闸、斗门、涵洞全部开放，泄水入南旺、南阳、安山等湖。二十四年（1759 年），建微山湖湖口滚水坝 30 丈。二十九年（1764 年），添建微山湖湖口新闸，合旧闸为湖口双闸。三十七年（1772 年）、三十八年（1773 年），河东河道总督姚立德两次奏称：山东运河为汶、泗、府、洸、沙、赵王等河汇归之区，南旺以南湖地东高西低，两岸有蜀山、马踏、南旺、马场、独山、昭阳、微山等湖，伏秋之时洪水暴涨，湖河难以容纳，应将临湖各闸坝斗门、涵洞、水口皆开放。具体而言，南面将南阳湖下游 18 个水口及西岸 14 座单闸开放，以利于东岸独山湖水穿西岸昭阳湖，下达微山湖，由韩庄湖口闸坝宣泄。北面将蜀山、马踏湖水由利运、金线等单闸泄入运河，使之畅出临清达卫河。而马场湖本受泗、府、洸三河之水，重运已过，不需湖水接济，应照例堵筑黑风口涵洞，使泗水无法流入，则专受府、洸之水，可免泛溢。又南旺湖地居上游，每遇汶水暴涨，由南旺湖的常鸣等 8 座斗门灌入，待船只经过，则开放涵洞宣泄。南旺以北有戴庙等处闸坝，可开启使洪水分道入海。③

马场湖收蓄府、洸二河之水，内有安居等斗门 3 座，当重运经临时，由十里、安居二斗门宣泄济运。马场湖水来自蜀山湖排出的水，由万历十七年（1589 年）所建的冯家滚水坝入湖，湖北岸五里营建束水堤一道以蓄水，建减水闸一座以泄水。又于十里铺、安居各建减水闸一座以备

① 《清史稿》卷 127《河渠志二》。
② 参见（清）陆耀《山东运河备览》卷 5《运河厅河道下》；道光《直隶济宁州志》卷 1《大事（十二）》。
③ 参见《清高宗实录》卷 910，乾隆三十七年六月己卯；《清高宗实录》卷 935，乾隆三十八年五月戊子。

蓄泄，受水之处在北，放水之处在南。自清初冯家滚水坝被堵筑，开五里营堤口，马场湖的水源发生变化：不受蜀山湖之水，而受府河之水，受水之处发生南移，地势低洼，一开斗门，水势直泻而下，无法正常接济运河。故张伯行《居济一得》认为，恢复马场湖蓄水功能的最好办法是将冯家滚水坝改建闸座，使水由大长沟以西的十字河入运。《山东运河备览》也称，"若汶泗水涨，则由斗门宣泄，鸿沟可以纳流。汶泗水消，则斗门封闭，漕河可以免涸"，"水大则由斗门入南旺湖以蓄之，北运用水则放之北行，南运用水则放之南行"，"邢通、刘贤、常鸣三斗门及十里闸下之关家大闸收水入湖"，"永定、永安、永泰三斗门收蓄汶水，出金线、利运二闸济运"①。

以上所述湖泊斗门、单闸、减闸多位于山东运河西岸，故《山东通志》有"在运河西者，分涨水，以泄河之有余，曰斗门"② 的说法。究其原因，在于运堤的修建使湖泊和运河分离，为解决水源问题尤其是排水问题，又需要将二者连通起来，于是有了斗门、单闸、减闸的建设。《明史·运河》有载："永乐九年，于汶上、东平、济宁、沛县并湖地设水柜、陡门，在槽河西者曰水柜，东者曰陡门，柜以蓄泉，门以泄涨。"以上叙述中，将大堤上过水的"斗门"与蓄水的"水柜"相提并论，以"陡门"代替与"水柜"并称的"水壑"的概念，充分表明了斗门作为泄水闸坝的重要性。

（二）苏北湖泊的泄水闸坝

苏北徐淮段的骆马湖、洪泽湖没有斗门、单闸的称呼，但湖水宣泄工程仍不可少，只不过是通过涵洞等其他名称的泄水闸坝排出，如石闸、水闸、涵洞、水口等。至于淮扬段高邮湖、宝应湖地区，又出现了"斗门"林立的情况，但已超出了本课题所研究的黄运地区的范围。

1. 骆马湖泄水闸坝

骆马湖是通过运河与湖泊间的工程，将运河多余的水泄入湖中的。霪涝多雨季节，上游及宿迁诸水全部归入运河，运河不能容纳，需在东岸开涵洞，泄入骆马湖，通过骆马湖尾间的六塘河宣泄多余湖水入海。

---

① （清）陆耀：《山东运河备览》卷5《运河厅河道下》。

② 乾隆《山东通志》卷126《运河考》。

泄出的水历宿迁、桃源至清河县朱家庄，分南北两股：北股经沭阳至安东谢家庄入硕项湖，由海州龙沟、易泽河入潮河归海；南股经安东苏家荡至沭阳孟家渡、武障河入潮河归海。湖水微弱之年，收蓄较易，但湖水过多，再加上风浪发作，搏击漕堤，宿迁城首当其冲，故上段开王家沟以泄湖涨，中段开刘老涧、下段开清河盐河闸以泄运涨。① 按照规定，骆马湖存水至 1 丈 9 尺以上，即将湖尾闾五坝启放，由六塘河归海。雍正六年（1728 年），山湖合涨，水无去路，泛滥上下，为害甚烈。河臣嵇曾筠奏开十字河，浚六塘河，又建五孔闸，以时节宣。同年，河督齐苏勒在骆马湖尾闾建三合土滚水坝 5 座，滚水坝下挑挖引河数里，导水进六塘河入海。宿迁县运河西岸有黄墩湖，受铜、邳、睢三州县诸山之水，湖北为运河，湖南为黄河，堤岸环绕，水无去路，汇成巨浸，每遇风浪冲刷，堤根岌岌可危。

骆马湖还积蓄并宣泄沂河水。最初，沂河正流直达骆马湖，旁流之水由芦口坝以下分注沙家、徐塘二口入运。因泄水口门宽至 100 余丈，泄水量过大，邳州境内民田多被淹浸。康熙二十八年（1689 年）于湖口建竹络石坝，长 55 丈。三十九年（1700 年），河督张鹏翮建刘老涧减水坝，坝下开引河，分泄湖水入六塘河。雍正四年（1726 年），因湖水横冲运道，于运河北岸筑坝断流，次年于骆马湖尾闾坝下挑挖引河六道。乾隆二十年（1755 年）将石坝接长，留口门 30 丈，于是沂水多半归湖，济运者少。三十年（1765 年）奏准，嗣后运河水小之年，应将坝底碎石刨开 5 丈，并于坝南河中修做草坝，拦截沂河之水悉由沙家、徐塘二口济运。② 道光二年（1822 年），骆马湖涸地 1891 顷，咸同年间 3 次续涸 878 顷，导致来水无地容纳，只能注入六塘河。每年汛期，洪水涨发，汇归湖内，秋冬水势渐消，滩地涸出，播种麦子，从此形成一水一麦的格局。③

2. 洪泽湖泄水闸坝

"湖之有利于河也，在南则利于黄者为洪泽，在北则利于运者为南

---

① 参见（清）郭起元著，蔡寅斗评《介石堂水鉴》卷 5《骆马湖说》。

② 参见（清）载龄等修纂《户部漕运全书》卷 42《修建闸坝》。

③ 杨勇：《沂沭泗水系演变及洪水治理》，《水利规划与设计》2005 年第 2 期。

旺,盖洪泽以其清可刷浊,而南旺以其高可驭卑也。"① 洪泽湖"为东南诸水总汇之区"②,"以七百余里之地为六省水道之尾闾"③。其泄水出路主要有两条:东北入黄河(淮河),东南入长江。但东北入黄河(淮河)的清口一带因泥沙淤积,出水不畅,甚至黄水倒灌。

明嘉靖年间,在高家堰设立了高良涧、古沟、周桥等减水石闸。隆庆六年(1572年),总漕王宗沐重修高家堰。不过当时只把它当作淮河防洪堤,没有与治黄联系起来,没有蓄水意图,而且不久又被冲决了。④ 万历六年(1578年),潘季驯第一次把黄淮运问题联系起来,提出"蓄清刷黄",用洪泽湖积蓄淮河水,通过清口流出,以冲刷黄河泥沙。但随着入海水道的淤垫,淮水下泄日趋困难,每遇淮水大涨,高家堰常面临决溢的危险,进而危及运河,于是对减水工程的要求进一步提高。二十四年(1596年),河臣杨一魁组织开挖桃源黄坝新河300余里,分黄入海。又于高家堰上创建武家墩、高良涧和周家桥三闸,泄淮水分别由永济河、岔河、草子河汇入射阳、广洋、邵伯诸湖入海,水患一时大为减轻。

清代,不仅淮水下泄不畅,黄水常倒灌洪泽湖。高家堰南自翟家坝至周家桥30里,地势高亢,不便设堤,为天然减水坝,以泄湖水异涨。康熙十六年(1677年)起,靳辅多次督挑烂泥浅引河,认为"譬之清口,全淮之口也,洪泽湖其腹也,所挑裴家场、帅家庄、烂泥浅诸河则其咽喉,而新庄闸河岸则其唇吻也"⑤。十九年(1680年),高家堰大堤建减水坝6座,分别为周家桥、高良涧、武家墩、唐埂以及古沟东西减水坝,淮水自此"悉出会黄,淮黄相合,其力自猛,流迅沙涤,海口深通"⑥。

① (清)郭起元著,蔡寅斗评:《介石堂水鉴》卷2《南旺分水论》。
② 《雍正上谕内阁》卷121,雍正十年七月二十六日。
③ 乾隆《淮安府志》卷1《淮安府河道水利总说》。
④ 参见张卫东《洪泽湖水库的修建——17世纪及其以前的洪泽湖水利》,南京大学出版社2009年版,第31页。
⑤ (清)靳辅:《治河方略》卷2《治纪中·南运口》。
⑥ (清)张鹏翮:《治河全书》卷9《黄河图总说》。

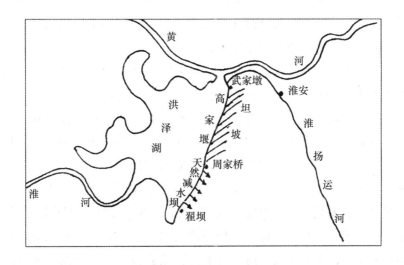

图 4—8　清初靳辅所修高家堰坦坡和天然减水坝①

　　根据韩昭庆的研究，康熙中期至乾隆五十年（1785 年）间为深水期。这一时期，由于东西束水坝、高堰滚水坝等一系列河工的建设，湖体较前期稳定，湖面有所扩大，湖水深度增加，水环境状况良好。康熙三十九年（1700 年），河臣张鹏翮以各坝分泄太多，无以御黄，堵塞减水入洪泽湖的归仁堤便民闸，建造利仁、归仁、安仁三闸及老坝头出水闸。四十年（1701 年），张鹏翮建洪泽湖三滚坝，以泄溢槽之水，各滚坝减泄之水，俱由草子、唐漕等河分入白马、宝应诸湖，经高邮、邵伯入运以达江。四十四年（1705 年），皇帝下旨称：高堰及运河减坝不开放则危及堤堰，开泄又涝伤陇亩，宜于高堰三滚坝下挑河筑堤，束水入高邮、邵伯诸湖，其减坝下亦挑河筑堤，束水由串场溪注白驹、丁溪、草堰诸河入海。② 四十五年（1706 年），洪泽湖涨水，开放南北中三坝，又开天然北坝。因担心泄水过多，清不敌黄，张伯行建议于徐州至清口间黄河南岸多开减水坝，以泄黄水入湖：一以助湖水，使出清口敌黄；一以淤平湖

---

① 采自嵇果煌《中国三千年运河史》，中国大百科全书出版社 2008 年版，第 1247 页。
② 参见《清史稿》卷 127《河渠志二》。

地，使沧海变为桑田，使洪泽湖仍为洪泽湖，余地尽淤平原。① 经过一系列的河工建设，到康熙时，洪泽湖水库工程设施（挡水建筑物、取水建筑物、泄水建筑物）便基本完善了。②

雍正三年（1725 年），河督齐苏勒奏称，洪泽湖为全淮水柜，拦湖石岸及土堤绵长 100 余里，昔年恐湖水泛涨，堤工不能容纳，设有滚水石坝 3 座，口门各宽五六十丈。石坝以南，有天然土坝二道，各宽 60 余丈，皆为宣泄暴涨。四年（1726 年）十月，齐苏勒又称，洪泽湖滚水石坝三座，安砌门槛太高，每遇湖水大涨，不能畅出分泄，建议将三坝门槛各落低 1 尺 5 寸。八年（1730 年）三月二十八日谕旨：洪泽湖湖水出口处有张福口、裴家场、张家庄、烂泥浅、三岔河、天然、天赐七道引河。伏秋之间，淮、黄并涨，高堰六坝减出之水，尽由草子河经宝应、高邮诸河入南运河，水势浩大，河窄难容。宿迁县归仁堤便民闸、五堡闸俱减入洪泽湖助淮，山阳县高家堰武家墩、马良涧、古沟、茆家围、夏家桥、唐埝北、唐埝中、唐埝南等减水坝所减之水，俱从高、宝等湖出高、宝各减坝入下河。乾隆十六年（1751 年）皇帝南巡，决定永不开启天然减水坝，在原 3 座减水坝的基础上再增加两座，形成了仁、义、礼、智、信 5 座减水坝，并相应开挖了 5 条引河，以分流洪泽湖水。次年，挑挖谢家沟，宣泄滩水入洪泽湖。二十五年（1760 年）九月，督臣尹继善、河臣白钟山称，洪泽湖潴蓄全淮之水，每当盛涨，即由五滚坝减泄，尽入高宝各湖。

乾隆五十一年至道光四年（1786—1824 年）为洪泽湖淤垫壅水期。③ 因乾隆五十年（1785 年）、五十一年（1786 年）连年大旱，黄水倒灌，清口淤塞，开始"借黄行运"，开辟祥符、五瑞两座闸，引黄助洪泽湖，出清口济运，结果加速了湖底的淤垫。乾隆间《介石堂水鉴》评价说："尾闾不宜过泄，清水全在蓄裕，多一分尾闾减泄之水，即少一分出口御黄之水。山盱旧有滚水三石坝，天然二分土坝，均以宣泄湖涨，而天然

---

① 参见（清）张伯行《居济一得》卷 7《救盱泗法》。

② 参见张卫东《洪泽湖水库的修建——17 世纪及其以前的洪泽湖水利》，南京大学出版社 2009 年版，第 12 页。

③ 参见韩昭庆《黄淮关系及其演变过程研究：黄河长期夺淮期间淮北平原湖泊、水系的变迁和背景》，复旦大学出版社 1999 年版，第 155—158 页。

坝所泄尤多，多则元气受伤。且高、宝、兴、盐等州邑，田庐场灶恒苦淹浸，是以天然二坝必须坚闭，止留三滚坝减下盈漕之水，此毋庸置议也。"① 嘉庆十八年至二十一年（1813—1816 年），修复被冲坏的仁、义、礼 3 座滚水坝，开挖 3 条引河，使洪泽湖水向东泄入高、宝湖。

道光五年至咸丰五年（1825—1855 年）为黄淮分治洪泽湖高水位期。② 道光四年（1824 年），由于一些闸坝工程启闭不当，高堰受到大水冲击，塌卸石工 11000 余丈。六年（1826 年），创灌塘济运法，紧闭清水出口处御坝，实行黄淮隔离。结果是洪泽湖长期盈水，保持高水位，洪泽湖的水环境状况为之一变。道光十二年（1832 年），桃源县监生陈端、生员陈堂等纠众在十三堡上下丁家湾一带，将黄河南堤挖开，以淤肥田地，导致洪泽湖水暴涨。遂开吴城七堡御黄坝、顺清河，将湖水再放进黄河下游。咸丰元年（1851 午），洪泽湖水盛涨，冲坏了大堤南端的礼字坝，经高邮湖、邵伯湖入长江，淮河从此改变了独流入海的状态。为增加长江的泄洪，后又采取了设置五道"归海坝"的办法。

总之，运河沿线分布着众多的季节性湖泊，或直接成为运道的一部分，或用作运河的水柜、水壑。冬春时节存在着如何利用有限的水资源济运的问题，"漕河水涨，则减水入湖；水涸，则放水入河"③，结果往往影响两岸的农业用水。夏秋季节，山洪暴发，湖满河溢，波涛汹涌，存在如何及时排泄泛涨洪水、确保运堤安全的问题。因此，历代政府总是千方百计地确保湖泊的蓄水量，为维持运道的畅通，围绕运河湖泊进行了一系列的筑堤设坝工程，禁止任何围湖造田或其他有损湖泊水源的行为。

在湖泊环境的演变过程中，闸坝工程的影响尤为突出。闸坝工程的实施有助于湖泊蓄泄功能的发挥，方便漕船通行其中，但也会带来许多负面影响。例如，为排泄洪泽湖的非常洪水，明清两朝先后在大堤上兴建过 20 多座减水石闸。闸坝工程的建设改变了湖泊的自然状

---

① （清）郭起元著，蔡寅斗评：《介石堂水鉴》卷 2《洪泽湖论》。
② 参见韩昭庆《黄淮关系及其演变过程研究：黄河长期夺淮期间淮北平原湖泊、水系的变迁和背景》，复旦大学出版社 1999 年版，第 158—161 页。
③ （明）谢肇淛：《北河纪》卷 7《河议纪》。

况，迫使淮河主流南下长江入海，"自是湖滩日益淤高，淮始南下而入于江"①。洪泽湖减水坝"一经开放，势若建瓴，减下之水，由氾光、白马诸湖，横穿运道，直注下河，高、宝、兴、盐等洼下之区，遂屡伤于昏垫矣"②。"黄河从小河口、白洋河逆灌入淮，濉口淤成陆地，濉湖诸水不复入黄刷沙，悉随决河下。"③ "昔之患在高堰，故设坝以宣其壅，今之虞在下河，故闭坝以节其流。"④ 造成凤、泗一带及里下河地区水患频发，"堰盱之险，运堤之漫，闸坝之开，迄无宁岁，两淮数十州县，盖岌岌乎不可一日居"⑤。故有学者指出，淮河下游地区水患的形成基本上是人为的结果。⑥

本章小结

　　河湖演变是平原湖区人地关系演进的一个重要标尺。⑦ 本章以黄运地区的北五湖、南四湖、骆马湖、洪泽湖为研究对象，分析了人类河工建设活动作用下湖泊环境的变迁。具体可概括为如下五个方面：

　　其一，湖泊面积的变化。湖泊面积的变化与堤防修筑、湖泊淤积、水源增减等因素有关。第一种情况是人工活动影响下湖泊的形成与扩大，第二种情况是人工活动影响下湖泊的缩小与淤废。湖泊面积盈缩变化，会给周围地区带来生态影响：扩大的湖面往往会增加洪水泛滥的概率，淹没周围的田地村庄，变陆生生态环境为水生生态环境。而缩小的湖面会影响蓄水功能，妨碍漕运的正常通行，影响湖泊功能的发挥，甚至影响湖泊的存废。

　　其二，湖泊水位的变化。一般来说，水位变化除受到河川径流补给

---

① 光绪《淮安府志》卷5《河防》。
② （清）郭起元著，蔡寅斗评：《介石堂水鉴》卷3《天然坝说》。
③ 武同举：《淮系年表·清一》。
④ （清）郭起元著，蔡寅斗评：《介石堂水鉴》卷3《闭三滚坝子婴坝昭关坝说》。
⑤ （清）柳应墀：《治黄运两河议》，载张丙矗《河渠汇览》卷15《集说附》。
⑥ 参见马俊亚《治水政治与淮河下游地区的社会冲突（1579—1949）》，《淮阴师范学院学报》2011年第5期。
⑦ 参见张建民、鲁西奇《历史时期长江中游地区人类活动与环境变迁专题研究》，武汉大学出版社2011年版，第103页。

的影响外，在很大程度上与闸门的启闭密切相关。^① 不仅如此，湖泊水位还与堤防建设、水源补给、湖底淤积有关，且随季节以及河工政策不断变化。水位抬高，往往引发地区间人地关系的紧张，使"数州县田没水底"^②，需要不断修建与维护堤防、减水闸坝、引河等人工设施。同样，因水位降低，需要修建堤防，明确湖泊界限，防止垦为湖田，或积极补充水源，满足济运的需求。

其三，湖泊淤积情况的变化。人工筑堤、引水入湖等河工建设活动，会加速湖泊的淤积。不仅如此，湖泊淤积的变化也影响到湖泊水位及面积，湖泊堤防高度的变化一定程度上也是河床淤积的反映。由于河流泥沙淤积等原因，北五湖不断缩小乃至消亡，硕项、骆马、青伊、桑墟各湖，"亦已垫高，水之经行，失吐纳之作用"^③。洪泽、微山等湖则呈总体扩大的趋势。至清末，洪泽湖湖底已淤高 2 丈左右，大水时，洪泽湖水位可高于里下河地区 13 米。^④ 微山湖湖区向四周扩展，淹没了大片良田，变陆为湖。湖泊淤积导致"涝则水无所归，泛滥为灾。旱则水无所积，运河龟坼，大为公私之害"^⑤。对冲积平原生态环境尤其对防旱、防涝、防洪和灌溉以及渔业发展带来极其不利的影响。^⑥

其四，湖泊蓄泄功能的变化。湖泊蓄泄工程包括堤防、进出水闸坝以及引水河道，通过调节水量，保证运堤和湖堤的安全。在黄运地区，湖泊与其他水体的关系有三种情况：一是以湖泊为水柜，利用湖水济运或蓄湖水刷黄攻沙；二是以湖泊为水壑，通过一些工程将多余的水泄入湖中；三是为保护湖泊本身的安全，通过工程将湖水排泄出去，"杀水势保全运堤"或"撤泥沙免淀河腹"^⑦。湖泊蓄水工程主要针对运河水源不足或蓄清刷黄，旨在发挥湖泊的水柜作用。运河沿线的湖泊，有的作为

① 参见刘庄、沈渭寿、吴焕忠《水利设施对淮河水域生态环境的影响》，《地理与地理信息科学》2003 年第 2 期。

② （清）黎世序：《论微湖蓄水过多书》，载《清经世文编》卷 104《工政十·运河上》。

③ 武同举：《会勘江北运河日记》，载《两轩剩语》，民国十六年（1927 年）铅印本。

④ 参见水利部淮河水利委员会编《淮河水利简史》，中国水利水电出版社 1990 年版，第218 页。

⑤ （清）郑元庆：《民田侵占水柜议》，载《清经世文编》卷 104《工政十·运河上》。

⑥ 参见胡一三《黄河防洪》，黄河水利出版社 1996 年版，第 18—22 页。

⑦ （清）薛凤祚：《两河清汇》卷 1《运河修守事宜》。

水柜，有的作为水壑，有的从水柜变为水壑，但无论是水柜还是水壑，都利用了湖泊的蓄水功能。泄水工程则是通过建设与湖泊水壑相连的减水闸坝，控制水流的进出，其主要功能是保护堤坝，保护耕地农田，调节刷黄或济运水量。

其五，河湖关系的变化。从河工建设的角度看，湖泊的演变既表现为河工作用下湖泊的扩大，还表现为河工作用下湖泊的缩小乃至淤废。但无论哪一种类型的湖泊，背后都有黄河变迁的影子，可见河湖关系密不可分。引黄济运、借黄行运、避黄行运、河湖分离等，均为河湖关系的表现，南阳新河、泇河以及中运河的开挖则是处理河湖关系的具体实践。

总之，湖泊陂塘具有重要的生态意义，其历史演变是衡量黄运地区人地关系的重要标尺。湖泊给人类提供了诸多便利，但湖泊水环境恶化会导致水患剧增、洪水泛滥，给人类带来巨大的灾难。

第 五 章

河工建设与海口环境的变迁

　　河流入海口位于河流—海洋交互区，与海洋自由连通，是河流生态系统与海洋生态系统相联系的纽带①，也是自然界生态环境中特别敏感的区域②，因此有关海口的研究引起了学界的重视。研究成果涉及长江口、黄河口、灌河口、钱塘江河口等，但是关于古代水利工程影响下的海口环境问题，以往关注较少。③ 苏北海口地带大约以云梯关为顶点，北到灌河口，南到射阳河口。海口治理是明清河工建设的重要方面，与黄、淮、运工程并重，所谓"治黄、治淮、治运、治海四者，各得其利而无害，然后六邑之民始安耕凿之常"④，一旦"海口不畅，则上游水立，而黄灌入清"⑤。

---

　　① 参见韩曾萃、尤爱菊等《强潮河口环境和生态需水及其计算方法》，《水利学报》2006年第4期。

　　② 参见周庆元《河口生态环境与疏浚》，《水运工程》2002年第10期；乔磊《江苏沿海河口环境质量研究与生态风险评估》，硕士学位论文，河海大学，2006年，第1页。

　　③ 参见蔡述明等《三峡工程与沿江湿地及河口盐渍化土地》，科学出版社1997年版；陈吉余《陈吉余（尹石）2000：从事河口海岸研究五十年论文选》，华东师范大学出版社2000年版；许炯心《人类活动对公元1194年以来黄河河口延伸速率的影响》，《地理科学进展》2001年第1期；成彦明《灌河史话》，江苏人民出版社2005年版；卢勇、王思明等《明清时期黄淮造陆与苏北灾害关系研究》，《南京农业大学学报》2007年第2期；王星光、杨运来《明代黄河水患对生态环境的影响》，《黄河科技大学学报》2008年第4期；崔宇、卢勇《历史地理视角的明清时期"束水攻沙"治黄之败探析》，《农业考古》2009年第4期；陈永昌《水利工程对潮汐河口环境的影响》，《东北水利水电》2010年第11期；梁娟《人类活动影响下的钱塘江河口环境演变初探》，《海洋湖沼通报》2010年第2期。

　　④ 乾隆《淮安府志》卷1《淮安府河道水利总说》。

　　⑤ （清）包世臣：《中衢一勺》卷1《策河四略》。

第一节 苏北黄河入海口的变化

一 以往研究中的方法与问题

苏北黄河入海口，今称废黄河口、老黄河口或故黄河口。南宋建炎二年（1128 年）前为淮河口，海岸线大体稳定在今板浦、响水口、云梯关、阜宁、盐城一线，其间黄河虽数度泛淮[①]，但持续时间均较短。当时在苏北入海的其他河流，如沂河、沭河、灌河等，入海泥沙有限。再加上沿途泗水、巨野泽等河流湖泊的分流沉淀，泥沙对下游淮河入海口的影响较小。当时的苏北海口地区，"河泓深广，水由地中，两岸浦渠沟港与射阳湖诸水互络交流，膏壤长禾稌，薮泽富浦鱼，海滨广斥，亦饶牢盆之利，江淮间之乐土也"[②]。1128 年是黄河变迁史上的重要分界线，此后 700 多年间，黄河口作为黄运地区最大的入海口，汇集了黄河、运河、骆马湖、淮河、沂河、沭河等来水。

以往有关历史时期苏北海口的研究，涉及海岸线变迁、黄河三角洲成陆过程等方面，主要有两种研究路径及方法。

第一种是史料考证法。该方法通过直接提取史料中记载的水程数据，分析海口延伸的"曲线长度"。20 世纪 70 年代，徐福龄利用明清《经世文编》等资料制作了"明清故道河口延伸情况统计表"，以 1591、1677、1700、1804 年 4 个时间点为界，划分了三个时期，结果发现：在 1677 年云梯关外未修缕堤之前，每年向海延伸 0.29 公里，1677 年在云梯关外修堤之后，每年向海延伸 1.08 公里，与根据大学士陈世倌奏疏中数据推算出来的每年延伸 1.01 公里的数字相差不大。1700—1804 年的 104 年中，平均每年向海延伸 0.97 公里。[③] 但该文时间段划分相对简单，一些重要时间点如 1578 年、1776 年未被提及。

---

① 例如，汉武帝元光三年（前 132 年）瓠子决口、宋太平兴国八年（983 年）河决澶州，宋真宗咸平三年（1000 年）河决郓州，宋真宗天禧三、四年（1019、1020 年）河决滑州，宋神宗熙宁十年（1077 年）河决澶州，均一度由泗入淮。

② 光绪《阜宁县志》卷 3《川渎上》。

③ 参见徐福龄《黄河下游明清时代河道和现行河道演变的对比研究》，《人民黄河》1979 年第 1 期。

20 世纪 80 年代，张仁、谢树楠利用"历史记载云梯关下河道长度资料"，分析了 1194—1855 年废黄河两岸堤防修筑过程和河口延伸速度的关系，研究发现：潘季驯等修堤防以前，黄河口延伸速率是很慢的，平均每年仅 40 米。自 1578 年后，河口延伸速度大大增加，达每年 1.4 公里。明清交替之际，河防废弛，河口延伸速度降到每年 200 米左右。至 1677 年靳辅治河之后，河口延伸速度猛增至每年 1.7 公里。以后由于堤防系统已经基本形成，河口延伸的速率一直保持在较高的水平（每年 600 多米）。[1] 该文以潘季驯治河、明清易代、靳辅治河、靳辅治河以后划分时间节点，突出了人为的河工建设活动与海口的关系，与本课题的研究主旨最为接近，但该文所划分的时间节点仍略显粗疏。

单树模《江苏黄河故道历史地理》一文研究发现，康熙时河口东移于云梯关外 50 里的六套，康熙三十九年（1700 年）伸展到八滩以外，雍正年间又移至八滩以东的王家滩，乾隆四十一年（1776 年）达到新淤尖。[2] 但该文没有提供每个延伸地点对应的数据。

曾昭璇《中国的地形》一书中利用了《读史方舆纪要》《河渠纪闻》《续行水金鉴》等史籍中的河口延伸记录，按照"曲折水道计"，统计出了 1580、1677、1720、1735、1776、1804 年 6 个时间点的河口位置，但该表中"云梯关外""云梯关外 100 多里""王家港处"等地点的描述仍不甚确切。[3]

周魁一利用《治河方略》《明史》《行水金鉴》《续行水金鉴》的记载，排比了 1194、1578、1592、1677、1696、1756、1776、1804 年 8 个时间节点，修正并换算出每个时间点云梯关距离海口的公里数。[4] 周魁一的研究较以往各家更为详细具体。但资料的梳理发掘方面，仍有深入的空间。

第二种方法是地名定位法。该方法通过排比不同时期的地名，将地

---

① 参见张仁、谢树楠《废黄河的淤积形态和黄河下游持续淤积的主要成因》，《泥沙研究》1985 年第 3 期。

② 参见单树模《江苏黄河故道历史地理》，载南京师范大学江苏省黄河故道综合考察队编《江苏省黄河故道综合考察报告》，《南京师大学报专辑》，1985 年。

③ 参见曾昭璇《中国的地形》，广东科技出版社 1985 年版，第 361 页。

④ 参见周魁一《中国科学技术史·水利卷》，科学出版社 2002 年版，第 493—494 页。

名信息定位在现代地图上，进而计算出海口延伸的"直线长度"。20 世纪70 年代，王恺忱、武庆云《废黄河尾闾演变及其规律问题》一文是较早使用该方法的研究成果。

20 世纪 80 年代，郭瑞祥利用地图制作了 1128 年至 1855 年黄河河口延伸情况表，共划分了 8 个时间段。研究结果表明：自 1128 年至 1855 年的 727 年中，黄河河口向海伸展共 90 公里左右。其中，1128 年至 1578 年的 450 年之久，河口只延伸 15 公里，平均每年延伸 33 米。1578 年至 1591 年河口外延迅猛发展，而且 1578—1810 年的 200 多年中，河口向外延伸达 60 公里。[1] 郭瑞祥的河口延伸距离，与徐福龄的计算结果存在非常大的差异，例如 1591—1700 年的延伸距离，徐福龄的数值是 50 公里，而郭瑞祥的数值是 13.0 公里。1700—1803 年的延伸距离，徐福龄的数值是 50 公里，而郭瑞祥的数值是 23.5 公里。究其原因，可能是一个是"直线距离"的结果，另一个是"曲线距离"的结果。一般而言，直线距离"较之沿河曲计算的延伸速度为小"[2]。但二人在研究中均未提及是直线还是曲线长度。

其后，中国科学院编写的《中国自然地理·历史自然地理》一书，附有 1128 年至 1855 年黄河河口历代延伸情况表，共划分 10 个时间段。结果显示：自黄河分流入海，云梯关以下海口大致以每年 54 米的速度向海延伸。明中期以后，河口延伸加速，1500—1826 年平均每年 215 米。其中 1747—1826 年河口延伸 25 公里，平均每年 316 米。如按此速度估计，1826—1855 河口还要外伸 9 公里，即在今河口外 25 公里处。[3] 该书与郭瑞祥文一样，也利用了地名定位法，不过二者所采用的地名定点以及时间节点有所不同。例如，后文河口位置用了"六套""十一套""二木楼""下王堆""四洪子"等新的定点地名，没用郭表中"四套""十套""八滩""新淤尖"等地名。时间节点也增加了"1500""1660""1729""1826"四个年份，没用郭表中的"1578""1700""1803"三个年份。该书所得出来的延伸速度、延伸速率与郭瑞祥存在一定差异，但

---

[1] 参见郭瑞祥《江苏海岸历史演变》，《江苏水利》1980 年第 1 期。

[2] 中国科学院编：《中国自然地理·历史自然地理》，科学出版社 1982 年版，第 63 页。

[3] 同上。

总体来看，两者的结论还是比较接近的（表5—1），可谓异曲同工之妙。尤为可贵的是，《中国自然地理·历史自然地理》一书特别强调所计算的是"沿河直线距离"。

表5—1　　　　　　　　　**郭瑞祥、中科院研究结果之比较**

单位：公里

年份	郭瑞祥的延伸距离	中科院的延伸距离
1128—1591	35	36.5
1591—1747	28	28.5
1747—1776	5.5	8.5
1776—1810	6.5	7.5
1810—1955	14	18

不久，张忍顺发表了苏北黄河三角洲及滨海平原成陆过程的文章。该文与《中国自然地理·历史自然地理》采用的表格及结论几乎完全一致，仅表格中部分数据有所差别，或许是引用失误所致。[①] 张忍顺的成果，又为后来的研究者所引用。[②] 这一时期，还有凌申关于黄河南徙与苏北海岸线变迁的研究，其方法以及结论也与《中国自然地理·历史自然地理》基本一致，但表述上有所差别。[③]

叶青超《试论苏北废黄河三角洲的发育》一文，是在郭瑞祥研究基础上的深化，将郭表中黄河夺淮的时间1128年改为1194年，这样云梯关到四套的时间由450年变为384年，这样的处理方法较郭文是一大改进。该文增绘了废黄河三角洲不同时期发育过程示意图，这是一大创新。其结论总体上与郭瑞祥一致，但表述上不一样。[④] 可以说叶青超推进了该领域的研究，但没有吸收《中国自然地理·历史自然地理》中的重要地点"六套"等研究成果。

万延森《苏北古黄河三角洲的演变》一文，制作了更为详细的古黄

---

① 参见张忍顺《苏北黄河三角洲及滨海平原的成陆过程》，《地理学报》1984年第2期。

② 参见马正林《中国历史地理简论》，陕西人民出版社1987年版，第176页；赵文林《黄河泥沙》，黄河水利出版社1996年版，第478页。

③ 参见凌申《黄河南徙与苏北海岸线的变迁》，《海洋科学》1988年第5期。

④ 参见叶青超《试论苏北废黄河三角洲的发育》，《地理学报》1986年第2期。

河口在苏北的演变情况表，划分为 10 个时间段。总体来看，万延森在郭瑞祥研究的基础上更加细化，表格后半部分几乎完全一致（仅将郭表中的 14.0 改为 13.0）。变化最多的是前半部分：一是将郭表中的 1128—1578 年进一步细化为 1128—1500 年和 1500—1578 年，增加了地名节点"六套"；二是将 1591—1700 年细化为 1591—1660 年和 1660—1700 年，增加了地名节点"二木楼"，故其结论中的延伸距离、延伸速度较郭瑞祥的数据也有所变化，共有 15 处差异。① 万延森前半部分的变化可能吸收了《中国自然地理·历史自然地理》的研究成果，"1128—1500、1591—1660"数据非常接近。与叶青超的研究相比，万延森注意到了河口节点"六套""二木楼"的利用，是更进一步的推进。遗憾的是，万延森有"450""109""33""54""258""119"等几处数据计算有误。

20 世纪 90 年代，徐海亮研究了黄河下游的堆积历史和发展趋势，制作了明清黄河河口延伸情况表。该表在叶青超研究的基础上更加细化，在 1591—1700 年增加了 1677 年到达"十巨"的内容，将"八滩"改为"八滩东"。总体来看，结论中的数据与叶青超基本一致，仅 1810—1855 年的数据稍有差异。② 此外，李元芳《废黄河三角洲的演变》一文中关于河口向海延伸情况，显然是综合了叶青超、徐海亮的观点。③

这一时期，王庆、陈吉余等对黄河夺淮期间淮河入海河口的动力条件、地貌特征及演变机制进行了研究，特别区分了"取直长度"和"河曲长度"，指出云梯关至河口的取直长度为 90.0 公里，河曲长度为 185 公里，并制作了河口外延表。④ 尽管表格相对简单，但其结果分别与以往学者的结论相近，例如 1128—1578 年的数据 20.0 与郭瑞祥的数据 15.0 接近，1578—1677 年的数据 25 与徐海亮的数据 27.5 接近，1677—1810 年的数据 28 与徐海亮的数据 32.5 接近。王庆、陈吉余等人的结论显然不是简单综合了前人的成果，而是自成体系，既证明了以往研究数据各存合理的地方，也说明了以往任何一家的结论都有需要改进的地方。至于该

① 参见万延森《苏北古黄河三角洲的演变》，《海洋与湖沼》1989 年第 1 期。
② 参见徐海亮《黄河下游的堆积历史和发展趋势》，《水利学报》1990 年第 7 期。
③ 参见李元芳《废黄河三角洲的演变》，《地理研究》1991 年第 4 期。
④ 参见王庆、李道季、孟庆海等《黄河夺淮期间淮河入海河口动力、地貌与演变机制》，《海洋与湖沼》1996 年第 6 期。

文的结论，相对简单，仍需进一步补充验证。

21世纪以来，关于苏北河口海岸的研究，成果数量较20世纪90年代增多，研究视角涉及环境影响、时空特征、演变模式等，选题具有一定的新意。不过单就海岸线变迁而言，这一时期的研究总体上较以往无太多的创新。王光谦等所著《黄河流域生态环境变化与河道演变分析》一书，采用了万延森的表格，并对万表中的错误进行了修订完善，共达7处之多，例如将万表中明显的错误450改为372，109改为40，33改为54，54改为192。[①] 孟尔君探讨了历史时期黄河泛淮对江苏海岸线变迁的影响，采用了与郭瑞祥一致的方法和观点。[②] 邱立国关于人类活动对苏北海岸线历史变迁影响的研究亦是如此。[③] 张林等关于苏北废黄河三角洲岸线变化的分析，主要依据叶青超的资料，创新之处是改绘了叶青超"废黄河三角洲岸线变化图"，但文中"1579—1591年间，20年的时间里岸线向海推进13.2km，速率达1015.8m/a"一句明显有误，时间是13年而非20年。[④] 此外，徐伟等对废黄河三角洲海岸线空间演化特征进行了定量分析，结论也与以往研究差别不大。[⑤] 许炯心对黄河河流地貌过程的研究，几乎完全采用了叶青超的废黄河口延伸情况表格。[⑥]

总之，以往研究有助于了解河口海岸的变迁情况，是进一步开展相关研究的基础。第二种方法以"纯粹的自然科学方法，在大尺度的宏观探索中固然可以获得比较可靠的数据，却难以在小尺度的微观研究中收到理想的效果"[⑦]。其一，以往研究多采取以地名定点的办法，把史料中出现的地名定位在现代地图上，以此计算出海岸线直线推移的距离。但

---

① 参见王光谦、王思远、张长春《黄河流域生态环境变化与河道演变分析》，黄河水利出版社2006年版，第114页。

② 参见孟尔君《历史时期黄河泛淮对江苏海岸线变迁的影响》，《中国历史地理论丛》2000年第4期；孟尔君、唐伯平《江苏沿海滩涂资源及其发展战略研究》，东南大学出版社2010年版，第3页。

③ 参见邱立国《人类活动对苏北海岸线历史变迁的影响》，《科技风》2012年第6期。

④ 参见张林《800年来苏北废黄河三角洲的演变模式》，《海洋与湖沼》2014年第3期。

⑤ 参见徐伟、彭修强、贾培宏等《苏北废黄河三角洲海岸线历史时空演化研究》，《南京大学学报》（自然科学版）2014年第5期。

⑥ 参见许炯心《黄河河流地貌过程》，科学出版社2012年版，第500页。

⑦ 孙冬虎：《北京近千年生态环境变迁研究》，北京燕山出版社2007年版，第3页。

由于古地名的范围有时是泛指，很多情况下不代表一个具体的点，而是一个不确定的面，有别于今日该地名的确切地点。再加上新地名的出现往往在海口成陆一段时间后，对于刚刚成陆的地区而言，叙述中难免用老地名指代新地区，地名出现的滞后性会影响数据的真实性。其二，以往研究中仍存在诸多结论的分歧。例如，关于黄河口到达四套的时间，孟尔君等认为在成化末年（1487 年），万延森等认为在弘治以后，郭瑞祥、王恺忱等更多的人认为是在万历六年（1578 年）之前；关于黄河口到达六套的时间，张忍顺、万延森认为在万历六年（1578 年）；关于黄河口达到十套的时间，郭瑞祥、张忍顺等学者的观点又一致起来，均认为在万历十九年（1591 年），等等。而对于第一种方法，对于史料的梳理挖掘仍有很大的空间。古籍中有关海口变迁的大量资料，以往研究中未能逐一爬梳考辨，难免遗漏一些有用的数据。而且就本课题的研究目的而言，以往研究成果无法很好地表现人为河工建设与海岸线推移的关系。我们需要在前人研究的基础上，通过更深入地解读文献，排比长时段的历史记载，转换研究视角，从工程治理的角度探讨海口环境的变迁。

二　苏北黄河入海口的变化

（一）黄河夺淮至潘季驯治河前的海口

1. 太行堤修筑前河口位于云梯关

自南宋建炎二年（1128 年）黄河夺淮至明弘治八年（1495 年）太行堤修筑，为黄河南北分流散漫期，河道乱，变迁多，极不稳定。研究发现，这一时期主流或在徐州以下经清河县会淮入海，或经颍水至寿州正阳镇入淮，或经涡河至怀远县入淮，或东北流至山东寿张冲入运河，且在相当长的时间内，多支并流，此淤彼决，在今豫东、鲁西南、皖北、苏北一带变化，形成了异常复杂的局面。① 总体而言，在弘治年间刘大夏修筑太行堤以前，河患主要发生在河南地区，山东张秋运河数塞数决，黄河南北两面多股分流，泥沙分散，经淮河输入到海口的泥沙量少。故海口环境变化不大，仍大约稳定在"宋元以前，（云梯）关当淮河之口"

---

① 参见《黄河水利史述要》编写组《黄河水利史述要》，中国水利水电出版社 1982 年版，第 234 页。

"关外即海""云梯关庙子湾即海口"① 的状态。宋元至明初的河口，仅推移至云梯关以东不远处。

云梯关因"有数大套，迤若云梯"而得名。"套"亦称"土套"，"盖皆湍激所成也"②，有大套、二套、三套、四套、五套、六套之名。"套"均位于黄河北岸③，与之相对的是南岸的"巨""尖"（图5—1），"新淤在海滨，皆成尖形，故土人呼在海滨绕滩行者为转尖，近海之地多以套名者，亦以尖之外必有水套也"④。

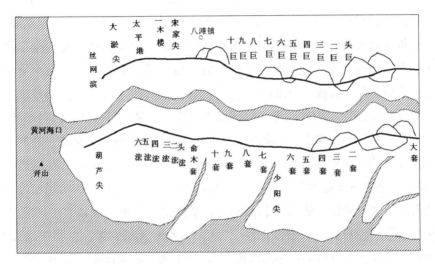

图5—1 黄河南北两岸的"巨"与"套"⑤

2. 太行堤修筑与河口的延伸

自弘治八年（1495年）修筑太行堤，至嘉靖二十五年（1546年）尽塞黄河南流故道，为黄河北堤南分、多股汇流入淮时期。为防止黄河北徙冲决运河，弘治八年（1495年）派都御史刘大夏治理山东张秋决河。

---

① 康熙《庙湾镇志》；（清）靳辅：《治河奏绩书》卷4《开辟海口》。
② （明）马麟：《续纂淮关通志》卷12《古迹》；（清）顾祖禹：《读史方舆纪要》卷127《淮水》；光绪《阜宁县志》卷3《川渎上》。
③ 嘉庆《大清一统志》卷94《关隘》。
④ （清）包世臣：《中衢一勺》卷2《郭君传》。
⑤ 改绘自光绪《阜宁县志》卷首附图。

刘大夏筑塞黄陵冈决口，先建缕堤一道，在缕堤外增筑长堤一道，自河南胙城经滑县、长垣、东明、曹县、单县至徐州砀山、沛县，全长360里，取名太行堤。太行堤与黄河大堤相距10余里，堤间有河一道，用以宣泄堤内坡水，潘季驯称之为"远堤之制"，"向来修守止及近水缕堤，而行堤置于度外"①，大堤"高厚坚固，北岸恃以无恐"②。又筑荆隆等口新堤作为太行堤辅助工程，起于家店，经铜瓦厢东桥至小宋集，凡160里，"二堤相翼，隐若长虹"③。

太行堤的建成在治河史上具有重大意义，开黄河大规模筑堤的先河，海口泥沙淤积自此开始。弘治八年（1495年）成为黄河史上的分水岭，自此黄河北流断绝，不再北决冲张秋运河，黄河由南北分流变为全部经颍、涡、濉等支流南下入淮。正德以后，涡、颍等黄河分流河道次第淤塞，黄河北徙，合成一派出徐州，于是黄强淮弱，"（阜宁）县境淮渎之受病自此始矣"④。归德以下、徐州以上的地段，呈多股分流，河道不稳。嘉靖十三年（1534年），河决兰阳赵皮寨，经濉水入淮。不久决，转向东北，经萧县下徐州小浮桥。此时沿海地区的涧河、马逻港及海口诸套"俱已湮塞，不能速泄"⑤。十九年（1540年），河决野鸡冈，由涡河经亳州入淮。这一阶段，黄河因北面筑堤，全流南分入淮，遂以"一淮受全河之水"，"清口合流，淤沙汇注"，入海口水量大增，泥沙也相应增加，涧河、马逻港及海口诸套逐渐湮废，"下壅上溢，梗塞运道"⑥。阜宁海口地区"黄河决溢时闻"⑦。

关于1500年前后黄河入海口的位置，尚未见到确切的史料。目前学界有多种说法：有的认为仍位于云梯关附近⑧，有的认为大约推移到了四

---

① （明）潘季驯：《河防一览》卷3《河防险要》、卷7《两河经略疏》。

② （清）靳辅：《治河奏绩书》卷4《黄淮全势》。

③ （清）康基田：《河渠纪闻》卷8。

④ 光绪《阜宁县志》卷3《川渎上》。

⑤ 同上。

⑥ 《明史》卷83《河渠志一》。

⑦ 光绪《阜宁县志》卷3《川渎上》。

⑧ 参见郭瑞祥《江苏海岸历史演变》，《江苏水利》1980年第1期；徐海亮《黄河下游的堆积历史和发展趋势》，《水利学报》1990年第7期；叶青超《试论苏北废黄河三角洲的发育》，《地理学报》1986年第2期；许炯心《黄河河流地貌过程》，科学出版社2012年版，第500页。

套一带①，还有的认为到达六套②。本书认为，太行堤修筑后河口的推移情况不容忽视，根据"宋元以前，关当淮河之口"③的语气，可知元代以后河口一定有所变化。估计此时的河口推移速度明显高于前一阶段，但真正输送到河口的泥沙仍远不如后来那样多，原因有四：一是由于黄河分多条河道入淮，以走涡河、颍河为主，大量泥沙在沿途洼地淤积；二是期间黄河自然决口频繁，泥沙得到分流；三是清口以下两岸没有筑堤，河口较宽；四是河口地区"岸甚阔而归流甚深，滨淮之海亦渊深澄澈，足以容纳巨流"④。因此，本书倾向于 1500 年前后河口在四套的看法，此时四套曲线距离云梯关大约 15 公里。

3. 潘季驯治河前的河口

嘉靖二十五年（1546 年），全河尽出徐、邳，夺泗入淮，黄河来水来沙加剧，尾闾河段容易淤积变成地上河。随着淤积的加重，一些人提出了疏浚海口的主张，但遭到了隆庆六年至万历二年（1572—1574 年）任总河的万恭的反对，他认为人力无法胜黄河，赞同虞城生员提出的"以河治河"的工程措施，即"如欲深北则南其堤，而北自深。如欲深南则北其堤，则南自深。中则南堤北堤两束之，冲中坚焉，而中自深"⑤。万历四年（1576 年），舒应龙开草湾河，分黄河出海口为两道，分减水患对安东县城的影响，结果"河流迅直，岁受水患"⑥，"而上流涨未已，于是廷议浚海口"⑦。五年（1577 年），海口淤，议设水官专浚海道。

随着河道的固定，"嘉隆以来，云梯关海口有涨沙甚大，是以上流益壅，徐州河身高于城郭，二洪无复昔日之险，徐沛淮扬数百里间，几于间

① 参见万延森《苏北古黄河三角洲的演变》，《海洋与湖沼》1989 年第 1 期；王光谦、王思远、张长春《黄河流域生态环境变化与河道演变分析》，黄河水利出版社 2006 年版，第114 页。

② 参见中国科学院编《中国自然地理·历史自然地理》，科学出版社 1982 年版，第 63 页；张忍顺《历史时期江苏海岸线的变迁》，载《中国第四纪海岸线学术讨论会论文集》，海洋出版社 1987 年版，第 136 页；凌申《苏北黄河故道地名与地理事物的演变》，《盐城教育学院学报》1998 年第 3 期。

③ 康熙《庙湾镇志》。

④ 光绪《阜宁县志》卷 3《川渎上》。

⑤ 同上。

⑥ 雍正《重修安东县志》卷 1《镇庄》。

⑦ （清）张煦侯：《王家营志》卷 1《河渠》。

殚为河矣，黄水至漫入宝应湖"①。河道淤积沉淀加快，河口地区的泥沙输送量大为增加。潘季驯《河防一览》指出："云梯关以下海口深广，原足容泄，但因隆庆年间黄河从崔镇等口北决，淮水从高家堰东决，而海口遂湮，盖水不行则河自塞也。"② 故当时有赵思诚、吴桂芳等多位大臣建议疏浚海口。

关于万历六年（1578 年）潘季驯治河以前的海口位置，少部分研究者认为在六套附近③，多数人则认为在四套附近④。以上两种看法，估计是对潘季驯奏疏中"四套以下，阔七八里至十余里，深皆三四丈不等"一句话的不同理解所致。本书认为，潘季驯《两河经略疏》所言"海口视昔虽壅，然自云梯关四套以下，阔七八里至十余里，深皆三四丈不等"⑤，应理解为"四套"不在"海口"，而在"海口"以上，当时四套口附近河道宽阔，故船只可在四套以下出海，也可以"出六套口至鹰游山止，海行一日之程"⑥。故本书倾向于当时海口大约在六套的说法，并认为是在曲线距离四套 20 公里的六套附近。⑦

（二）潘季驯治河至靳辅治河前的海口

1. 潘季驯治河后河口延伸到十套

万历六年（1578 年），在张居正的支持下，潘季驯第三次出任总河。

---

① （明）王樵：《尚书日记》卷 6《禹贡》。

② （明）潘季驯：《河防一览》卷 13《勘工科道进图说》。

③ 参见万延森《苏北古黄河三角洲的演变》，《海洋与湖沼》1989 年第 1 期；王庆、李道季、孟庆海等《黄河夺淮期间淮河入海河口动力、地貌与演变机制》，《海洋与湖沼》1996 年第 6 期；王光谦、王思远、张长春《黄河流域生态环境变化与河道演变分析》，黄河水利出版社 2006 年版，第 114 页。

④ 参见郭瑞祥《江苏海岸历史演变》，《江苏水利》1980 年第 1 期；叶青超《试论苏北废黄河三角洲的发育》，《地理学报》1986 年第 2 期；方明、宗良纲《论江苏海岸变更及其对海涂开发的影响》，《中国农史》1989 年第 5 期；徐海亮《黄河下游的堆积历史和发展趋势》，《水利学报》1990 年第 7 期；应岳林、巴兆祥《江淮地区开发探源》，江西教育出版社 1997 年版，第 23 页；孟尔君《历史时期黄河泛淮对江苏海岸线变迁的影响》，《中国历史地理论丛》2000 年第 4 辑；周魁一《中国科学技术史·水利卷》，科学出版社 2002 年版，第 493—494 页；孟尔君、唐伯平《江苏沿海滩涂资源及其发展战略研究》，东南大学出版社 2010 年版，第 3 页；许炯心《黄河河流地貌过程》，科学出版社 2012 年版，第 500 页。

⑤ （明）潘季驯：《河防一览》卷 7《两河经略疏》。

⑥ （明）梁梦龙：《海运新考》卷下《处置事宜》。

⑦ 按，张仁认为云梯关距离十套 35 公里（张仁、谢树楠：《试论黄河下游现行河道的寿命》，载《中美黄河下游防洪措施学术讨论会论文集》，中国环境科学出版社 1989 年版，第 110 页），再结合《江苏省地图集》《江苏省响水县地名录》，可推算云梯关距离六套大约 20 公里。

针对万历初严峻的海口问题，潘季驯在《两河经略》中指出："水性就下，以海为壑，向因海壅河高，以致决堤四溢，运道民生胥受其病。故今谈河患者，皆咎海口，而以浚海为上策。"他反对浚治海口，认为海口为潮汐往来之地，随浚随淤，建议"止浚海工程，以省糜费"，提出"治河、淮即以治海"，将万恭等人"非人力浚河口"的想法变为实践。针对河口的泥沙淤积，采取了"筑堤束水，以水攻沙""塞决导河""固堤杜决"的工程措施：大筑遥堤、缕堤、格堤、月堤四种类型的堤防，堵塞崔镇等地决口130处。于云梯关外、海口内筑堤23800丈。并根据"淮清河浊，淮弱河强"的特点，采取了"蓄清刷黄"的措施，冲刷海口。修归仁堤阻止黄水南入洪泽湖，筑高家堰蓄全淮之水于洪泽湖内，逼淮入黄，"使黄、淮力全，涓滴悉趋于海……所谓固堤即以导河，导河即以浚海也"①。经过潘季驯的整治，"淮水毕趋清口，会河入海，海口不浚自通"②，"两河归正，沙刷水深，海口大辟，田庐尽复，流移归业，禾黍颇登，国计无阻，而民生亦有赖矣"③。

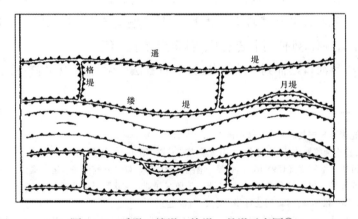

图5—2　遥堤、缕堤、格堤、月堤示意图④

到万历十六年（1588年），经给事中梅国楼推荐，任命潘季驯为右都

① 《明史》卷84《河渠志二》。
② （清）朱铉：《河漕备考·黄河考》。
③ （明）潘季驯：《两河经略》卷3《遵奉明旨恭报续议工程以便查核疏》。
④ 《黄河水利史述要》编写组：《黄河水利史述要》，中国水利水电出版社1982年版，第267页。

御史，第四次出任总河，继续整修加固堤防闸坝。经过治理，河道基本归于一流，出现了一条由汴入泗、由泗入淮的固定河道，扭转了嘉靖、隆庆年间河道"忽东忽西，靡有定向"的混乱局面。多道分流的局面结束，草湾河大通，水沙输送进一步增加。"蓄清刷黄"延缓了清口以下河床抬高的速度，实际上把水沙问题转移到了海口地区，河口海岸向外伸展，"日进一丈五尺"①，由六套快速向外推进。

到万历十九年（1591年）十月，总河潘季驯勘察发现，"云梯关以下自夹（按，本书认为，此处"夹"或为"六"之误）套至十一套，面阔三五七八里及十里不等，水深一丈五六尺及二三丈不等，滔滔迅驶，原无隘窄，至云对口，有横沙一段，在四十里之外，望之不见，潮长上可行舟，潮退尚深三四尺。人言自来如此，并无淤梗"②。当时，六套口以下依然河宽水深，通航情况良好，船只可在六套以东的任何地方出海，可以"自淮之六套口入海至麻湾，仅三百余里"③，也可以"自淮安府开船至八套口，计叁百余里，系河道，可为壹程。自八套口开船至莺游山，约贰百肆拾里，用东南风，壹日可到，为壹大程"④。综上可见，潘季驯治河后，黄河两岸修建堤防，泥沙被大量输运至河口，到万历十九年（1591年），河口延伸到十套上下，甚至接近十一套。

1591年河口延伸到"十套上下"的看法，学界认识比较一致。⑤本

---

① 光绪《阜宁县志》卷3《川渎上》。

② 《行水金鉴》卷35《河水》，引潘季驯《并勘河情疏》（万历二十年）。

③ 万历二十三年（1595年），登莱分巡副使于仕廉建议恢复胶莱河航运，提到"自淮之六套口入海至麻湾，仅三百余里"。参见（清）王源《居业堂文集》卷1《于侍郎传》。

④ （明）张学颜：《万历会计录》卷35《海运》。

⑤ 参见郭瑞祥《江苏海岸历史演变》，《江苏水利》1980年第1期；中国科学院编《中国自然地理·历史自然地理》，科学出版社1982年版，第63页；张忍顺《苏北黄河三角洲及滨海平原的成陆过程》，《地理学报》1984年第2期；南京师范大学、江苏省黄河故道综合考察队编《江苏省黄河故道综合考察报告》，1985年，第49页；叶青超《试论苏北废黄河三角洲的发育》，《地理学报》1986年第2期；万延森《苏北古黄河三角洲的演变》，《海洋与湖沼》1989年第1期；徐海亮《黄河下游的堆积历史和发展趋势》，《水利学报》1990年第7期；周魁一《中国科学技术史·水利卷》，科学出版社2002年版，第493—494页；王光谦等《黄河流域生态环境变化与河道演变分析》，黄河水利出版社2006年版，第114页；孟尔君、唐伯平《江苏沿海滩涂资源及其发展战略研究》，东南大学出版社2010年版，第4页；许炯心《黄河河流地貌过程》，科学出版社2012年版，第500页。

书还同意十套大约距云梯关 35 公里的说法。①认为从万历六年（1578
年）前的距云梯关 20 公里增加到万历十九年（1591 年）的 35 公里，年
均推进速度高达 1.07 公里。这一结果与张仁等人提供的 1.4 公里以及徐
福龄推算出的 1.08 公里差别不大。②但遗憾的是，以上两人的研究没注
明具体的资料来源。

2. 明末至清初河口缓慢伸展

潘季驯离任后，针对河身日高、淮不敌黄、清口倒灌、泗州和明祖
陵受威胁等情况，一些人开始谋求分黄导淮。其实早在万历十七年
（1589 年），针对"黄流哽噎，淮水逆壅，两河溃裂四出"③的情况，杨
一魁便提出分黄导淮，议开桃源县黄坝新河，分黄水至五港、灌口入海，
建武家墩、高良涧、周家桥减水石闸，导淮分别出泾河、子婴沟，经射
阳湖、广洋湖入海。其建议遭到海州人张朝瑞的反对，张极力要求堵塞
黄崮口，恢复徐邳故道。后来，鉴于黄强淮弱、淮不敌黄、沙停淤滞、
清流不下，万历二十二年（1594 年）正式下诏分黄导淮。

万历二十四年（1596 年）杨一魁实施分黄导淮，开桃源黄家坝新河，
自黄家嘴起，东经清河，至安东县灌河口，长 300 余里，分泄黄水入海，
并在高家堰上建闸，分泄淮水东经里下河地区入海，于是"泗陵水患平，
而淮、扬安矣"④。但杨一魁的措施仅收一时之效，不久新开河因水分流
浅而淤塞断流，漕运受阻，"黄壅于北则淮缩而南，虽分疏归海，只益下
河之昏垫，而淮渎仍无归，两河决溢，史不绝书"⑤。于是七年之后的万
历三十年（1602 年），以"不塞黄崮口，致冲祖陵，斥为民"⑥，杨一魁
分黄导淮的策略至此宣告失败。杨一魁的分黄策略，不过是在黄河入海

---

①　参见张仁、谢树楠《试论黄河下游现行河道的寿命》，载《中美黄河下游防洪措施学术
讨论会论文集》，中国环境科学出版社 1989 年版，第 110 页；周魁一《中国科学技术史·水利
卷》，科学出版社 2002 年版，第 493 页。

②　参见徐福龄《黄河下游明清时代河道和现行河道演变的对比研究》，载谭其骧主编《黄
河史论丛》，复旦大学出版社 1986 年版，第 212 页；张仁、谢树楠《废黄河的淤积形态和黄河下
游持续淤积的主要成因》，《泥沙研究》1985 年第 3 期。

③　光绪《阜宁县志》卷 3《川渎上》。

④　《明史》卷 84《河渠志二》。

⑤　光绪《阜宁县志》卷 3《川渎上》。

⑥　《明史》卷 84《河渠志二》。

口外，寻求新的水沙入海口，而且高家堰泄水的增加，减少了蓄清刷黄的水量，不利泥沙的入海。因此从河口水沙变化而言，可想象这一时期输入海口的泥沙相对潘季驯治河时期减少，河口推进速度减缓。此时六套口以下依然河宽水深，通航情况良好，船只仍可"繇淮之六套口入海"①。

明末清初战乱频繁，导致堤防失修，频频溃决，"下游淤垫逾甚"②，河道行水行沙能力降低，河口淤积推进速度有所减缓。自顺治七年至十二年（1650—1655 年），"河身日就淀高，只因彼时河尚深数丈，是以虽有淤沙将河底逐渐淀高，而人不及知也"③。再加上顺治年间实行禁海政策，于河口钉塞桩木，结果"浮苇浪草，遇桩存滞，沙淤河浅，尾闾不泄"④，一定程度上加剧了海口泥沙的淤积，引起黄水倒灌，影响到海口以上桃源一带堤防。

万历后期至清初，河患多发生于徐州至安东之间，中途河道淤积迅速。从康熙元年到十六年（1662—1677 年），黄河下游几乎年年决溢，大都集中在留县以下河段。⑤ 康熙初清江浦以下原宽一二里至四五里的河身，10 年后只宽一二十丈。原深二三丈至五六丈的河身，10 年后只深数尺。当日之大溜宽河，皆淤成陆地。⑥"云梯关海口淤沙成滩，亘二十余里，水由东北旁泄"⑦，漕运通行受到很大影响。清初，河臣已认识到海口的重要性，户部左侍郎王永吉、御史杨世学言："治河必先治淮，导淮必先导海口，盖淮为河之下流，而滨海诸州县又为淮之下流。乞下河漕重臣，凡海口有为奸民堵塞者，尽行疏浚。"⑧

总之，潘季驯治河后至靳辅治河前，由于黄河频繁发生决口分流，泥沙大部分沉积到中途河道，仅部分被带入海口，故河口推进趋缓。"自

---

① 《明神宗实录》卷 570，万历四十六年五月壬辰。
② 光绪《阜宁县志》卷 3《川渎上》。
③ 乾隆《江南通志》卷 51《河渠志》。
④ （清）帅颜保：《开复云台疏》，载乾隆《江南通志》卷 14《舆地志》。
⑤ 参见《黄河水利史述要》编写组《黄河水利史述要》，中国水利水电出版社 1982 年版，第 300 页。
⑥ 参见（清）靳辅《文襄奏疏》卷 1《治河题稿》。
⑦ 光绪《阜宁县志》卷 3《川渎上》。
⑧ 《清史稿》卷 126《河渠志一》。

宋神宗十年黄河南徙，距今仅七百年，而关外洲滩离海远至一百二十里，大抵日淤一寸。海滨父老言：更历千载，便可策马而上云台山。理容有之，此皆黄河出海之余沙也。"① 当时"自清口历清江浦、云梯关以至海口，尚有三百三十里之遥"②，或曰"清口至海口三百里"③。又，清口距离云梯关二百余里④，"云梯关外，淤沙入海，渐长渐远，相距二百余里"⑤，"自云梯关外以至海口尚有百里之遥"⑥。据此可推算出，云梯关距海口110—130里，本书折中采用120里的数据。⑦ 据此可知，河口在十套（距离云梯关35公里）的基础上，80余年的时间内，又向东推进至距离云梯关120里（换算后约51.6公里）处，年推进0.19公里。

（三）靳辅治河至铜瓦厢决口前的海口

1. 康熙十六年后河口快速延伸（1677—1700年）

康熙十六年（1677年），安徽巡抚靳辅任河道总督。因河道长时间疏于治理，归仁堤、王家营、邢家口、古沟、翟家坝等处先后溃溢，高家堰决30余处，淮水全入运河，黄水逆上至清水潭。砀山以东两岸决口数十处，下河七州县淹为大泽，清口涸为陆地。洪泽湖下游自高家堰以西至清口约长20里，"向之汪洋巨浸者，今止存宽十余丈深五六尺至一二尺不等之小河一道矣"，"清江浦以下，河身原阔一二里至四五里者，今（康熙十六年）则止宽一二十丈。原深二三丈至五六丈者，今则止深数尺。当日之大溜宽河，今皆淤成陆地，已经十年矣"⑧。河道淤积速度惊人，其容纳泥沙的能力较明代潘季驯治河时大为降低，故清口以下河段成为靳辅上任后治理的重点。

靳辅继承了潘季驯的治河方略，建议疏浚河流下游，自清江浦至云

① （清）靳辅：《治河奏绩书》卷4《开辟海口》。

② （清）靳辅：《治河奏绩书》卷3《奏议》。

③ 光绪《阜宁县志》卷3《川渎上》。

④ 参见（清）张鹏翮《治河全书》卷15《会勘马家港等工》。

⑤ 光绪《阜宁县志》卷3《川渎上》。

⑥ （清）靳辅：《文襄奏疏》卷1《经理河工第一疏》。

⑦ 张仁、周魁一等在研究中也采用了120里的数据（参见张仁、谢树楠《试论黄河下游现行河道的寿命》，载《中美黄河下游防洪措施学术讨论会论文集》，中国环境科学出版社1989年版，第110页；周魁一《中国科学技术史·水利卷》，科学出版社2002年版，第493页）。

⑧ （清）靳辅：《文襄奏疏》卷1《经理河工第一疏》。

梯关河身两旁离河 3 丈处各挑引河一道，以增加水流入海的流路。云梯关至海口之间原无堤防，建议以所挑土筑两岸大堤，南岸自白洋河，北岸自清河县，均东至云梯关。康熙十七年（1678 年），筑云梯关外两岸堤工 18000 余丈，其中黄河北岸堤防自云梯关安东界起至六套以东止，长 8142 丈 5 尺，南岸堤防自云梯关起至海口七巨港以西尽头止，长 10261 丈 3 尺。① 北岸之堤比南岸短 2000 余丈，原因是"盖河至此处，稍稍宽深，可以不至四散。……因南岸地势洼于北岸，惟恐水到旁泄，是以多为之东此二千余丈耳"②。以上筑堤皆取土于二套、四套、六套等河套。还堵塞山阳、清河、安东黄河两岸决口，使"海口迅流无阻"③。并增建北岸宿迁、桃源、清河、安东减水坝 10 座，其中王营大坝长 100 余丈，上造浮桥，下通水道，矶心 103 座。是年，又于宿迁拦马河递建 6 坝 7 洞，兴筑堤塘，泄黄河骆马湖涨水，名六塘河。经过靳辅等人的治理，"海口大辟，下流疏通，腹心之害已除"④。但堤防的修筑以及高家堰的加固，增加了河口海岸地区的来水来沙。同时由于海潮的顶托，大量泥沙在河口淤积，并不断向东延伸。到康熙二十年（1681 年），靳辅建议自云梯关至海口间 160 里，每里设兵 6 名，每兵管堤 30 丈。⑤

康熙二十三年（1684 年），靳辅建议于宿迁、桃源、清河三县黄河北岸堤内开中河。于清河西仲家庄建闸，引拦马河减水坝所泄水入中河。二十四年（1685 年）正月，疏请徐州以上毛城铺、王家山诸处增建减水闸。后因"（于）成龙议开海口故道，（靳）辅仍主筑长堤高一丈五尺，束水敌海潮"⑥，二人产生分歧，最后皇帝采纳疏浚海口的建议。二十七年（1688 年）靳辅被罢官，三十一年（1692 年）恢复河道总督一职，同年十一月去世。靳辅以后，后任河臣继续实施筑堤束水攻沙的河工方略，充分认识到了堤防的重要性："盖当黄河尾闾诸水入海之区，堤防不固，一有旁泄，淤沙立至。每见清水盛大之年，海口深通倍于往时，刷沙之

---

① 参见（清）靳辅《治河奏绩书》卷 2《堤河考》。
② 《行水金鉴》卷 60 引《河防杂说》。
③ 光绪《阜宁县志》卷 3《川渎上》。
④ 《清史稿》卷 279《靳辅传》。
⑤ 参见（清）康基田《河渠纪闻》卷 15。
⑥ 《清史稿》卷 279《靳辅传》。

力大也","河性合则急而沙行，缓则漫而沙积，作堤以束其气，而急之使攻沙也"①。《河渠纪闻》载康熙三十五年（1696年）河工情况："黄河自宋神宗时南徙与淮合，至今六百余年，海沙漫淤，云梯关距海口二百余里。康熙年间，海口在黄家港地方，潮汐往来，壅沙日远。近时河海交接之处，两岸接生淤滩，南岸遂有新淤尖、尖头洋之名，北岸有二泓、三泓、四泓之名。距王家港又有四十余里之遥，滩势逾长，海口逾远，水势散漫，口门计有二三百丈至一千数百丈之宽。"②

康熙三十九年（1700年），河督于成龙堵塞马家港口，但同年六月被冲毁。此后，河臣张鹏翮继续堵闭马港河引河，将拦黄坝全部拆除，以防"水漫流，海潮挟卤以入"③，仍使大河从云梯关以下旧河道入海。正河下游开浚深通，刷宽百丈有余，滔滔入海，皇帝赐名"大通口"。同时，大修高家堰，使淮水"悉归清口"。又开洪泽湖出口处7条引河，于清口筑坝台一座，逼淮水三分入运，七分敌黄，"南岸汛自陈家社下山清外河交界起，至陆家社灶工尾止，缕堤长一万二百六十一丈五尺，内有康熙三十六年修筑卑薄之处，又有三十八年捐工人员领工未经兴修之处，三十九年俱重修"。拦黄坝拆除后，因担心海口或有淤沙之处，张鹏翮"舟行一百一十五里，至二十日至八滩之地。今日海口，一望东海，汪洋无际。此坝开拆深通，则黄水入海自是畅达"，"自大通口至惠家港、八滩入海之处，俱深三四丈不等，自此两河皆复其故，而淮海之间永庆安澜矣"④。可见，至康熙三十九年（1700年），河口已到达八滩、惠家港一带。八滩的位置在二木楼与七巨港之间。据新修《滨海县志》（1988年）记载，二木楼建于乾隆年间，黄河口到射阳河边建10个木楼，以作瞭望用，由北向南，此地序列第二，故称二木楼。据此可判断，此时距离当超过四年前的"二百余里"，本书保守地估为210里。⑤

---

① （清）康基田：《河渠纪闻》卷19。
② （清）康基田：《河渠纪闻》卷16。
③ （清）康基田：《河渠纪闻》卷19。
④ （清）张鹏翮：《治河全书》卷17《辟清口引河》，卷11《北岸汛》。
⑤ 据生活在康熙后期至乾隆初年的方苞的说法，"今由云梯至海口约二百五十里，中有青沙夹沙，又有仰面横沙正当口门，俗称铁门槛滩"（方苞《望溪集》卷3《黄淮议》）。则推测此时距离当远低于240里，稍多于200里，故定为210里左右。

总之，靳辅治河后，重视堤防建设，河口推进迅速。短短 20 余年，云梯关距离河口已由康熙十六年（1677 年）前的"一百二十里"，增加到康熙三十五年（1696 年）的"二百里"①，再增加到康熙三十九年（1700 年）的大约 210 里，合 90.3 公里（1 里约合今 0.43 公里）。据此可计算出年推进速度达 1.68 公里，高于潘季驯治河时期 1.14 公里的速度。关于靳辅治河后的河口推进速度，已有的研究成果中，徐福龄年推进 1.08 公里的说法与本结果较接近。② 但目前学界中普遍采取"八滩以东"的笼统说法，且对于八滩至云梯关的距离说法不一。③

2. 康熙四十年至乾隆二十年（1701—1755 年）

据研究，康熙三十九年（1700 年）以后的 10 余年，清流奋涌而出，会黄入海，漕运无阻。因该地区直接或间接接受了黄河泥沙的填充，促使云台山地区海峡先后淤成平陆，使曲折侵蚀性的岩岸沙岸，转化为平直的淤泥质海岸。④ 康熙五十年（1711 年），黄河口北侧云台山与海州间渡口淤平，云台山与大陆相连。到雍正、乾隆时，特别是乾隆中叶以前，对于黄河的治理是比较重视的。⑤ 雍正元年（1723 年）整修太行堤，创筑徐州、邳州北岸以及宿迁、桃源南岸越堤 5370 丈，格堤 264 丈。雍正二年（1724 年），修建睢宁、宿迁南岸埽工 689 丈，筑山阳县张庄东西堤。雍正五年（1727 年），齐苏勒大修河南黄河两岸堤防，在海口筑坝束清敌黄，疏浚积沙，于黄河北岸六套以下加筑堤防 20 里。雍正八年至九年（1730—1731 年），嵇曾筠筑塞安东黄河决口，建清口挑水三坝，修缮河南虞城至海口大堤，议定河堤修筑土方漕规。始设黄运两河修堤堡夫，

---

① "二百里"的数据为《黄河水利史述要》《中国科学技术史·水利卷》等研究所采用。

② 参见徐福龄《黄河下游明清时代河道和现行河道演变的对比研究》，《人民黄河》1979 年第 1 期。

③ 参见郭瑞祥《江苏海岸历史演变》，《江苏水利》1980 年第 1 期；叶青超《试论苏北废黄河三角洲的发育》，《地理学报》1986 年第 2 期；王光谦、王思远、张长春《黄河流域生态环境变化与河道演变分析》，黄河水利出版社 2006 年版，第 114 页；孟尔君、唐伯平《江苏沿海滩涂资源及其发展战略研究》，东南大学出版社 2010 年版，第 3 页；许炯心《黄河河流地貌过程》，科学出版社 2012 年版，第 500 页。

④ 参见郭瑞祥《江苏海岸历史演变》，《江苏水利》1980 年第 1 期。

⑤ 参见《黄河水利史述要》编写组《黄河水利史述要》，中国水利水电出版社 1982 年版，第 303—307 页。

设立堡房，清理苇荡，结果使得"黄河自三百丈渐宽至五六里，大流直趋，朝宗畅顺"①。雍正十年至十一年（1732—1733 年），筑阜宁县北岸四套月堤1800 丈，于三套以下高阜处筑月堤4135 丈，筑龚家营、徐家庄月堤，以免"有出漕旁泄之患"②。

乾隆初仍采用固堤束水、裁弯取直以及放淤的治河办法。河督高斌继承了前人的治河方略，认为"黄水宜合不宜分，清水宜蓄不宜泄，惟规度湖河水势，视其缩盈以定蓄泄，方不至泛溢阻碍为民害"③。奏挑黄河南岸各减水坝下河道，修毛城铺滚水大坝，多次启放王营减坝。清口地区始设木龙挑溜，开黄河各处引河，截弯取直。浚马家港引河，分减黄河涨水，调苇荡营浚船疏浚河道。到乾隆十一年（1746 年），马家港口门增加至20 丈，分泄甚畅。次年，周学健调查河口淤积情况，得知河口位于七巨港以下。④

乾隆十八年（1753 年）十月，大学士陈世倌疏称，黄河入海剧增，多致壅塞。皇帝命刘统勋前往查勘，并谕军机大臣等："陈世倌奏黄河入海向只六套六巨，今增至十套十巨，海口壅塞等语。此亦不过撫拾浮言，究非确论。着交与舒赫德等，将何时增涨，于现在河流入海有无阻遏，及应如何设法疏浚之处，俟工竣后，一并勘明议奏。"⑤ 十八年（1753 年）十二月，钦差尚书刘统勋等复奏："查勘黄河入海巨套，据沿海兵民称，海口旧在云梯关，近因海水渐退，河身两岸生淤，增长百余里。臣等查巨套均在七巨港之上，一巨一里，十巨仅十里。套则七八里、十里不等。十巨去海口甚远，河流通塞与增巨无涉。即十套之下，河身数十里，分流入海，亦无阻遏，无庸疏浚。"⑥ 乾隆二十年（1755 年），黄河、淮河涨水，启放毛城铺、王家山、峰山减水闸以及王家营减水坝。

乾隆二十一年（1756 年），大学士陈世倌疏陈减黄之害，认为海口堤工不必缮治，希望仍将十套十洞恢复为海口。他说："今自云梯关至四木

① 民国《阜宁县新志》卷9《河督周学健奏疏》。
② （清）嵇曾筠：《防河奏议》卷5《建筑四套月堤》。
③ 《清史稿》卷310《高斌传》。
④ 参见《续行水金鉴》引乾隆十二年周学健奏疏。
⑤ 参见《清高宗实录》卷449，乾隆十八年十月甲辰。
⑥ 《清高宗实录》卷453，乾隆十八年十月己酉。

楼海口，且远至二百八十余里。……且此二百八十余里之中，昔年止有六套者，今且增至十套，与南岸之十洄上下回抱，形若交牙凶束，河流至十曲而后入海。"[1] 文人奏疏中难免存在一些夸大不实的地方[2]，地方志即评价说陈世倌关于"十洄"的说法"实为大谬"[3]。不过毕竟是呈给皇帝的奏折，地名的说法离奇不确切，但数据方面还不至于太离谱。其关于海口淤积"二百八十里"的说法应该是可信的，但目前仅有少数研究者采用了这一数据。[4]

总之，经过靳辅、于成龙、张鹏翮等河臣的一系列河工建设，"始则开南北两岸，以分黄之势。后则筑海口两堤，以停黄之淤"，结果到乾隆二十年（1755 年），海口移到了云梯关以东 280 余里的四木楼。[5] 自康熙三十九年到乾隆二十年（1700—1755 年），前后仅 50 余年，淤滩便在210 里的基础上增加至 280 里。

3. 乾隆二十二年至咸丰五年前（1757—1855 年）

乾隆二十年（1755 年）以后，整个河道进入了一个河床淤高产生决溢，决溢又进一步加重河道淤积，使之决溢频繁，尾闾问题更加严重的阶段。[6] 乾隆二十二年（1757 年）任漕运总督的杨锡绂，在《云梯关》一诗中提到：云梯关向为海口，今黄河东注，流为九套，九套之外方为海口，距关几三百里。[7] 清楚地表明此时距离海口还不到 300 里。十几年后的乾隆四十一年（1776 年），河臣萨载勘察河口沙淤情况，奏称："黄河自安东县云梯关以下，计长三百余里，迂回曲折。……询之土人渔户云：从前海口原在王家港地方，自雍正年间至今，两岸又接生淤滩，长四十余里，南岸有新淤尖、尖头洋之名，北岸有二泓、三泓、四泓之名。

① （清）陈世倌：《筹河工全局利病疏》，载《清经世文编》卷 100《工政六》。
② 参见刘大卫《就一节史料谈黄河夺淮与河口东移问题》，《盐城师专学报》1996 年第 4 期。
③ 光绪《阜宁县志》卷 11《苇荡营》。
④ 参见王恺忱《黄河明清放道尾闾演变及其规律研究》，载刘会远主编《黄河明清故道考察》，河海大学出版社 1998 年版，第 259 页；周魁一《中国科学技术史·水利卷》，科学出版社2002 年版，第 493 页。
⑤ 参见（清）陈世倌《筹河工全局利病疏》，载《清经世文编》卷 100《工政六》。
⑥ 参见王恺忱《黄河明清故道海口治理概况与总结》，载刘会远主编《黄河明清故道考察研究》，河海大学出版社 1998 年版，第 285 页。
⑦ 参见（清）杨锡绂《四知堂文集》卷 34《云梯关》。

四泓业经淤垫，二泓现宽二十余丈，潮退时口门水深二三尺。三泓现宽四十余丈，潮退时口门水深三四尺"①。光绪《阜宁县志》所载大略相同，称"自开大通口八十年来，黄水滔滔东注，并无阻遏。惟潮汐往来，淤沙积累，南洋有大淤尖、尖头洋之名，北洋有头泓、二泓、三泓、四泓之名，海口距从前王家庄海口四十里而遥"②。可见，这时黄河入海口已由乾隆二十二年（1757 年）的"几三百里"增加为"三百余里"，河口到了新淤尖、四泓，两岸涨出淤滩 40 余里。

其后的一些记载中，多有"三百余里"的说法。例如：乾隆五十一年（1786 年）四月，大学士公阿桂疏称，从前云梯关外即系海口，百余年来，关外涨成沙地，海口距云梯关已有 300 余里。挑挖二套引河，次年二套引河淤成平陆，水由旁泄。五十二年（1787 年），李世杰上《海口无庸改由二套疏》：查上年钦差大学士公阿桂奏言，欲清上游，先疏下游，从前云梯关外即系海口，百余年来，关外涨成沙地，海口距云梯关已有 300 余里，黄水至此再无关束，势不能如前迅速。③ 嘉庆初年，云梯关下至海口新淤 300 余里。④ 当然，上述诸多"三百余里"的数字并非固定不变，而应该是持续增加。嘉庆八年（1803 年），吴璥上《勘办海口淤沙情形疏》，称自云梯关至新淤尖以上，河宽一百数十丈至二三百丈不等。深八九尺至一丈二三尺不等，至新淤尖以下即系海口，一望汪洋，茫茫无际。到嘉庆九年（1804 年），徐端奏称，查自云梯关外至海口，以沿河程途计算，有三百六七十里。⑤

嘉庆九年（1804 年）以后至道光年间，多次接筑云梯关外两岸大堤，进行截弯取直，挑挖河道，使河口延伸速度大大加快。例如：嘉庆十年（1805 年）三月，改海口俞家滩弯河。嘉庆十一年（1806 年），戴均元建议改河由六塘河归海。嘉庆十二年（1807 年）七月，河决阜宁陈家铺，由五辛港入射阳湖，奏请改道未果，乘机大挑正河。嘉庆十四年（1809 年）七月，河由北潮河入海，吴敬听之任之。松筠坚持塞马港，复旧河。

---

① （清）康基田：《河渠纪闻》卷27。
② 光绪《阜宁县志》卷3《川渎上》。
③ 参见（清）李世杰《海口无庸改由二套疏》，载《清经世文编》卷97《工政三》。
④ 参见（清）包世臣《中衢一勺》卷2《郭君传》。
⑤ 参见《续行水金鉴》卷30，引嘉庆九年（1804 年）徐端奏疏。

嘉庆十五年（1810年）接筑云梯关外新堤后，海口淤积迅速，堤尾无堤之处形成新的河滩地。两江总督百龄查勘河口，发现三、四、六泓业已淤闭，唯五泓涨潮即可通舟，落潮即涸。同年冬，派钦差尚书马慧督办修复海口工程，挑挖马港以下二木楼正河，筑海口新堤，北岸马港口尾至叶家社15764丈，南岸自灶工尾至宋家尖6859丈，设官修守。到十二月份，马港合龙，河归故道。自云梯关至八滩而下直到海口南尖俱深二三四丈至五丈余尺不等。并将大堤由叶家社接筑缕堤至龙王庙。①

这一时期，许多人建议人工改变黄河入海口。道光五年（1825年），河流自御黄坝以下至海口八滩淤200余里，琦善、严烺建议导河由灌河口入海，但未能实行。据《河防纪略》记载，道光六年（1826年），琦善、严烺奏治河五事：一严守闸坝，二接筑海口长堤，三逢弯取直、切滩挑河，四修复浚船，五筑平滩对坝。同年，张井等建议改河，称旧道自王营至海口计948里，新河至灌口计370里，旧海口低于王营5丈8尺，新海口低于王营7丈2尺，建议自安东东门工以下，以北堤为南堤，改筑新北堤，中挑引河，但没有实施。次年塞减坝，浚海口，归故道，并自龙王庙以东接筑缕堤到六泓子。至道光后期，"云梯关至海口已有陆路一百七八十里"②。淮河入海口已过六泓子达望海墩。

概括这一时期的河工建设：一是修补加培黄河堤防，接筑长堤、缕堤、越堤，废弃云梯关外黄河缕堤，不再与水争地；二是多次启放毛城铺、峰山、王家山、苏家山、刘老涧、王营等处减水坝，大修高家堰，尤其是嘉道年间为突出③；三是增加清口地区木龙数量，开挖疏浚引河，堵塞决口，使河水回归故道。结果50多年间，河口从乾隆二十年（1755年）的"几三百里"增加到"三百余里"乃至"三百六七十里"。以上所列"二百八十里""三百里""三百六七十里"等数据，代表了不同阶段的变化情况，却为多数研究者所忽视。可能是担心奏疏诗文中数字夸大不实，以及史料记载中前后矛盾，故避而不用，而普遍倾向于利用地

---

① 参见（清）刘锦藻《清续文献通考》卷11《田赋考》。

② （清）铁保：《梅庵文钞》卷2《缕陈湖河情形疏》。

③ 泄水活动的增加，当与气候的变化有关。据王涌泉等人的研究，1776—1818年黄河中游地区以干旱为主，1818—1856年处于异常多雨的湿润时期。

名定位法复原河口位置。目前只有少数学者利用以上数据。根据张仁经
修正后的数据，"三百六十里"对应 154.8 公里。[①] 通过计算可知，前后
约一百年，年推进速度 340 米。

总之，海口地区的环境演变过程非常复杂。自南宋黄河夺淮至清后
期黄河北徙的几百年间，黄河入海口经历了一个明显的演变过程。由最
初的云梯关"关外即海"，演变为云梯关至海"以沿河途程计算，有三百
六七十里"，不断递增（表5—2）。

表5—2　　　　　　　　　　黄河口延伸情况一览表

时间	内容	距云梯关（公里）	每年延伸（公里）	资料出处
1128—1495	"宋元以前，关当淮河之口""云梯关外，海口甚阔"	0	0	康熙《庙湾镇志》潘季驯《河防一览》卷9
1495—1546	"一淮受全河之水"，"清口合流，淤沙汇注"	15	0.29	《行水金鉴》卷23引朱裳奏疏
1547—1578	"出六套口至鹰游山止，海行一日之程"	20	0.16	梁梦龙《海运新考》卷下
1578—1591	"云梯关以下自夹（六）套至十一套，面阔三五七八里及十里不等"	35	1.15	《行水金鉴》卷35引潘季驯奏疏
1592—1676	"自宋神宗十年黄河南徙，距今仅七百年，而关外洲滩离海远至一百二十里，大抵日淤一寸"	51.6	0.19	靳辅《治河奏绩书》卷4
1677—1700	"云梯关迤下为昔年海口，今则日淤日垫，距海二百余里""黄河自宋神宗时南徙与淮合，至今六百余年，海沙漫淤，云梯关距海口二百余里"	90.3	1.68	《行水金鉴》卷52；康基田《河渠纪闻》卷16

---

① 参见张仁、谢树楠《试论黄河下游现行河道的寿命》，载《中美黄河下游防洪措施学术
讨论会论文集》，中国环境科学出版社 1989 年版，第 110 页。

续表

时间	内容	距云梯关 （公里）	每年延伸 （公里）	资料出处
1701—1755	"今自云梯关至四木楼海口，且远至二百八十余里"	120.4	0.56	陈世倌《筹河工全局利病疏》
1756—1855	"黄河自安东县云梯关以下计长三百余里，迂回曲折"；"海口距云梯关已有三百余里之遥"；"查自云梯关外至海，以沿河途程计算，有三百六十里"	154.8	0.35	《续行水金鉴》卷17；那彦成《阿文成公年谱》卷31

说明：1. 官员奏折等史料中的数据，夸大不实之处在所难免，但从中仍可看出各个阶段的变化情况，对各时期增速快慢仍可进行判断；2. 本表尽量呈现文献的原始数据，除个别数据外，一般不作修正处理。

据上表可见，河口延伸最快的是靳辅治河时期，其次是潘季驯治河时期，然后为乾隆中期以后，年延伸长度分别是1.68公里、1.15公里和0.56公里。这三个时间段都是河工治理最突出的时期。自1578年潘季驯采取筑堤束水入海的办法，大筑堤防之后，清口以下泥沙大量下排，河口延伸速度增加，达到1.15公里。1677年靳辅主持治河之后，继承并发展了潘季驯的治河方略，堤防进一步延续加强，达到了1.68公里的最高值。何以靳辅治河后的延伸速度高于潘季驯治河时期？明代潘季驯"筑堤束水，以水攻沙"的治河策略，确实增加了泥沙的输送，但因当时河身及海口宽深，"大溜宽河"①，容纳了大量泥沙，一定程度上降低了河口延伸速度，所以河口的大规模延伸，主要发生在靳辅治河以后。潘季驯、靳辅治河后，都分别发生了实施人工改道的活动：一次是万历二十四年（1596年）于海口附近黄河北岸黄坝改道，新河由灌口入海；另一次是康熙三十五年（1696年）在云梯关外马港改河，由北岸南潮河入海。这两次向北改河，不久即淤，均没有成功。康熙、乾隆时期高达0.56公里的延伸速度，则是因为此时河道"整理之工程极盛"②，多次接筑云梯关外

---

① （清）靳辅：《文襄奏疏》卷1《经理河工第二疏》。
② 武同举：《江苏淮北水道变迁史》，载《两轩剩语》，民国十六年（1927年）铅印本。

两岸大堤。

反之，河口延伸速度最慢的时间段分别是潘季驯治河以前和明清之际。潘季驯治河前，黄河没有全面筑堤，明清交替时战争频繁，河防废弛，河患下移，河道受病日深，故河口延伸比降变缓，输水输沙能力日益降低。洪泽湖基本失去蓄清刷黄的作用，高家堰下来的淮河清水日益减少，以致河道日益淤垫，河口延伸速率无法提高，其延伸速率每年仅有 190 米。这与张仁研究得出的 200 米的结果相差不大。[①]而清后期自 1764 年至 1804 年云梯关外缕堤放弃不守，平均每年向海延伸速度放缓。[②] 延伸速度较明清之际快，但仅保持在每年 340 米的水平上。

咸丰五年（1855 年）时，废黄河三角洲已北伸至今灌河口的开山岛，开山岛与陆相连成陆连岛。南缘直达射阳河的大喇叭口。[③] 同年，河决河南兰阳铜瓦厢，夺大清河由山东利津入海。清口至海口数百里断流，形成了今天的废黄河。相关水利设施大量废弃，上游最大支流河道莞渎河于清同治年间淤塞，七巨港涵洞于光绪八年（1882 年）被水冲毁。自清口以下至云梯关，河身节节高仰，难于浚深。[④] 随着黄河北徙，苏北河口地区失去了泥沙补给，在海洋波浪潮汐的作用下，河口沙嘴和突出的岸线不断剥蚀后退，曾经的桑田再度沦为沧海。光绪《阜宁县志》载曰："近年黄河北徙，海滩日塌，昔之青红沙、新丝网滨均塌入海"，"淮渎枯涸，湖潴未蓄，咸潮阑入，射阳膏腴之田动成斥卤"，而且对鱼类的生存也带来负面影响，阜宁县因"淡水弱，卤潮强，鱼亦悠然逝矣"[⑤]。蚀退的部分泥沙不停地向两侧输送，北至临洪口，南到海安，引起灌河口以北、射阳河口以南海岸的淤涨和苏北各挡潮闸下游的淤积。[⑥]

① 参见张仁、谢树楠《废黄河的淤积形态和黄河下游持续淤积的主要成因》，《泥沙研究》1985 年第 3 期。

② 参见徐福龄《黄河下游明清时代河道和现行河道演变的对比研究》，载谭其骧主编《黄河史论丛》，复旦大学出版社 1986 年版，第 212 页。

③ 参见南京师范大学、江苏省黄河故道综合考察队编《江苏省黄河故道综合考察报告》，1985 年，第 49 页。

④ 参见（清）曾国藩《曾文正公书札》卷 33《复张友山漕师》。

⑤ 光绪《阜宁县志》卷 3《川渎上》，卷 1《兵戎》《恒产》。

⑥ 参见赵文林《黄河泥沙》，黄河水利出版社 1996 年版，第 478 页。

第二节　苏北其他河流入海口的变化

苏北沿海"为众流入海之区，较他处为甚"①，遍布黄河（淮河）、涟河、灌河、大浦、盐河、射阳河、北串场河、南串场河等河流的入海口。其中仅海州一地就有获水、分水、柘汪、潮河、兴庄、青口、唐生、范家、小河、临洪、恬风、新坝、板浦、出河港等大小河口 15 处②，可谓名副其实的洪水走廊。谭其骧《中国历史地图集》第七册绘制了明万历十年（1582 年）的涟河口、黄河口、射阳河口、旧官河口等主要入海口。同书第八册清嘉庆二十五年（1820 年）地图中，入海河口变为蔷薇河口、涟河口、北潮河口、黄河口、北洋口、射阳河口等，前后变化明显。本节主要分析涟河、蔷薇河以及灌河的河口演变情况。

一　黄河口以北地区河口的变化

（一）涟河口的变化

涟河亦称涟水，《水经注》作游水。涟河口是涟河排泄桑墟、硕项湖水的重要口门，通过涟河东北流，在海州东南部入海。桑墟湖、硕项湖汇集了上游山东沭河部分来水，正德《淮安府志》载曰：沭水至沭阳县分为五道，一入涟水，一入桑虚湖，三入硕项湖。其中，自县治北东流入硕项湖的一支为主流。沭河支流在沭阳县城附近分三道汇入桑墟湖和硕项湖，又分支南出，主流部分东南流，称涟水，在安东县城北与硕项湖南下的另一支涟水汇合，两水在安东县城以东汇入黄河。万历二十四年（1596 年）开桃源黄坝新河，起黄家嘴，至安东五港、灌口，长 300余里，分泄黄水入海，以抑黄强。③ 武同举《江苏水利全书》指出："黄坝新河之道，必经安东县西东中之涟河，从灌口下南潮河入海，自是涟河水道有变。"

---

①　《清文献统考》卷7《田赋考》。
②　参见嘉庆《大清一统志》卷105；韩曾萃、尤爱菊等《强潮河口环境和生态需水及其计算方法》，《水利学报》2006 年第 4 期。
③　参见《明史》卷84《河渠志二》。

明末清初，桑墟湖淤垫解体后，在其东北方向低洼地区形成了青伊湖，周围100余里。沭河经桑墟湖区流注青伊湖，然后经蔷薇河、涟河入海。据《沂沭泗河道志》的统计，康熙十三年（1674年）、四十二年（1703年）进行了大规模疏浚涟河。还修筑银山新坝，用来挡潮，还引涟河水入官河出海。① 清中期，涟河、蔷薇河淤塞，水无所泄。康熙年间河臣张鹏翮奏黄淮河工事宜，准备自刘老涧遥堤坝下挑引河一道，宣泄中河异涨之水，自鲍家庄至殷家口入涟河下海。② 雍正初年，内阁学士何国宗疏称：盐河北流一支会涟河至恬风渡入海，淮北盐船由此转运，自盐河闸至恬风渡出海口计程300余里，当为方远宜所称自支家河至涟河海口之故道。③

乾隆初，六塘至安东间分南北二股，南股穿场河趋武障，归南潮河入海，北股入串场河傍流，分趋东岸之义泽、六里、车轴等支河同注北潮河入海，正流下板浦趋涟河入海。④ 此时，沭河至沭阳县龙王庙分为二，前沭河由十字桥出陆家口归涟河入海，后沭河由孙家口、烂泥洪归涟河入海。有大臣建议，"涟河洪门淤浅，长堘残缺，需治孔亟"，"北潮河为六塘门户，海州之涟河尤为诸河脉络，相其缓急，以时浚治，滨海之穷黎庶其有苏也"⑤。乾隆十二年（1747年），在桃源县河头集新开港河，分泄六塘河水由沭阳入涟河。二十二年（1757年），又对港河进行了疏浚。乾隆十八年（1753年）疏浚高墟等河，俱分泄前后沭河水由烂泥洪、青伊湖入涟河归海。二十三年（1758年），海州知州李永书请浚蔷薇河及高墟、王官口、下坊三支河，分蔷薇河入涟河。三十六年（1771年），因海潮由涟河贯注，携带泥沙涌入各河，再加上游清河来源微弱，冲刷不力，水退沙停，以致蔷薇、王宫口、下坊口、王家沟等河淤垫。四十七年（1782年），位于凌沟口之涟河"年久淤垫"，江督萨载、河督

---

① 参见张传藻《说说新坝》，载政协连云港市海州区委员会编《海州文史资料》2004年第七辑，第34页。

② 参见（清）张鹏翮《治河全书》卷18《章奏》。

③ 参见（清）何国宗《勘复胶莱河疏》，载《清经世文编》卷48《户政二》。

④ 参见（清）康基田《河渠纪闻》卷21（乾隆七年）。

⑤ （清）康基田：《河渠纪闻》卷22（乾隆十年）。

李奉翰建议进行挑挖。① 五十六年（1791年），海州知州任兆炯因涟河口恬风渡"潮淤泥深"，筑堰造桥。至清后期，青伊湖亦渐淤塞成地势低洼的陆地。② 嘉庆十五年（1810年），海州知州唐仲勉称，此时恬风渡已淤成平陆，郁州以西涸出沙田数百顷，"涟河塞而青伊河乃东溢矣"③。

（二）蔷薇河口的变化

海州境内之蔷薇河及武障、顶冲、六里、东门、白蚬、牛墩、车轴等河，均系归海要道。④ 蔷薇河位于海州州治西一里，其上游先后为桑墟湖以及明末清初桑墟湖淤废后形成的青伊湖，湖上承沭河及西北诸山之水，东北由蔷薇河至洪门口归海，西北通赣榆临洪镇，南自新坝通涟水，内接市河入州城。以前漕运由此入，淮北场盐课也由此达安东，"后以潮汐往来，旋浚旋塞"⑤。元至顺元年（1330年）起，沭河改从蔷薇河入海。明嘉靖二十四年（1545年）浚河近2000丈，并在入海口建5道堤坝，以障潮汐。万历十五年（1587年），因蔷薇河年久淤塞，致盐运"绕道东海，方达淮安，中间苦难较前十倍"，两淮巡盐御史陈遇文建议挑浚。⑥ 后由于泥沙沉淀，清康熙初疏浚并改名玉带河。康熙十三年（1674年），海州知州孙明忠呈请挑浚，但不久又淤。四十二年（1703年），海州通判申崇厚凿石筑锁，建坝防淤。

乾隆七年（1742年），海州知州卫哲治建议挑蔷薇河及王官口、高墟口、高桥等河。十一年（1746年），南河总督顾琮建议将蔷薇河大加挑挖宽深，"仍于洪门口改建三洞闸座，以御海潮，并将通潮通河各口一律挑浚，自无漫淹之虞"⑦。同年，乾隆帝奏准疏浚青伊湖、蔷薇河。二十二年（1757年），疏浚海州王家河，以泄白水荡之水入蔷薇河。二十三年（1758年），海州知州李永书请浚蔷薇河及高墟、王官口、下坊三支河，分蔷薇河入涟河。三十五年（1780年），海州知州何廷谟疏浚蔷薇河及王

---

① 参见（清）康基田《河渠纪闻》卷28（乾隆四十七年）。

② 参见姜加虎、窦鸿身、苏守德编《江淮中下游淡水湖群》，长江出版社2009年版，第219页。

③ （清）唐仲冕：《新开海州甲子河碑》，载《清经世文编》卷111《工政十七》。

④ 参见（清）康基田《河渠纪闻》卷28，康熙四十六年五月。

⑤ （清）顾祖禹：《读史方舆纪要》卷22《江南四》。

⑥ 参见《明神宗实录》卷185，万历十五年四月乙亥。

⑦ （清）康基田：《河渠纪闻》卷22。

官口、下坊河支河。此后潮汐淤垫，旋浚旋塞。三十六年（1781年），因海潮"由涟河贯注，带泥沙涌入各河，又值上游清河来源微弱，冲刷不力，水退沙停，以致州境蔷薇、王宫口、下坊口、王家沟等四河淤垫较甚，上游来水难资宣泄"①。嘉庆《海州直隶州志》总结历年疏浚蔷薇河的经验教训，认为应在蔷薇河浚通之后，用申崇厚的建坝之法退引潮水，并在临洪口建闸，"潮至则闭"，"潮退则启"，泥沙挟清水随潮而出，则"永无壅滞之虞"了。四十八年（1793年），萨载奏浚海州涟河，但数年之间，淤成平陆。

（三）灌河口的变化

灌河又称潮河、大潮河、北潮河，其得名与河口潮汐涨落密切相关。黄河夺淮后，沂、沭、泗等河流失去入海流路，使经过硕项湖的排水通道向东冲刷，形成灌河，为沂、沭、泗入海水道。元末，沭河改从蔷薇河入海，而沂河、泗河仍经此由响水口入海。元明时期的灌河，是众水汇归入海的潮汐河流，"视诸口颇大"②。随着泥沙淤积，灌河入海口向东伸展，以南、北潮河作为向东伸展的河道。也就是说，潮河因上接灌河口，其入海口亦称灌河口。

灌河口多次作为黄河的泄水口，造成大量的泥沙淤积。明万历三年（1575年），河决崔镇北，由灌河入海。二十四年（1596年），杨一魁分黄导淮，开桃源黄坝新河，起黄家嘴至安东五港、灌口，长300余里，"分泄黄水入海，以抑黄强"③。不久灌口淤垫，渐渐北移。清康熙三十五年（1696年），时家码头决口，安东县"洪水遍野，百里无烟，仅余治内半壁干土"。河督董安国采取开挖引河增加海口排水量的办法，在北岸开马家港引河1200余丈，改尾闾下段由南潮河向东北循灌河入海，并在云梯关东马家港河以下的薛套（位于大套与二套之间）筑挡黄坝，使大河全入马港。但因灌河河道狭窄，黄水不能畅流，汛期洪水往往冲决河堤，致黄水倒灌，清口淤塞，上游溃决，"自挡黄设筑而下流壅，下流

---

① （清）康基田：《河渠纪闻》卷26，引乾隆三十六年（1781年）江督高晋、河督萨载奏疏。

② 《明史》卷84《河渠志二》。

③ 同上。

壅则上流必溃"①，结果南潮河淤成平陆。

后称北潮河入海口为灌口②，北潮河上承南北六塘河、武障河、义泽河、龙沟等河流。南北六塘河为清代以后开挖的人工河道，"上承山东省蒙沂各山泉之水，每逢伏秋，山水骤涨，往往陡发丈余至数丈不等"③。六塘河水穿过盐河后，宣泄骆马湖水至灌河入海。盐河治理过程中伴随着商人筑坝运盐和百姓拆坝排涝的激烈冲突，直到乾隆十一年（1746年）两江总督尹继善改建滚水石坝，高于河底5尺，低于农田1尺，商民称便，冲突方告缓解。嘉庆三年（1798年），又将盐河从卞家浦开凿至板浦。板浦以上段盐河航运通畅，但为挡潮御卤而修建的闸坝，使板浦至灌河口间的通航排涝受到很大影响。据灌河口—射阳河口沿海钻孔揭示，底层为青灰色粉砂质数土，中部以黄色粉砂层为主，上部以黄褐色曲土质粉砂为主，代表了三角洲向海推进的沉积程序。④

灌河海口一带经常发生大潮顶托，咸水溯河而上，带来极大危害。研究发现，明代前期，苏北沿海地区的潮灾发生并不明显。嘉靖以后，河道渐渐固定，陆地向海延伸，潮灾渐多。⑤明嘉靖元年（1522年）七月十五日，灌河口以南响水、滨海、阜宁沿海河口一带受到海潮袭击，时人崔桐《哀飓潮》诗描述了"尽日蛟龙斗，俄时天地昏；大波从此涨，万户总南奔；赤子随鱼鳖，红流失市村"的悲惨景象。康熙二十四年（1685年）七月，海潮顶托，河水漫溢，禾苗沉浸在一片汪洋之中，颗粒无收。雍正二年（1724年）七月，灌河口一带海潮奔涌，人畜淹没。海水入侵不仅造成人畜伤亡，村舍漂没，也倒灌滨海盐场，浸渍耕地农田，给土壤带来长时期的危害。作为应对措施，该地区大力修筑堤防闸坝，拦潮排涝。康熙二十二年（1683年），河督靳辅在灌河下游设立苇荡营

---

① 雍正《重修安东县志》卷7《黄淮》《关帝碑记》。

② 北潮河一直沿用"潮河"的称呼，直到乾嘉以后才统一称灌河口以西的一段潮河为灌河，故《嘉庆海州直隶志》《光绪安东县志》图中潮河入海处标注"灌河口"。

③ （清）戴均元：《拟改河由六塘河归海疏》（嘉庆十一年），载《清经世文编》卷97《工政三》。

④ 参见虞志英等《淤泥质海岸工程建设对近岸地形和环境影响》，海洋出版社2003年版，第4页。

⑤ 参见卢勇、王思明、郭华《明清时期黄淮造陆与苏北灾害关系研究》，《南京农业大学学报》（社会科学版）2007年第2期。

时，筑有简单的堤防。为挡潮御卤，还曾在武障、义泽、龙沟、东门河上打坝堵口，俗称五河六坝。但这些工程普遍标准较低，防潮排涝效果并不理想。

二　黄河口以南地区射阳河口的变化

黄河口以南为射阳湖入海口，称作射阳河口或射阳湖口。上承射阳湖、广洋湖来水，经范公堤北端的庙湾镇往东，在蛤蜊港入海。射阳湖、广洋湖的水主要汇集了里下河地区的来水，"自淮安以至邵伯镇，计运河东岸共有涵洞三十处，闸十座，滚水坝八座，此皆运河及高邮、邵伯等湖之水，由诸涵洞闸坝等口归入射阳、广洋等湖，就下流以至白驹、冈门等口入海"①。

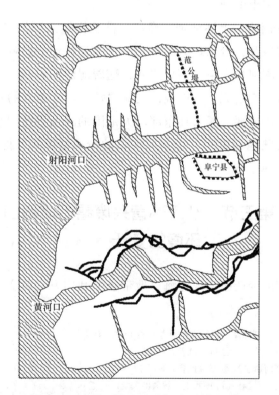

图5—3　咸丰《淮安府志》中的射阳河口

---

① （清）张鹏翮：《治河全书》卷16《勘阅下河》。

与清口—盐河—北潮河入海水道相比，射阳湖至射阳河口入海的通道，中间有运河堤、范公堤相隔，口外更多暗沙，既不便淮水直趋，又不便商船出入，不如由清口西坝盐河方便。① 明隆庆年间，射阳河口已伸延至蛤蜊港和匣子港，当地曾与倭寇大战于这两个港。② 关于雍正年间射阳河口的淤积情况，雍正六年（1728 年）河督范时绎奏疏中提到，"窈子港乃新涸滩地，适中之处接连射阳湖口，直通双洋海陬"③。乾隆二十七年（1762 年）五月，兴修河工，以宣泄内地之水，于串场河之上岗、草堰等闸下新开入海河一道，直达射阳湖口之通洋港出海。④ 嘉庆年间黄河漫溢，自陈家铺以下漫口数百丈，正河涸成平陆，大溜由射阳湖一带入海。⑤ 嘉道年间，包世臣曾亲至海口调查，踏遍南自射阳湖、北至灌河口的广大地区，徘徊青淤尖上，发现潮落之时，拦门沙面水色深白可辨，去口门尚有二三十里。⑥

不过总体而言，上述涟河、灌河、蔷薇河输入到海口的泥沙有限，涟河口的推移以及云台山地区的成陆，主要受黄河的影响。黄河决口泥沙主要淤积在灌河口与射阳河口之间，随着泥沙的淤积，一些湖泊缩小或消失，海口不断淤积。可以说，正是"黄河屡次泛滥的直接和间接影响，致使云台山南部、灌云县东部广大范围的陆地迅速向东伸展，故使云台山很快与陆地相连"⑦。而射阳河口的淤积情况较其他河口更为轻，更少受到黄河的影响。

第三节　从苇荡营兴废看苏北海口
环境的变迁

海口环境的变迁还表现为海口地带土地利用方式的变化。土地利用

---

① 参见（清）刘锦藻《清续文献通考》卷 14《田赋考》。

② 光绪《阜宁县志》卷 11《武备》。

③ 乾隆《江南通志》卷 93《武备志》。

④ 参见（明）马麟、（清）元成《续纂淮关统志》卷 6《令甲》。

⑤ 参见（清）阮元《揅经室集·二集》卷 6。

⑥ 参见（清）包世臣《中衢一勺》卷 1《筹河刍言》。

⑦ 郭瑞祥：《历史时期江苏海岸演变与现代地貌特征》，载《江苏省海岸带、海涂资源综合考察及综合开发利用学术论文选编》第一集，1981 年，第 13 页。

方式直接作用于土壤质量，而土壤作为陆地生态系统功能的基础，其质量状况是全球生物圈可持续发展的重要因素。① 康熙年间拟开海口，时人指出开海口之影响："工未成，水中之田民田也，鱼可捕，苏蒲可采。工既成，则河督之田也，滨河地瘠，率三四亩而当一，或十而当一，以起税法。一旦据额丈量，而没其于官，夺其田之十七八，而责以故税，民尚有遗类乎？"②

江南苇荡营的兴废过程，可从一个侧面反映出苏北海口地区的环境变迁。地处苏北海口的苇荡营地，是一片不断成陆的沿海滩涂，大体位于今范公堤一线以东，因位于清代江南省境内，故称"江南苇荡营"。已有研究多侧重该地区的盐垦或滩涂开发③，尚未见到关于苇荡营地的专门研究成果。

一　苇荡营的两度兴废

苇荡营的设立是为治河工程提供必需的物料。康熙以前，不易腐烂、"遇水则生"④ 的柳枝是首选治河材料。但到康熙年间，因用量增加、生长期限制以及无人看守等原因，柳枝已不敷使用，于是考虑以芦苇替代。⑤ 从性能上讲，芦苇不如柳枝耐腐烂，常需更换，"每年卷埽之苇，辄千百万束"⑥。苏北地区水网密布，盛产芦苇，"其有裨于料，良非纤细"⑦。尤以沿海滩地所产质量为上，"用以御水，不激水怒，不透水流，其入水也，可经三五年之久"⑧。比较而言，"湖塘芦苇不如海滨所出之坚实长大，一束可抵二三束之用"⑨。

---

① 参见贡璐、张雪妮、吕光辉等《塔里木河上游典型绿洲不同土地利用方式下土壤质量评价》，《资源科学》2002 年第 1 期。

② （清）方苞：《方望溪先生全集·集外文》卷 6《记开海口始末》，载谭其骧《清人文集地理类汇编》第 4 册，浙江人民出版社 1987 年版，第 838 页。

③ 参见孙家山《苏北盐垦史初稿》，农业出版社 1984 年版，前言部分及第 12—19 页；刘淼《明清沿海荡地开发研究》，汕头大学出版社 1996 年版，第 46 页。

④ （清）刘成忠：《河防刍议》，载《清经世文编》卷 89《工政二》。

⑤ 参见（清）薛凤祚《两河清汇》卷 8。

⑥ 《八旗通志》卷 161《齐苏勒》。

⑦ （清）张霭生：《河防述言 工料第八》，载《清经世文编》卷 98《工政四》。

⑧ 郑肇经：《河工学》，商务印书馆 1934 年版，第 248 页。

⑨ （清）靳辅：《治河奏绩书》卷 4《酌用芦苇》。

　　据《庙湾镇志》记载，清代以前，黄河入海口及灌河、射阳河两岸，滩涂广袤，芦苇"任人樵采"，政府不加管理。到康熙二十二年（1683年），千总刘应龙之子刘璠进行了首次勘丈，共得滩地784顷。此后，河督靳辅派人前来开发芦苇资源，"初则领帑采割，计数缴息，继则岁纳滩租银五百五十两，以佐工需"，但"十余年间，更代纷纭"，"租多逋欠"①，效果并不理想。靳辅因此认识到"必宜设专官理之"②，但他在任期间没有完成这一任务。康熙三十八年（1699年），随着沿海滩地的不断淤涨，芦苇数量逐年增多，河督于成龙奏请于江南省的海州、山阳两地设苇荡营，职责是"专司樵采，不与杂役"③，"掌采苇芦，以供修筑堤埽之用"④。其中，苇荡右营管辖射阳河南北两岸荡地，苇荡左营管辖海州荡地。

　　苇荡营创立后，每年采割芦柴120万束，并负责船运至工地。但20年后的康熙五十八年（1719年），河督赵世显以"荡地淤垫，不产苇柴"为借口，将苇荡营裁撤，"荡地分给兵丁，领垦输租"⑤。结果导致一些盐商"假借民垦名色，暗中分肥，芦苇渐次缺少"⑥，且"河工所需苇束，尽皆费帑购买，商贩居奇，料价腾贵"⑦。赵世显裁撤苇荡营，"似有益于国计，殊不知河工料物最属紧要"⑧。

　　若干年后，沿海滩地的自然条件得以恢复，芦苇生长茂盛。于是雍正五年（1727年）二月，河督齐苏勒以"芦苇丛生"为名，建议恢复苇荡营，设采苇官兵1230名，以备河工修防之用，将官兵每年采割芦苇数量，在120万束的基础上再增采30万束，增加为150万束。⑨ 同年三月，浙江巡抚李卫也上奏请求重建苇荡营。⑩ 建议被采纳，苇荡营得以恢复。

① 光绪《阜宁县志》卷11《苇荡营》引《庙湾镇志》。
② （清）张霭生：《河防述言 工料第八》，载《清经世文编》卷98《工政四》。
③ 乾隆《大清会典则例》卷74《河工》。
④ 《清通典》卷33《职官十一》。
⑤ 乾隆《淮安府志》卷17《营制》。
⑥ 《雍正朱批谕旨》卷174，朱批李卫折。
⑦ 《雍正朱批谕旨》卷2（下），朱批齐苏勒奏折。
⑧ 《行水金鉴》卷169引《畿辅通志》。
⑨ 参见乾隆《大清会典则例》卷132《河工二》。
⑩ 参见《雍正朱批谕旨》卷174，朱批李卫奏折。

又因"游击一员恐不足以资弹压",河督齐苏勒建议以参将代游击,以重其任,同时增设马战兵100名。[1] 恢复后的苇荡营由遵化城守营游击马义担任参将,职责有三项,即修防、操防以及荡地,其中采割运输芦苇是最主要的职责。后来到嘉庆十七年(1812年),因苇荡营同时担负多项工作,难以兼顾,决定"裁营弁,以荡务归淮海道专理,防海事宜归庙湾游击统辖,海、阜同知兼理荡务,守备督率弁兵樵采"[2],专司芦苇采割的职责得以加强。

二　苇荡营兴废与海口环境

(一) 荡地面积盈缩与海口环境

自明至清,苏北沿海滩地的淤积速度不断加快。明初,黄河入海口距云梯关不远。弘治年间刘大夏筑太行堤,断黄河北流,"于是全河毕泻,河、淮为一,实三百年灾害之原也"[3]。万历年间潘季驯筑黄河两岸大堤,使黄河全流夺淮,入海泥沙骤增,海涂淤涨加快。清代靳辅治河,黄河两岸筑堤,大量泥沙被输送至海口,滩地不断向东淤涨。

康熙三十八年(1699年)创立苇荡营时,海州、山阳两地的龙窝荡、施家出河港、陆家社、陈家浦以及惠家港东西各官荡,面积约9810顷87亩[4],此后"荡田时有增减"[5]。到雍正初再次恢复苇荡营建制时,左营守备驻扎海州大尹镇(今灌云县城),右营守备驻扎山阳县仁和镇(今滨海县城东北)。雍正六年(1728年),两江总督范时绎指出,山阳、盐城二县沿海一带,涸出滩地数百余里。[6] 雍正九年(1731年),析山阳仁和镇等地以及盐城部分地区置阜宁县,治庙湾镇。此后,苇荡营不再属于山阳县,仅属海州、阜宁两州县。十三年(1735年),苇荡营又丈出淤地1811顷95亩。[7]

① 参见《雍正朱批谕旨》卷2(下),朱批齐苏勒奏折。
② 光绪《淮安府志》卷26《军政》。
③ (清)张煦侯:《王家营志》卷1《河渠》。
④ 参见乾隆《淮安府志》卷17《营制》。
⑤ 光绪《淮安府志》卷26《军政》。
⑥ 参见乾隆《淮安府志》卷17《营制》。
⑦ 参见乾隆《大清会典则例》卷132《河工二》。

随着黄河下游泥沙的淤积，滩地持续东扩，"河淮合流，浊沙澄垫，（阜宁）县之东境淤垫日高，增地日多"①。云台山与陆地间的"恬风渡"水道由原来 20 里缩窄为潮涨不足 10 里，灌河于陈家港西南 1 公里处入海，双洋河口和射阳河口达新港和通洋港。② 与这一趋势相适应，苇荡右营守备最初驻仁和镇，后来移到东南百里之外的六垛；左营守备最初驻大伊镇，后来东移到龙窝镇。

乾隆初，阜宁县所属的苇荡右营，辖有北荡汛、南荡汛、西荡汛等三汛官荡，东至海，西至陡港，南至后洋，北至黄河老堤，计 5064 顷 61 亩。海州所属苇荡左营，计 4748 顷。③ 乾隆十年（1745 年），有大臣奏称，陈家浦堤内多系芦荡灶地。④ 三十九年（1774 年），苇荡右营将不产柴滩地 830 余顷拨给大河卫垦种，称作"卫滩"⑤。五十二年（1787 年），河督李世杰遭到了皇帝的责备，原因是所报苇荡营新淤滩地及芦苇产量与先前不符⑥，亦可见荡地变动之大。此时，海州和南云台山之间的"对口溜"水道淤平，南云台山并陆，在山南涨出大片土地，东颐山与陆地相连。⑦

将部分不产芦苇荡地开垦升科，是荡地变化的又一标志。荡地开垦升科不会对芦苇产量带来太大影响，究其原因：一方面这些荡地已不能生长高质量的芦苇，形同虚设；另一方面政府仍会"将附近产苇之地照数拨补"⑧，及时弥补减少的芦苇荡地。雍正年间，升科海州、山阳两县苇荡营地 8000 余顷。到乾隆四十五年（1780 年），二套堤以外，整个河漫滩以东至海边的广大地区，均成为阜宁、安东、海州等地的"减则滩

---

① 光绪《阜宁县志》卷 1《疆域》，卷 3《川渎上》。

② 参见江苏省地方志编委会《江苏省志·海涂开发志》，江苏科学技术出版社 1995 年版，第 10—11 页。

③ 参见乾隆《淮安府志》卷 17《营制》。

④ 参见光绪《阜宁县志》卷 3《川渎上》引《南河成案》。

⑤ 光绪《阜宁县志》卷 5《未入额卫滩》。

⑥ 参见《清史稿》卷 324《李世杰传》。

⑦ 参见江苏省地方志编委会《江苏省志·海涂开发志》，江苏科学技术出版社 1995 年版，第 10—11 页。

⑧ 乾隆《大清会典则例》卷 132《河工二》。

地"以及芦苇荡地①，从二套以西到云梯关之间，除部分荡地外，其余多被开垦为农田。其后，伴随着滩地的东移，苇荡营地继续向东移动。到嘉庆初年，右营滩地增至 7000 余顷，产柴 163 万余束。②

随着滩地的东移，苇荡营所辖荡地面积不断变化。嘉庆十一年（1806 年），南河总督麟庆指出，苇荡右营所在的阜宁县，"昔年产柴之地，半变高草荒滩，樵采实难足额"③，荡地变成了荒滩。仅仅两年后，荡地面积又有所变化，两江总督百龄发现较前两次查办时，情形又复不同，建议加增采割芦苇的数量。④ 此后不到三年，情况又发生变化。嘉庆十六年（1811 年），发现马港口外有村落，非昔可比，且海口村落与三年前吴璥所见的情形不同，河流的曲直形状也不同。⑤ 到嘉庆中期，黄河南岸北沙以下至射阳湖，北岸云梯关以下至云台山，皆系淤出之地。⑥ "云梯关下，其北岸自马港河起，东下至现在海口，青红二沙，淤成堆阜，迤北之云台山，已成平陆。地隶海、安、阜三州县，民灶相杂，淤出新地方约二百里"，苇荡营所辖荡地在左营 5000 余顷、右营 7000 余顷的基础上进一步增加，官荡近"十万顷"⑦。

后来随着垦殖的加速，荡地又不断减少。嘉庆十二年（1807 年），大河卫选择膏腴之地 278 顷自行垦种，其余 500 多顷由漕臣派给庙湾营游击经营。⑧ 至道光三年（1823 年），苇荡右营荡地面积已由嘉庆时的 7000 余顷减少到 6380 顷。咸丰六年（1856 年）后继续减少，政府不得不将荒熟地 1700 余顷归入海滩案内招领。⑨ 七年（1857 年），总漕邵灿奏准将 800 余顷"卫滩"招民领佃。⑩ 同治二年（1863 年），右营丈出不产芦苇滩地 520 余顷，两年后又丈出 380 余顷，全部归海滩案内招领。此时

---

① 参见乾隆《南巡盛典》卷 47。
② 参见光绪《阜宁县志》卷 11《苇荡营》。
③ 同上。
④ 参见（清）百龄《清理苇荡以济工需疏》，载《清经世文编》卷 103《工政九》。
⑤ 参见《清史稿》卷 360《陈凤翔传》。
⑥ （清）包世臣：《中衢一勺》卷 7《后附》。
⑦ （清）包世臣：《中衢一勺》卷 1《筹河刍言》。
⑧ 参见光绪《阜宁县志》卷 5《未入额卫滩》。
⑨ 参见光绪《淮安府志》卷 26《军政》。
⑩ 参见光绪《阜宁县志》卷 5《未入额卫滩》。

"荡地日瘠，弊蠹日滋，苇价不以时交，樵兵亦苦累已甚"①。光绪时，苇荡右营荡地面积仅相当于道光初年的 1/3，有 3750 余顷，东至大海，南至内洋西，西、北皆至黄河老堤。② 可见，右营荡地面积变化的总趋势是不断减少。在右营荡地面积持续减少的同时，左营面积相应增加，表现为"产柴茂旺，每逾定额"③。至光绪末年（1908 年），不计"续涸新涨"，苇荡营仍有荡地 8500 余顷。④

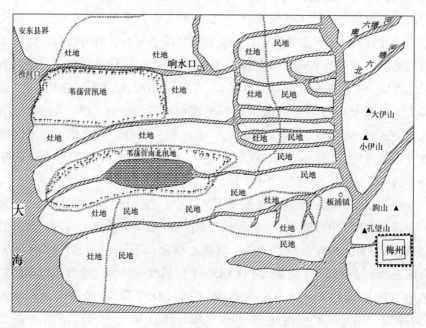

图 5—4 海州民、灶、荡地分界示意图⑤

清代是苏北沿海荡地大规模开发的重要时期。⑥ 开发的结果是形成了苇荡、灶地、农田交错并存的土地利用格局。以海州为例，该地民田、灶地、荡地间的比例是"民居其七，灶居其二，营居其一。民之地多田

① 光绪《阜宁县志》卷 11《苇荡营》。
② 参见光绪《淮安府志》卷 26《军政》。
③ 光绪《阜宁县志》卷 11《苇荡营》。
④ 参见《清史稿》卷 120《食货志一》。
⑤ 改绘自嘉庆《海州直隶州志》卷首《食货图说》。
⑥ 参见刘淼《明清沿海荡地开发研究》，汕头大学出版社 1996 年版，第 46 页。

畴，有膏腴，宜稻麦，赋以亩计；营之地为荡，土洼而水洳，宜蒲芦，南河工料之自出也，在官者无赋；灶之地咸而不沃，宜蒿莱，其中多盐池，赋以砖计"①。再以阜宁县为例，该地民田、灶地、荡地面积分别是33403 顷、5130 顷和3750 顷②，比例大约为9：2：1。当然，由于海口环境的不断变化，土地间的比例并非一成不变。到咸丰以后，苇荡营地被大批放领，吸引淮安、盐城、阜宁、北沙、羊寨等处无地贫民前来领种。故到清末民初，苏北沿海的主导经济产业因此出现了大的转折，实现了从"煮海为盐"到"废灶兴垦"的跨越。③

（二）芦苇产量增减与海口环境

苇荡营能否及时足量地"掌采苇芦，以供修筑堤埽之用"，对于河工建设至关重要。尤其南河，河工"皆用海柴，海柴皆产苇荡营官地"④。但是芦苇产量常受海口地带自然环境的制约，当芦苇滩地增加、芦苇生长条件改善时，芦苇产量及质量会相应增加，反之会减少。

据《大清会典则例》记载，康熙三十八年（1699 年）苇荡营初建时，官兵每年采割芦苇118 万余束。后由于海州、山阳等地条件改善，芦苇丛生。雍正四年（1726 年），官兵在120 万束的基础上再增30 万束。十二年起（1734 年），又在原150 万束的基础上增20 万束，达到170 万束。次年又丈量出产芦苇淤地1811 顷，并决定自该年起，左右二营增采正柴55 万束⑤，总数达225 万束。以上乃就正额而言，实际上，正额外还有余额20 万束，两项相加，共计"额采正、余荡柴"2454000 余束。嘉庆十四年（1809 年）以后，随着海口自然环境的变化，芦苇产量进一步增加。据统计，自当年九月霜降至次年清明，苇荡左营采苇2863750 束，比原估增采320000 束；苇荡右营采苇3889426束，比原估增采340400 余束。次年，芦苇数量剧增到6753176 束，以

---

① 嘉庆《海州直隶州志》卷首《食货图说》。
② 参见民国《阜宁县新志》卷3《土地》。
③ 参见赵赟、满志敏、方书生《苏北沿海土地利用变化研究——以清末民初废灶兴垦为中心》，《中国历史地理论丛》2003 年第4 辑。
④ （清）包世臣：《中衢一勺》卷1《筹河刍言》。
⑤ 参见乾隆《大清会典则例》卷132《河工二》。

"每束重三十觔"计①，共计重202595280斤。

道光十一年（1831年），右营产柴163万余束，比以前减少20万余束，原因是"地高滩老，历被旱伤所致"②。咸丰五年（1855年）以后，因黄河改由山东利津入海，苏北自然环境发生较大变化，沿海泥沙及淡水来源大幅减少，滩地淤积减慢，甚至有的地方由淤涨变为蚀退。沙田圮坍，卤气上升，只生长着稀疏的獐毛草，不耐碱的作物不可能生长。③芦苇生长环境恶化，产量连年锐减，丰年约采100余万束，歉年仅采50万—80万束。咸丰十年（1860年），苇荡营由河防改隶操防。咸丰十一年（1861年），该地区河工无须柴料供应，于是折价改征，苇荡营荒地不断被开垦。④光绪七年（1881年），咸潮大上，芦苇几乎绝产。宣统时全部裁撤苇荡营，荡地"改为放荒，任人入赀承业"⑤。

一方面，黄河来水来沙情况影响海口滩地的淤积速度。黄河每年携带大量泥沙到海口，随着滩涂淤涨，苇荡营地也随之不断东移。但这一过程并非平稳进行，其间伴随着滩地盈缩变化以及芦苇产量的增减。康熙年间设江南苇荡营是因海滩淤涨，20年后裁撤是因"荡地淤垫，不产苇柴"⑥。雍正初恢复是因"芦苇丛生"⑦，道光间由于黄河"漫水南注"⑧，"范公堤外接涨百余里"⑨，淤地为许多大户占有、私垦。⑩

另一方面，黄河淡水来源多寡影响芦苇的产量与质量。每年上游客水流经苇荡营地后入海，随着淡水的冲洗，沿海滩地盐碱量降低。不同时期或季节，淡水来源情况不一样。苇荡右营所在的阜宁县紧靠黄河南

---

① 参见（清）百龄《清理苇荡以济工需疏》，载《清经世文编》卷103《工政九》。

② 光绪《阜宁县志》卷11《苇荡营》。

③ 参见严小青、惠富平《明清时期苏北沿海荡地涨圮对盐垦业及税收的影响——以南通、盐城地区为例》，《南京农业大学学报》2006年第1期。

④ 参见江苏省地方志编委会《江苏省志·海涂开发志》，江苏科学技术出版社1995年版，第223页。

⑤ 《清史稿》卷120《食货志一》。

⑥ 乾隆《淮安府志》卷17《营制》。

⑦ 乾隆《大清会典则例》卷132《河工二》。

⑧ （清）包世臣：《中衢一勺》卷1《筹河刍言》。

⑨ （清）包世臣：《中衢一勺》卷7《后附》。

⑩ 参见江苏省地方志编委会《江苏省志·海涂开发志》，江苏科学技术出版社1995年版，第43—44页。

岸，"从前黄水深入，藉资淤润，蓄养芦根。自历次接筑长堤，将该营三汛荡地隔于堤外，既乏甜水滋养，专受咸潮浸渍，昔年产柴之地，半变高草荒滩，樵采实难足额"①。道光十六年（1836 年），麟庆亦奏称，苇荡右营三汛荡地，坐落黄河两岸。自历次接筑长堤以后，隔于堤外，"致乏甜水滋培，专受碱湖浸渍。且该营地势西高东注，遇有雨水，随即散漫，不能存蓄养育，是以产柴稀疏，未能足额"②。反之，当上游来水充足，有足够的淡水资源稀释咸水，情况就有好转。嘉庆十二年（1807 年），"因黄水甚大，又有甜水灌入荡内，长发密茂，较前两次查办时，情形又复不同"③。苇荡左营"上承山左蒙沂诸水，又得中河盐闸宣泻汇注，常年水有来源，抵御咸潮，产柴茂旺，每逾定额"④。而苇荡右营因淡水来源不如左营，芦苇产量每况愈下，"苇青失养，是以衰耗"⑤。

本章小结

黄河夺淮的 700 多年间，河流携带的巨量泥沙不断沉积在苏北河口海岸地带，河口摆动延伸，三角洲和浅滩不断发育，海口治理成为与清口、高家堰同等重要的要害之区。

人为工程建设影响海口的水沙变化。筑堤束水、接筑长堤、挑浚分洪、截弯取直、切滩挑河等河工建设活动，在明清苏北海口环境变迁中扮演了重要角色。河口延伸最快的是靳辅治河时期，其次是潘季驯治河时期，然后为乾隆中期以后。潘季驯、靳辅采取的强化堤防系统和固定河床的措施，起到了"蓄清刷黄"的效果，却使泥沙不断在河槽中堆积，入海口迅速向海中推进，乾隆以后遂多有改迁海口的建议。由于陆地深入海中，海水常常沿着扩展的陆地和河口向上逆流，倒灌内地，潮灾的

---

① （清）包世臣：《中衢一勺》卷 1《筹河刍言》；光绪《阜宁县志》卷 11《苇荡营》。

② 《再续行水金鉴》引《云荫堂奏稿》，湖北人民出版社 2004 年版，第 707 页。

③ （清）百龄：《清理苇荡以济工需疏》，载《清经世文编》卷 103《工政九》。

④ 光绪《阜宁县志》卷 11《苇荡营》。

⑤ （清）包世臣：《中衢一勺》卷 1《筹河刍言》。

发生也显著增加。① 苏北海口环境的变迁是河工影响下的水沙变化在河口地区的反映，其中黄河是影响苏北海口环境变迁最重要的因素，其来水来沙数量决定河口延伸速率，造成下游河道淤积抬高以及河口延伸，使"海滩日长，海口日远"。

河口延伸与河床抬高关系密切，海口淤积与清口倒灌互为表里。束水攻沙的关键在于增加水流速度以刷沙，而流速取决于河道比降的大小。一方面，河口延伸加长了河道长度，使河道比降降低，水流速度日缓，携沙能力降低，造成尾闾段淤积严重，逐渐自下游向上游发展，导致"海口日远，清口日高"，水患增加，影响漕运。需加大筑堤束水攻沙的力度，通过加高、加固、延长堤防工程，来应对泥沙问题。另一方面，河床淤积抬高导致大堤高度相对降低，堤内外临背差增大，河流的游荡和摆动加剧，大量泥沙淤积到河床，河道淤积延伸的结果往往引起摆动改道，故有开辟海口排洪泄水的举措，以确保堤防安全。但海口不宜多开，以免"海水内灌，不然内地空虚，桑田变斥卤矣"②。

清代江南苇荡营是一支专门从事芦苇采割、运输的军队，为河工提供物料。苏北海口环境的变迁，影响着苇荡营的废立和芦苇产量的增减，影响着机构驻地的迁移以及荡地面积的盈缩，而且还造成了海口地区场灶、苇营、农田并存的土地利用方式。其中，黄河变迁的影响是环境诸要素中最重要的部分，海岸的淤积速度以及上游淡水来源情况都与黄河有很大关系。一方面，黄河来水来沙情况影响海口滩地的淤积速度；另一方面，黄河淡水来源多寡影响芦苇的产量与质量。

---

① 参见卢勇、王思明、郭华《明清时期黄淮造陆与苏北灾害关系研究》，《南京农业大学学报》2007 年第 2 期。

② （清）朱鋐：《河漕备考·黄河考》。

第 六 章

河工建设与土壤环境的变迁

　　土壤环境是指地球表面能够为绿色植物提供肥力的表层。[①] 国际上已开展了对土地利用/土地覆盖变化（LUCC）的研究。[②] 现代科学研究表明，筑堤为下游平原地区的开发提供了条件，但河床的抬高，地上河的形成，使黄河改道频繁，并由此控制了微地貌的形成，影响了土壤的成土过程和分布、地表水和地下水动态、涝渍灾害和盐碱化。[③] 历史研究也表明，黄河水患导致豫东地区土壤沙碱化严重[④]，运河堤防加深了鲁西地区洪涝，造成了严重的盐碱灾害、沙害和蝗灾[⑤]，黄淮水患造成淮河流域排水不畅，土壤次生盐碱化严重。[⑥] 总之，以往有关黄运地区土壤环境的研究，多侧重于水患灾害造成的土壤环境的变化，虽部分涉及了人为工程建设对土壤环境的负面影响，但未见专门的研究成果。

---

　　① 参见吕忠梅《环境法》，法律出版社1997年版，第3页。

　　② 参见国际地圈生物圈计划中国全国委员会集成研究特别工作组《过去2000年中国环境变化综合研究》，1999年版。

　　③ 参见许炯心《历史上治黄治淮的环境后果》，《地理环境研究》1989年第1期。

　　④ 参见王星光、杨运来《明代黄河水患对生态环境的影响》，《黄河科技大学学报》2008年第4期；王兴亚《明清中原土地开发对生态环境的影响》，《郑州大学学报》2009年第3期。

　　⑤ 参见袁长极《山东南北运河开发对鲁西北平原旱涝碱状况的影响》，《中国农史》1987年第4期；山东省聊城市地方志编纂委员会《聊城市志》，齐鲁书社1999年版，第3页；李纲《明清时期京杭运河枣庄段对沿岸农业发展的影响》，《安徽农业科学》2011年第7期；高元杰《明清山东运河区域水环境变迁及其对农业影响研究》，硕士学位论文，聊城大学，2013年，第118页；路洪海、董杰、陈诗越《山东运河开凿的生态环境效应》，《河北师范大学学报》（自然科学版）2014年第4期。

　　⑥ 参见卢勇、王思明《明清淮河流域生态变迁研究》，《云南师范大学学报》2007年第6期；卢勇、王思明《明清时期淮河南下入江与周边环境演变》，《中国农学通讯》2009年第23期。

第一节　河工建设与土壤环境的优化

河工建设可改善水环境条件，使昔日湖荡涸为良田，增加土地面积。在黄运地区以北，北运河减河工程的兴修对运东沧州地区的盐碱地改良起到了很大的作用。① 黄运地区以南，淮扬段高宝湖减水闸外，农田一派欣欣向荣的景象。② 具体到本课题所研究的黄运地区，主要表现为如下两个方面。

一　沮洳变沃壤

河工建设能将"原系河湖低洼沮洳之所，淤成膏腴熟地"③。明景泰四年（1453 年），徐有贞治沙湾成功，"阿西、鄄东、曹南、郓北之出沮洳而资灌溉者，为顷百数十万"④。嘉靖年间，夏镇新河开成，新河道占用的民田以沽头、谷亭各旧河抵偿，"昔河流，今膏腴"⑤。隆庆六年（1572 年），筑山东曹县西武家坝以保障金乡等地避免沦为沮洳，筑王家坝以保障成武、金乡数邑避免沦为沮洳。⑥ 万历年间，随着徐州至淮安间堤工的完成，"黄河顺轨，深阔倍常，洪涛巨浸、沮洳淹没之处遂多为野，而称可耕可获之田"⑦。朱国盛《南河全考》记载，潘季驯淮河筑堤，修复闸坝，改通济闸专向淮水，使山阳、宝应、高邮、盐城、兴化、泰州"沮洳之地，尽为稼穑之场"。

康熙初，靳辅建议开闸坝涵洞，希望"耕种之区资减水而得以灌溉，洼下之地藉减水而得以淤高，久之，而硗瘠沮洳且悉变而为沃壤"⑧。靳辅还主张黄河北岸缕堤内加筑遥堤，可"束散漫之水汇湖入黄，沮洳涸

---

① 参见王建革《清代华北平原河流泛决对土壤环境的影响》，载《历史地理》第 15 辑，上海人民出版社 1999 年版。
② 参见（清）张问陶《船山诗草》卷 19《药庵退守集上》。
③ （清）张鹏翮：《治河全书》卷 15《豁免废地钱粮》。
④ （明）徐有贞：《勅修河道功完之碑》，载（明）谢肇淛《北河纪》卷 3。
⑤ （明）万恭：《治水筌蹄》。
⑥ 参见（清）薛凤祚《两河清汇》卷 6《黄河》。
⑦ （明）潘季驯：《河防一览》卷 13《条陈河工补益疏》。
⑧ （清）靳辅：《治河奏绩书》卷 4《闸坝涵洞》。

为沃壤"①。康熙二十六年（1687 年）秋，关闭桃源县徐升滚坝，使萧渡、杨庄、七里沟、新庄之洼地，"变沮洳为沃壤"②。康熙四十二年（1703 年）皇帝南巡，命张鹏翮坚闭六坝，广辟清口，大举增筑高家堰，"于是堰以西之水涓滴皆出而会黄，而堰以东之沮洳之地复为膏壤矣"③。雍正三年（1725 年），祥符县"回回坝"告成，有望"从此堤工永固于金汤，禾黍丰登乎玉粒"④。归仁堤接筑长堤，密栽茭柳护堤，小河常通，灵璧、睢宁、宿迁一带"积水得泄，而沮洳渐成膏腴"⑤。

宿迁县运河西岸有黄墩湖，受铜山、邳州、睢宁三州县及唐宋诸山之水，湖北为运河，湖南为黄河，堤岸环绕，水无去路，汇成巨浸，每遇风浪冲刷，堤根岌岌可危。雍正十一年（1733 年），河臣嵇曾筠建泄水闸于运河西岸，不唯堤工可保，漕运、民田均有利。乾隆二十三年（1758 年）建微山湖口滚水石坝，疏通微山湖涨滩支河，涸田万顷。⑥乾隆三十九年（1774 年），山东泉源不旺，于徐州潘家屯建闸，引黄河水入微山湖，泥沙在湖底大量淤积，部分被淹耕地涸出。⑦五十二年（1787 年），开挑赵王、沙河等河，引坡水入渠，以免泛滥漫溢民田。同时，在聊城龙湾、魏湾开闸坝节宣运河水，东昌一带遂无坡水之患。⑧魏源《筹河篇》有载，道光间苏北"向之万顷汪洋无涯之际者，自今逐渐涸出"，仅沭阳、海州、桃源、清河、宿迁五县即涸出耕地 300 万亩。⑨

二　引黄放淤肥田

"河防之制，重在缕遥二堤，而化险为平，则引河之外有放淤之

---

②　同上。

③　（清）张鹏翮：《治河全书》卷 12《高家堰事宜》。

④　（清）田文镜撰，张民服点校：《抚豫宣化录》，"题为圣德广被两河安澜永庆万世仰恳题达恭谢天恩事"（雍正三年七月），中州古籍出版社 1995 年版，第 13 页。

⑤　（清）薛凤祚：《两河清汇》卷 5《黄河》。

⑥　参见（清）陆耀《山东运河备览》卷 1《沿革表》。

⑦　参见山东省水利志编辑室《山东水利大事记》，山东科学技术出版社 1989 年版，第 73—77 页。

⑧　参见（清）康基田《河渠纪闻》卷 30。

⑨　参见（清）魏源《魏源集·筹河篇上》。

法。"① 河工放淤，乃化险为平之一法②，利用天然河流中的泥沙进行淤地改土或肥田浇灌，是泥沙处理和利用的有效途径之一。③ "仍酌量遥越远近，地势宽窄，并测地面与水面之高下，择其背溜拖溜处所，将缕堤开挖倒沟沟漕，或二三道，或四五道，俾黄水灌入，令其停淤，清水流出，仍归大河。"④

黄河泥沙为黄土高原的肥沃表土，被地表径流侵蚀而带入河水中，含有一定的养分，可溶盐含量低，泥沙沉积后即可耕种，对治碱改土和增产效果显著。⑤ 早在北宋神宗年间，王安石"引河水淤京东西沿汴田九千余顷"⑥。明冯祚泰《治河后策》载，宿迁、桃源、清河、沭阳、海州五地，以前地亩卑洼，后逐渐开堤放淤，成为"高亢之区"⑦，"聚居河滩者，村落稠密"⑧。康熙年间，张伯行建议于徐州至清口间黄河南岸多开减水坝，以泄黄水入洪泽湖，既可助清刷黄，还可"淤平湖地，使沧海变为桑田，使洪泽湖仍为洪泽湖，余地尽淤平原"⑨。雍正后大规模推行放淤，主要集中在徐州以下的窄堤距河段。⑩ 嘉庆年间，因黄河由王营减坝溢入，"海滩逐段淤泥，醇厚肥美，但投种子，即获丰收"⑪。道光年间发生的系列盗挖黄河堤防案，从一个侧面反映了当地百姓引黄放淤、改善土壤环境的迫切需求（详见本章第四节）。

放淤固堤为引黄放淤的一种，可填盖坑塘、水塘和洼地，减少管涌破坏，多用于堤身防渗加固。将河道中泥沙输送到背水侧的堤坡之上，

---

① （清）郭起元撰，蔡寅斗评：《介石堂水鉴》卷3《放淤说》。
② 参见（清）徐端《安澜纪要》卷上《放淤》。
③ 参见兰华林、曾贺、霍风霖《黄河下游滩区放淤与泥沙处理技术》，黄河水利出版社2011年版，第36页。
④ （清）郭起元撰，蔡寅斗评：《介石堂水鉴》卷3《放淤说》。
⑤ 参见中国农业科学院农田灌溉研究所《黄淮海平原盐碱地改良》，农业出版社1977年版，第169页。
⑥ 《宋史》卷95《河渠志五》。
⑦ （明）冯祚泰：《治河后策》下卷《沙宜留》。
⑧ 《清高宗实录》卷1147，乾隆四十六年十二月戊子。
⑨ （清）张伯行：《居济一得》卷7《救旰泗法》。
⑩ 参见王恺忱《黄河河口的演变与治理》，黄河水利出版社2010年版，第284页。
⑪ （清）唐仲冕：《陶山文集》卷6《上制府委查河海滩地议》，载谭其骧《清人文集地理类汇编》第五册，浙江人民出版社1987年版，第78页。

排水固结后形成淤背土体，加大了堤身的断面。[①] 放淤固堤为万历时万恭、潘季驯首创，清前期靳辅反对放淤灌溉。康熙后期至道光前期，放淤固堤曾经形成治河史上的一个高潮。[②] 乾隆初年，铜沛厅属之七里沟及茅家山，桃源厅属之颜家庄，外河厅属之杨家码头及真武庙，海防厅属之大茭陵及童家营、龚家营，山安厅属之大飞等工，“先后放淤，莫不化险闭工，著有成效”[③]。

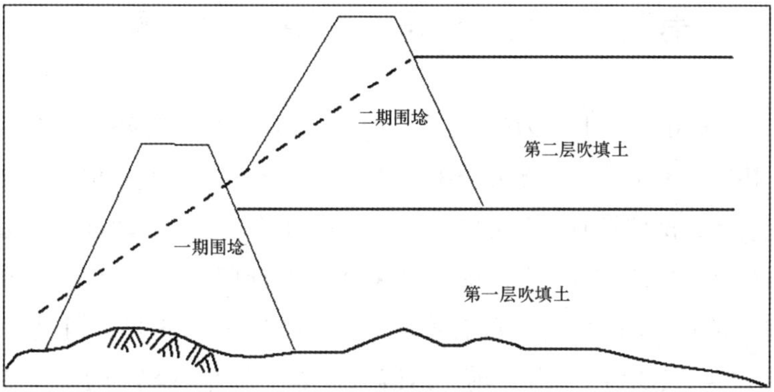

图 6—1　分层淤筑围堤示意图[④]

清代放淤固堤，一般先在大堤背河处做越堤，夯打坚实，或加帮礅堤，然后在堤外滩面上挑挖倒沟，利用洪水多沙的特点，把浑水引出倒沟，灌入越堤与大堤之间，等落淤后，清水再顺沟回入黄河。经过一个汛期或两个汛期，即能将越堤内洼地完全淤平。这种放淤办法，不但加宽了堤身，还可降低临背总差，减轻大堤水压力，是利用黄河水沙资源、放淤出堤的一项有效措施。[⑤] 直至今日，放淤固堤的方法仍被使用：一类

---

① 参见赵寿刚等《黄河下游放淤固堤效果分析及施工影响研究》，黄河水利出版社 2008 年版，第 17 页。

② 参见姚汉源《黄河水利史研究》，龙门联合书局 1952 年版，第 507 页。

③ （清）郭起元撰，蔡寅斗评：《介石堂水鉴》卷 3《放淤说》。

④ 改绘自兰华林等《黄河下游滩区放淤与泥沙处理技术》，黄河水利出版社 2011 年版，第 56 页。

⑤ 参见《黄河水利史述要》编写组《黄河水利史述要》，中国水利水电出版社 1982 年版，第 332 页。

为自流放淤，即利用沿堤引黄灌溉兴建的涵闸、虹吸、顶管等工程，在临河水位高于背河地面的有利形势下进行放淤，这种自流放淤多数结合引黄灌溉沉沙或改造低洼盐碱地进行。另一类为机淤，当自流放淤高程不能再升高时，即利用提灌站、吸泥船、挖泥船、小泥浆泵等机械提水加高放淤高程，达到设计高度。放淤固堤为确保堤防防洪安全发挥了重要作用。

第二节　河工建设与土壤环境的退化

"黄河修守，以土工为根本。"[1] 治理黄河、运河过程中经常因堤压、河占、挑废、堆土而损坏部分土地，所谓"堤压者，创筑新堤，田亩被压也。挖废者，挑挖新河，田亩被废也"[2]。例如修筑堤坝，清河县至云梯关长约200里，合计95400丈，每丈用60方，共计用土5724000方。高家堰高良涧一带板、石诸工，原高约有7尺，如议再加3尺，通共约用土142500方。[3] 又如埽工制作，河工谚语称"下埽无法，全凭土压"。因修埽用的薪柴比重小，易浮于水，故靠压土增大埽体重量，使埽体下沉到底。压埽土一般多用壤土，用粉土或沙土压埽易于下漏，又易被水流冲刷，非万不得已一般是不用的。最好采用老淤土，即多年淤积的胶土，由于它经过风化，质地柔软，使用起来很方便。[4] 河工建设对土壤环境的影响是广泛而复杂的，表现为沼泽化、盐碱化、沙化等。在黄运地区，一些河工建成后，地下水水位抬高，长期排水不畅，导致土壤沼泽化。干旱季节盐分随土壤中水分蒸发析出，在表层聚集成盐霜，导致次生盐碱化。

一　河工建设与土地的挖废、占压

（一）土地的挖废

（1）河道挑挖往往毁坏土地。明刘天和《问水集》载曰："齐鲁之

---

① 《再续行水金鉴》引《栗恭勤公年谱》，湖北人民出版社2004年版，第774页。
② （清）包世臣：《中衢一勺》卷4《宣南答问》。
③ 参见（清）靳辅《文襄奏疏》卷1《经理河工第一疏》《经理河工第三疏》。
④ 参见黄河水利委员会编《黄河埽工》，中国工业出版社1964年版，第18页。

地多泉，近于东平州询访，即得新泉五，第民间病于开渠占地之劳费，匿不肯言尔。"① 特别提到了"开渠占地"的问题。隆庆三年（1569 年），河道都御史翁大立"奏开鸿沟废渠，自昭阳湖中以达鸿沟，自鸿沟以达李家口，自李家口以达'回回墓'，而东出留城。闸河计长六十余里，垦民田数千顷"②。万历二十三年（1595 年）开黄坝支河，"然支河一开，民田尽废，治北延袤九十里，汪洋浩瀚，无复尺土可耕"③。"王家营乃偪仄两河之间，讫于明亡，可耕者几靡尺土"④。麟庆《河口图说》载，清河境内废田 2300 余顷，延袤 80—90 里。

康熙三十一年（1692 年），河督靳辅奏请豁免开河废地钱粮，"臣自十六年兴举大工，十有余载。淮扬凤徐四府州各有开河筑堤、建造闸坝、栽柳等项之处，俱系民间纳粮田地，理应豁免。扬属之高邮、江都，凤属之灵璧、盱眙，徐属之丰县，五州县工程无多，废地尚少。淮属之山阳、安东、清河、桃源、宿迁、邳州、睢宁，徐属之徐州、萧县、砀山等十州县，近水临工之处，挖废地亩甚多"⑤。六十一年（1722 年），邳州运河淤，河臣齐苏勒于旧河西另挑新河 1850 丈，不仅新河占用土地，旧河也用作"囊沙之地"，不堪耕作使用。故百姓对挖河持消极态度，"闻筑堤开河，恐毁其坟墓庐舍，甚言不便"⑥。

运河在明清时期有过多次人工改道，每一次新河道的开挖，都伴随着大片土地的挖废。以山东段为例，明代发生过 4 次运道迁移：明初重开会通河的同时，对济宁以北的袁口进行了改线，东移 20 里至寿张沙湾接旧河；嘉靖间开南阳新河，新运道从原来的昭阳湖西东移 30 里至湖东；万历间开李家口河，自夏镇吕公堂向西，转东南近微山，又折西南经龙塘至徐州北内华闸，接新开镇口河；万历间开凿泇河，自夏镇东南流经西万、彭口、台儿庄，至邳州直河口汇入黄河。清代有 3 次规模较小的河道东移：光绪四年（1878 年）将北运河南口从张秋镇东移 25

---

① （明）刘天和：《问水集》卷 2《诸泉》。
② （明）朱国盛撰，徐标续撰：《南河全考》卷上。
③ 光绪《清河县志》卷 7《民赋上·田亩》。
④ （清）张煦侯：《王家营志》卷 1《河渠》。
⑤ （清）康基田：《河渠纪闻》卷 15。
⑥ （清）王先谦：《东华录》，康熙二十五年四月甲戌。

里至陶城铺；光绪二十七年（1901年）自安山镇运河渡口向北开挖坡河，绕镇北东流至东平境内；光绪三十四年（1908年），为避十字河沙淤而开挖惠通新河，自夏镇水火庙东开新河，由河口穿南庄抵郗山入旧渠。

（2）筑堤取土常挖废膏腴之地。筑堤对土方的需求量巨大，按照递增之法，"以六尺为率，堤高丈者，其颠宜丈之三，以六尺加之，至基而得九，此所谓六收法也。由此以推，凡地下尺者，堤高必加尺以取平，而基必加六尺可知也，如是则相势递加，虽数十百里地势不齐，而堤之高低如一可知也"①。巨大的土方挖掘，对耕地的破坏自不待言，"起土成河形，恐大溜一归，遂汕成险工。盖内面成河形，则引盗入室，外面成河形，则开门放贼也"②。"外滩则挖成顺堤河，致成隐患，内塘普面坑洼，一雨之后，积水汪洋，遇抢险时，无篑土可取"③。康熙二十四年（1685年），皇帝下旨以是否损坏民田作为兴工的条件，称"若建坝分水，不致多损民田，着即一面兴工，一面具题"④。乾隆《清河县志》称："清邑地亩，一废于河，再废于湖。"乾隆《重修桃源县志》载，雍正十二年（1734年）官员上奏免康熙三十九、四十（1700、1701年）两年筑堤挖废田地，共计177顷48亩⑤。又据乾隆《淮安府志》，山阳县挑河筑堤挖废地91亩2分，清河县挖废地772顷17亩，淮安卫坐落于山阳、安东二县的田地因开河、筑堤、栽柳，挖废屯样田45顷23亩，雍正年间将上述田赋蠲免。⑥ 道光三年（1823年）上谕：铜、萧两县境内疏河筑堰，其展筑东堰所占民地，着查明粮额蠲豁⑦。道光二十八年（1848年），巡抚潘铎建议贾鲁河工程"另择干土十数里，改道以通旧河"⑧。百龄亦奏言："堤傍向有官地，以供取土，今则积水汪溃，民田之外绝无

① （清）丁恺曾：《治河要语》，载《清经世文编》卷101《工政七》。
② （清）李世禄：《修防琐志》卷5《土塘宜慎》。
③ （清）徐端：《安澜纪要》卷上《创筑堤工》。
④ （清）张鹏翮：《治河全书》卷14《多建减坝》。
⑤ 参见乾隆《重修桃源县志》卷3《田赋上》。
⑥ 参见乾隆《淮安府志》卷12《赋役》。
⑦ 参见《再续行水金鉴》引《南河成案续编》，湖北人民出版社2004年版，第147页。
⑧ 《清史稿》卷129《河渠志四》。

干土，培堤乏术。"① 上述另择干土的做法，也会侵占部分耕地。此外还有水中取土筑堤法，"于离堤基十五丈外挖土，挑至堤基之上，密加夯碾，筑成大堤"②。此法可节省运土路程和经费，但被挖深的土地更难得到淤填恢复。

政府不得不对取土严格规定，要求毋掘房基、毋掘古塚、毋划膏腴。③ 规定取土地点或百丈外或里余，近者离堤 20 丈或 15 丈外。④ 必于数十步外，平取尺许，毋深取成坑，以妨耕种。毋近堤成沟，致水浸没。⑤ 最好的办法是就临河滩上取土，开工时离堤根 20 丈先定土塘，各塘留埂界，筑堤取土主要取外滩，河水涨淤可以填平土塘。如果背河取土，积水成塘，易伤堤身，继而堤坝冲决，冲毁农田，且内塘之土则取一筐少一筐，不能留存以备抢险之用。⑥ 康熙帝曾要求河道总督张鹏翮：堤根下废地，可让河兵试种稻，其余除留取土抢修之地外，令捐栽芦荻，以资工料。⑦ 乾隆四十八年（1783 年），兰第锡奏称，筑堤取土定例在离堤数十丈之外，近因堤旁数丈以外即为民人耕种熟地，每逢取土，遭多方挠阻，工员庸懦畏事，遂就近挖取。建议嗣后加培堤工，在临河一面内滩取土者，务在十丈以外。⑧ 但是弄虚作假的情况时有发生，根据张鹏翮的观察，有人筑堤时于堤根取土，于近堤一带先挖下一二尺，并将周围划平，以作假堤，希图虚冒钱粮。⑨ 盱眙知县郭起元巡视盱、泗一带河工后也发现，"所筑各堤，多在堤根取土，且于近堤一带挖下一二尺，并将周围铲平，以作假堤，为虚松地。各堤并无夯杵，止有石碾，由底至顶，俱用虚土堆成，惟将顶皮陡坦，微碾一次，遮饰外观，是以堤顶一经雨淋，则水沟浪窝在在皆是，堤底一经冲刷，则汕损坍塌崩溃继之"⑩。

① （清）百龄：《论河工与诸大臣书》，载《清经世文编》卷 99《工政五》。
② （清）靳辅：《文襄奏疏》卷 6《恭报赴京疏》。
③ 参见（明）万恭《治水筌蹄》卷上。
④ 参见《大清会典则例》卷 132《工部》。
⑤ 参见（明）潘季驯《河防一览》卷 4《修守事宜》。
⑥ 参见（清）徐端《安澜纪要》卷上《创筑堤工》。
⑦ 参见中仁主编《康熙御批》下册，中国华侨出版社 2000 年版，第 1000 页。
⑧ 参见（清）康基田《河渠纪闻》卷 29。
⑨ 参见（清）张鹏翮《治河全书》卷 19《治河条例》。
⑩ （清）郭起元撰，蔡寅斗评：《介石堂水鉴》卷 6《坚筑堤工策》。

雍正十二年（1734 年），江苏巡抚高其倬奏请将山阳、阜宁、清河、桃源、宿迁、安东、高邮、宝应 8 州县挖废田地 428 顷 61 亩，自雍正六年（1728 年）起至十年（1732 年）止，悉数蠲免。[①] 同年，免除淮安、扬州、徐州等地开河占用民地的田赋。[②] 乾隆十年（1745 年）规定，山阳县常盈仓挖废公占地 5 顷 50 亩，自乾隆十一年（1746 年）始，照数豁除。三十二年（1767 年）规定，宿迁县补征乾隆八年（1743 年）挖废升增漕粮正耗米 95 石 9 斗。[③]

（二）土地的占压

河道两堤间的宽度对土壤环境有一定影响，如堤距太窄，堤根易受水沙淘蚀，导致堤岸坍塌；如堤距太宽，河水漫流，影响大片农田。此时尽管堤内可以一水一麦，但毕竟不如堤外的农田保险，不能保证年年不受害。万历年间潘季驯采取"筑堤束水，以水攻沙"的治河策略，把堤防分为遥堤、缕堤、格堤、月堤四种。缕堤一经建立，缕、遥之间滩区迅速成为农耕区，百姓种庄稼、起庐舍，影响了夏秋行洪和遥堤的防守。发现缕堤的弊端后，潘季驯由原来的遥、缕并重改为只重遥堤，甚至提出废除某些河段的缕堤。对滩区内的居民，潘季驯采取两种办法，一是全部永久迁出；二是暂时迁出，大汛过后再回到原处。[④] 万历十六年（1588 年），都给事中常居敬上疏建议豁免堤粮，以苏民困，理由是"黄河两岸皆系民间纳粮田地，而新旧所筑长、月、缕水、减水等堤坝，南北两岸上下绵亘六七百里，其根阔有七八丈者，有十余丈者，所压占民地不下千百余顷"[⑤]。故清代治河者大力提倡遥堤的修建，"夫不与水争地者为遥堤，此谓以地让水"[⑥]。

山东单县因黄河两岸分别筑有 30 多座土坝，界首又有南北土坝各一

---

① 参见乾隆《江南通志》卷 68《食货志》。

② 参见《清通典》卷 16《食货》。

③ 参见（清）载龄等修纂《户部漕运全书》卷 3《漕粮额数》。

④ 参见杨国顺《黄河流域"与河争地"、"与河争水"的历史教训》，载中国水利水电科学研究院水利史研究室编《历史的探索与研究：水利史研究文集》，黄河水利出版社 2006 年版，第 256—257 页。

⑤ （明）潘季驯：《河防一览》卷 14《查理沁卫二河疏》。

⑥ （清）吴峋：《酌拟河工办法请旨饬议折》，载《清经世文编续集》卷 115《工政二十一·各省水利二》。

道，挺峙于河滩，在西南又加筑子堰一道，河岸上堤坝林立，河道内几乎没有空闲之地，上游水势没有了去路，只能就地漫延，造成单县等地河水漫溢，淹浸田地。① 为确保河工不出问题，清代严禁百姓在黄河滩地筑堰。乾隆二十三年（1758 年），东河总督张师载奏："民间租种滩地，唯恐水漫被淹，筑埝拦阻，日渐增高，不即禁止，河防甚有关系，久违上谕。着交于河南、山东巡抚严饬该地方官严行查禁，不许再行培筑。"② 同年，乾隆皇帝下谕旨："豫、东黄河大堤相隔二三十里，河宽堤远，不与水争，乃民间租种滩地。惟恐水没被淹，只图一时之利，增筑私堰，以致河身渐逼，一遇汛水长发，易于冲溃。汇注堤根，即成险工。"③ 乾隆帝还指出："堤内之地非堤外之田可比，原应让之于水者也。地方官因循积习，不加查禁，名曰'爱民'，所谓因噎而废食者也。"④

河工不仅占压耕地，还会损坏附着于其上的农作物。嘉靖十一年（1532 年），太仆寺卿何栋言："二麦被野，蹂躏可惜，大工未可遽议，宜先令府州县官随地修浚。"⑤ 故施工过程中多采取措施减少对耕地的占压。刘天和《问水集》载："疏浚河泥必远置河岸数十步外，平铺地上，免防耕种。"⑥ 隆庆六年（1572 年），因在河工中尽量少占农田，管堤副使章时鸾受到上级的表彰。⑦ 政府还采用变更征税办法补偿占压的田亩。按照规定，如开渠筑堤占用民地，以他地拨抵，并豁除粮赋。明万恭《治水筌蹄》记载："占用民地者，履亩与之价，税粮通派州县，名曰堤米。为新河所占者亦如之，名曰河米。吕孟诸湖原属膏腴，以运河水不得泄，汇而成者，改鱼课焉，名曰湖米。"⑧

雍正初，仪封县豁除临河挖伤地 20 余顷，规定堤压河占地为下则地，每亩征银 5 厘。雍正七年（1729 年）免除虞城县河占地 6 顷 73 亩，

① 参见《乾隆圣训》卷 136《治水十一》，乾隆五十九年八月丙辰。
② （清）徐端：《安澜纪要》卷下《河工律例成案图·民筑私埝图》。
③ 《清文献通考》卷 8《田赋考》。
④ 《钦定工部则例》卷 37《河工七》。
⑤ 《明世宗实录》卷 138，嘉靖十一年五月庚午。
⑥ （明）刘天和：《问水集》卷 1《黄河》。
⑦ 参见《明神宗实录》卷 7，隆庆六年十一月乙酉。
⑧ （明）万恭：《治水筌蹄》卷上。

考城县河占地 260 顷 96 亩。① 乾隆皇帝下旨称，善后事宜内唯拨给民地一事最关紧要，应将黄河北岸河身涸出的土地，弥补南岸所占用的民地。阿桂奏称，南岸所占用民地，除堤河压占挑废之处不能垦种外，其余即系将来滩地，大汛以前仍可耕种。其兰阳、仪封、睢州、宁陵、考城、商丘六州县压占挑废地亩，共约 572 顷 49 亩。② 乾隆五十二年（1787 年）规定，河南兰阳等六厅州县堤压、河占、挑废、堆土地亩，应豁减银11929 两。③

二 河工建设与土壤的沼泽化、盐碱化、沙化

土壤沼泽化是指由于高度低于或接近输水水位，土壤常年为水分饱和，以至于地表季节性或终年积水。土壤盐碱化，也称土壤次生盐渍化，是指土壤底层或地下水的盐分随毛管水上升到地表，水分蒸发后，使盐分积累在表层土壤中的过程。④ 盐碱化主要分布在冲积平原和湖洼低地，滨海平原区由于成陆时间较短，且有海水的侵袭倒灌的影响，所以盐碱土的分布更为广泛。⑤ 在半干旱气候的影响下，两米以上潜水蒸发较多，土壤和地下水中的盐分沿土壤毛细管向地表积聚，每逢涝年，降雨径流汇集于洼地，与地下水相接，加大了潜水蒸发，发展成为重碱区。⑥ 土壤沙化是指土壤在风力作用下质地变粗的过程，是土壤退化的类型之一。

（一）堤防建设与"背河洼地"的形成

一般来说，筑堤控制着平原古河床高地、古河床洼地、决口扇等微地貌的形成过程与空间分布，后者又控制着成土过程及土壤类型的空间分布特征。⑦ 黄河下游长期约束在大堤之间，造成悬河，"堤高而河身亦

① 参见雍正《河南通志》卷 21《开封府》《归德府》。
② 参见（清）那彦成《阿文成公年谱》卷 27，乾隆四十八年三月十七日。
③ 参见（清）载龄等修纂《户部漕运全书》卷 3《漕粮额数》。
④ 参见崔静、荆瑞等《不同盐分棉田土壤水盐运移及其干物质积累的研究》，《中国农村水利水电》2012 年第 10 期；卢燕敏、苏长青等《不同盐胁迫对白三叶种子萌发及幼苗生长的影响》，《草业学报》2013 年第 4 期。
⑤ 参见胡一三《黄河防洪》，黄河水利出版社 1996 年版，第 22 页。
⑥ 参见东阿县水利志编辑办公室《东阿县水利志》（油印本），1992 年，第 328 页。
⑦ 参见许炯心《历史上治黄治淮的环境后果》，《地理环境研究》1989 年第 1 期。

高，以水面较之堤外田庐，高至丈余"①。堤外地面相对低洼，形成背河洼地。② 背河洼地是黄运地区普遍的地貌形态，洼地常年积水或季节性积水，是盐碱地、沼泽地集中发生的地区。一般来说，干旱季节土壤毛细管大量蒸发，盐分露出洼地地表，土壤耕作层含盐量高于 0.1% 的为盐渍化土，有些洼地耕层含盐量甚至大于 1.0%，成为寸草不生的光板地。③ 背河洼地因长期受黄河侧渗的影响，以及洼地两侧地下水汇集，往往形成涝灾和不同程度的盐碱。④ 盐分也能通过蒸发而累积地表，产生盐害。⑤ 据统计，20 世纪 60 年代初期，整个黄淮海平原盐碱地面积曾达到 5000 万亩。⑥ 20 世纪 80 年代，黄淮海平原古黄河背河洼地盐渍土面积约 750 万亩，占黄淮海平原盐渍土总面积的 15% 左右。⑦

"凡河之性，壅生溃，潴生湮。"⑧ 黄运地区很多洼地的形成与河工建设活动有关，是地上河与人工堤形成的产物。随着堤防系统的建成，河床抬高，水位上升，河流临背差增大。地表水大量下渗，堤外相对低洼的地方，因排水不畅而潴水，或成为湖沼，或成为盐碱地，渍碱灾害相伴发生。背河洼地土壤的主要特点是瘦、盐、冷、板、浸。⑨ 这样的土地上仅能生长一些盐蒿、碱蒿和芦苇等耐碱植物，呈现出"冬天白茫茫，夏季水汪汪，常年光秃秃，无粮饿断肠"的凄惨景象。据明人王士性观察，丰沛间大堤日益加高，导致鱼台之水无法正常排出，"淹处至经四五年"⑩。豫东黄河大堤两岸，土壤沙化和盐碱化严重，诗歌中有"广武城

---

① （清）陈法：《河干问答》。

② 参见马程远《从黄河河道迁徙看下游平原地貌的发育》，《河南师大学报》1981 年第 1 期。

③ 参见祝少华《沿黄背河洼地"以渔改碱"工程技术》，《科学养鱼》2002 年第 11 期。

④ 参见马程远《从黄河河道迁徙看下游平原地貌的发育》，《河南师大学报》1981 年第 1 期。

⑤ 参见宋荣华、单光宗、陈德华等《河南省封丘县黄河背河洼地稻区水盐状况及其调控》，《土壤学报》1979 年第 3 期。

⑥ 参见魏忠义《井灌在黄淮海平原盐碱土改良过程中的作用及其效益》，载《黄淮海平原治理与开发研究文集》，科学出版社 1987 年版，第 55 页。

⑦ 参见刘世春、南鸿飞《古黄河背河洼地浅层地下水动态和井灌井排改良盐渍土》，载《国际盐渍土改良学术讨论会论文集》，北京农业大学出版社 1985 年版，第 352 页。

⑧ （元）欧阳玄：《河防记》。

⑨ 参见樊巍等《背河洼地盐碱地造林新技术研究》，《河南林业科技》1997 年第 3 期。

⑩ （明）王士性：《广志绎》卷 3《江北四省》。

边河水黄，沿河百里尽沙岗"的描写。雍正年间，豫东平原的中牟、阳武、封丘等县多有"地土变为盐碱者"，"白气茫茫，远望如沙漠，遇风作小丘陵，起伏其间"①。作为应对措施，一是禁止堤根取土，规定筑堤取土要远，"切忌傍堤挖取，以致成河，积水刷损堤根"②。二是及时排水。明隆庆三年（1569年）七月，因沽沛旧河湮塞，积水淹浸昭阳湖，河道都御史翁大立奏开鸿沟废渠，新旧河俱得宣泄。③潘季驯治河，使小河常通，灵、睢、宿迁积水得泄，而沮洳渐成膏腴。④

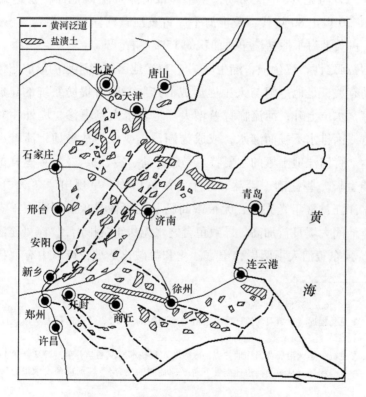

图6—2 黄淮海平原盐渍土分布图⑤

① 《清世宗实录》卷30，雍正三年三月丁未；民国《中牟县志》卷8《地理志》。
② （明）潘季驯：《河防一览》卷4《修守事宜》。
③ 参见（明）朱国盛撰，徐标续撰《南河全考》卷上。
④ 参见（明）潘季驯《河防一览》卷3《河防险要》。
⑤ 改绘自刘世春、南鸿飞《古黄河背河洼地浅层地下水动态和井灌井排改良盐渍土》，载《国际盐渍土改良学术讨论会论文集》，北京农业大学出版社1985年版，第352页。

时至今日，砀山县废黄河两侧古背河洼地，地下水位为1.7米，盐碱地面积达60%—90%。[①] 20世纪70年代的"菏泽地区土壤图"显示，曹县故黄河大堤以北，成片的碱土地沿大堤线状分布。河南黄河背河洼地西起孟津县，沿黄河大堤一直延伸至与山东交界的台前县，宽1—13公里。[②] 豫东平原的黄河堤下，兰考、民权、宁陵、商丘和虞城县的北侧，有一窄长的低洼地带，宽1.5—3公里，长约130公里。这里淡水资源贫瘠，几无灌溉条件，而咸水资源丰富。[③] 淮河中下游成为地上河之后，两堤高出地面7—10米，再加上长期取土筑堤，造成了沿河两侧严重的涝渍与盐碱化，背河洼地长达600—700公里，总面积达1000万亩。[④]

2. 引排水工程与土壤的沼泽化、盐碱化

引排水工程包括闸、坝、涵洞、河道等，其中黄河上最突出的是排水河道，而运河上则是引水河道与排水河道并重。黄河减水的主要目的是确保堤防安全，运河引水与减水的主要目的在于确保漕运畅通。一方面，引排水工程往往带来大量泥沙，危及农田和村落；另一方面，水流浅涩的春季是农业灌溉亟须用水的时期，为确保引水济运，往往严格水源控制。研究发现，土壤盐分变化与潜水动态密切相关，地下水位埋深越浅，潜水蒸发量越大，向表土输送的盐分就越多，也就越容易造成土壤盐碱化。反之，如果人为地控制地下水位在一定的深度，就能减少潜水蒸发，抑制土壤返盐。[⑤]

（1）引水工程与土壤沼泽化、盐碱化。引水工程对土壤环境的影响，在山东运河地区表现尤为突出。运河南旺地区地势高耸，水源匮乏，水

① 参见中国农业科学院农田灌溉所等《黄淮海平原盐碱地改良》，农业出版社1977年版，第6—61页。

② 参见蒋正琦、宋荣华《黄河背河洼地形成特点及综合治理途径》，《土壤》1994年第4期。

③ 参见谢家恕等《豫东古黄河背河洼地的咸水及其利用》，《河南农业科学》1990年第11期。

④ 参见中国农业科学院农田灌溉所《黄淮海平原盐碱地改良》，上海人民出版社1984年版，第6—61页。

⑤ 参见张永忠、李宝庆《黄海平原水利工程的水文效应分析》，载《黄淮海平原治理与开发研究文集（1983—1985）》，科学出版社1987年版，第217页。

柜、闸坝等水源工程多集中于此。通过引水工程，"举名山大川之利以奉都水，滴沥之流，居民无敢私焉"①。政府严格限制灌溉用水，要求"灌田者不得与转漕争利"②，规定"凡故决山东南旺湖、沛县昭阳湖堤岸，及阻绝山东泰山等处泉源者，为首之人发充军，军人犯者发边卫"③。康熙六十年（1721年）发布上谕："山东运河全赖湖泉济运，今多开稻田，截上流以资灌溉，湖水自然无所蓄潴，安能济运？"④ 要求大臣严加管理。严格的水源措施常使农田干涸，耕播失时。有些沿河百姓偷偷放水灌溉，但一经发现，立即禁止。正如魏源所评价的："山东之水，惟许害民，不许利民，旱则益旱，涝则益涝。"⑤

以具体工程为例，堽城坝和戴村坝的建设，将有限的水源引至运河，沿途耗损严重，"遇春秋之交，一遇亢旱，河身宽广且多泥沙，水渗沙底"⑥，浪费了大量本可用于农业的泉水。明代建戴村坝，坎河口仅筑拦水土坝，如洪水过大，可冲毁土坝而入大清河。万历元年（1573年），侍郎万恭因土坝经不住冲刷，于迎水面砌石坡，导致泛涨河水携带泥沙流向南旺，此后汶水每泛涨一次，南旺便淤高数尺。⑦ 万历十七年（1589年），总河潘季驯改筑石坝，取名玲珑坝。五年后（1594年），尚书舒应龙又在坝南北各筑一坝，中留石滩以泄水，名曰乱石坝。上述工程之前，多余的汶水可由坎河口入盐河达于海，"山东运河两岸之州县，犹未为大害"，后总河万恭垒石为滩、潘季驯筑石为坝，使水尽趋南旺，"以运河一线之渠，岂能容汶河泛涨之水？漫决横溃，洋溢民田"⑧。故明代巡漕御史朱阶评价戴村坝："汶虽率众流出全力以奉漕，然行远而竭，已自难支。"⑨

张伯行《居济一得》记载，将山泉引到运河会造成水土流失，因为

---

① 万历《兖州府志》卷19《河渠志》。

② 《明史》卷72《职官志一》。

③ 《明会典》卷158《诸司职掌》。

④ 《清史稿》卷127《河渠志二》。

⑤ （清）魏源：《魏源集》上册，中华书局1976年版，第408页。

⑥ （明）陈黄裳：《漕河议》，载康熙《聊城县志》卷4《艺文志》。

⑦ 参见（清）陆耀《山东运河备览》卷12《名论下》。

⑧ （清）张伯行：《居济一得》卷6《治河议》。

⑨ 《明史》卷85《河渠志三》。

逐泉大加挑挖，浅者深之，窄者阔之，容易破坏泉源周围的土壤环境，一旦霖雨骤至，则数百里之泥沙尽洗而流入汶河。至南旺则地势平洋，而又有二闸横拦，故沙泥尽淤，比他处独高。每水涨一次则淤高一尺，积一年则高数尺，二年不挑则河身尽填，每年挑河，积土成山。[①] 清代以后，多次修理改建戴村坝。雍正以前，戴村坝积沙在伏秋滚水时即由玲珑、乱石坝之缝隙随水滚入盐河。雍正初，鉴于汶水太小，无法济运，河督齐苏勒将玲珑坝堵实，造成雨水多发之年，戴村坝东北民堤常冲开百余丈，淹没东平民田。

前文提到的引黄放淤工程，也是引水工程的一种，固然有利于巩固堤防，但造就的大片高地阻挡了水系，对土壤环境也会带来负面影响。例如，道光五年至六年（1825—1826 年），武陟县北岸拦黄民堰放淤，六月放淤十余日，稍高处即未上水，上水浅的也未落淤，塘内 38 个村庄被淹。七月河溜南移，进黄沟壅塞，不能引水。同时开顺清沟排水，低处不能排出，不能秋耕。据当时官吏查报，淤地 370 顷，深三四寸至三四尺不等，排不出水的有 80 多顷。结果得不偿失。[②]

（2）排水工程与土壤沼泽化、盐碱化。夏秋大雨连绵，山水暴发，往往冲毁城镇，淹没田禾，需开堤坝排水。一般说来，随着河身日渐增高，河堤内的土地相对愈加低下，形若釜底，致排水困难，积涝无从排泄，长时间无法耕种，甚至沦为湖沼。一些居住在堤外的百姓，因土地沼泽化、盐碱化不利庄稼生长，有人违规放淤，以淤肥土地。居住在堤内的百姓常面临水涝之灾，常偷决以宣泄积水。但无论哪一种原因，都会损害下游以及他人的利益。河道都御史潘季驯言："徐、邳每岁河决之由，河流冲射居十之四，而居民盗决居十之六。"[③] 明弘治七年（1494年），山东按察司副使杨茂元奏："河南之民不欲黄河入境，但见山东委官往彼增筑贾鲁堤，即谋欲杀之。"[④] 上游地区以邻为壑甚至谋杀官员，皆因河工影响土壤环境。万历三年（1575 年），"夏镇新河马家桥之左吕

---

① 参见（清）张伯行《居济一得》卷 2《南旺分水》，卷 4《疏浚泉源》。

② 参见姚汉源《河工史上的固堤放淤》，载《水利史研究室五十周年学术论文集》，中国水利水电出版社 1986 年版，第 29 页。

③《明穆宗实录》卷 62，隆庆五年十月辛丑。

④《明孝宗实录》卷 93，弘治七年十月甲戌。

孟、微山诸湖，夏水泛涨，外伤漕堤，内淹民田者，徐州七分，滕县二分，峄县一分，公私未便也。"①

运河两侧许多洼地的形成与工程建设有关。黄运地区的天然河流多为东西走向，南北大运河的开挖，打破了原来东西向排水的水系格局，造成运河西侧排水受阻，极易形成内涝。出于保漕之目的，对徒骇河、马颊河的运西地区，一直采取只准报灾、不准挖河的政策，以防止对会通河的侵袭。② 明王士性《广志绎》记载，山东东昌、兖州二郡水患不尽由本地，本地水不过注入漕河南北的汶、泗而已。中州黑羊山来水经澶渊坡而东奔曹、濮间，因受运河堤所限，堤西人常盗决堤防，兼以张秋黑龙潭诸水汪洋澎湃。其初全部自范县竹口出五空桥入漕河，后桥口淤塞，河臣不许疏浚，恐伤漕水，洪水遂缩回，淹浸诸邑，濮州一带受害尤甚③。

康熙四十三年（1704 年），鉴于济运之水不知何年改为七分往南，导致每逢雨涝之年，济宁、鱼、沛一带民田往往淹没。同样，由于不知何年改为三分往北，水势甚微，而安山湖又经招租起科，无水接济，所以每逢亢旱之年，东昌一带常常浅阻。有大臣建议仍改为三分往南、七分往北，以免民田淹没，粮船浅阻。④ 康熙年间，运河厅同知任玑为增加所辖河段的水量，堵住了由何家石坝、玉堂诸口向北宣泄湖水的通道，又建利运闸放蜀山湖水，开十字河放南旺湖水南行，导致南旺以北水流减少，而南旺以南"处处淹没，二十余年不得耕种"⑤。乾隆二十二年（1757 年），尹继善奏请酌筹沛县疏泄事宜，认为山东湖口闸与韩庄闸相近，虽为蓄水济运，实际上是泄水尾闾。该闸仅宽丈余，不足宣泄，且沂河自北而南流入骆马湖，自邳州庐口向西散漫入运，与荆山桥泄下之水相阻，以致不能通畅。乾隆帝认为此言切中要害，称"湖向以济运，迩年运河之水不患其少，惟患其多。良田横决之水散漫入湖，以致湖不

---

① （明）万恭：《治水筌蹄》卷上。
② 参见《海河志》编纂委员会《海河志》第 1 卷，中国水利水电出版社 1997 年版，第 394 页。
③ 参见（明）王士性《广志绎》卷 3《江北四省》。
④ 参见（清）张伯行《居济一得》卷 2《南旺大小挑》。
⑤ （清）张伯行：《居济一得》卷 5《东省湖闸情形》。

能容，溢而入运，运益不能容，并为巨浸，运艘阻滞，旁邑为灾"①。乾隆二十七年（1762 年），在徐州铜山县北开河渠一道，宣泄积水入运河。但至嘉庆初，因减泄黄水被沙淤塞，从此雨水稍多便成积涝，北乡一带无岁不受淹。山东峄县低洼地区的积水长久不易排出，造成土地盐碱化，"峄之民困于水，峄之水又敝于运，盖数百年矣。念昔迦河东开之先，峄之水东皆入武、迦，西皆入薛、许由，分行注泗，未尝以泛滥为忧也"②。部分人甚至因土地情况不佳，逐渐从农业生产转到渔业生产，淡水捕捞成为居民的生活习俗，出现了相当数量的渔民以及鱼泊所。

由于黄淮水患频繁，洪水冲决河道、湖泊，造成排水不畅，土壤次生盐碱化严重，原为鱼米之乡的涟水县变成了"有田皆斥卤，无处不蓬蒿"的贫困县。③ 安东县"田滨河海，岁罹水患，无陂塘沟池之蓄，旱涝由乎天"④，万历三十年（1602 年）丈得滩地 2300 余顷。⑤ 阜宁县盐碱地"卤气上腾，禾稼尽萎"，农民于是挖地埋盐，将地下深处的黑泥挖出，覆盖在盐碱地上。⑥ 徐州经过多次的黄河变迁，地势逐渐淤高，到明万历年间，原有的水利工程全部被淤废，农业生产只得全部改为旱粮作物。与此同时，棉花的种植从此也逐渐普遍起来，取代了过去的植桑养蚕事业。⑦ 乾隆五十七年（1792 年），江苏巡抚奇丰额奏请将海州、沭阳一带低洼地亩"改植芦苇"⑧。山阳县因多沙，"田不宜稻"⑨。桃源县"淤土带沙，风高寒旱，不宜艺稻"⑩。清河县"稻止旱糯，然不及百一"⑪。安

---

① 《清文献通考》卷 8《田赋考八·水利田》。
② 光绪《峄县志》卷 5《山川下》。
③ 参见卢勇、王思明《明清淮河流域生态变迁研究》，《云南师范大学学报》2007 年第 6 期。
④ 雍正《续修安东县志》卷 1《镇庄》。
⑤ 参见雍正《续修安东县志》卷 6《芦政》。
⑥ 参见光绪《阜宁县志》卷 1《恒产》。
⑦ 参见蔡云辉《战争与近代中国衰落城市研究》，社会科学文献出版社 2006 年版，第 280 页。
⑧ "乾隆五十七年八月初五日，江苏巡抚奇丰额奏折"，载中科院地理所、一档馆编《清代奏折汇编——农业·环境》，商务印书馆 2005 年版，第 320 页。
⑨ 同治《重修山阳县志》卷 1《疆域》。
⑩ 乾隆《重修桃源县志》卷 4《田赋志下》。
⑪ 民国《续纂清河县志》卷 1《疆域》。

东县"五谷宜麦、菽、秫，下隰产旱稻十二三"①。

（三）河工建设与土壤的沙化

黄河放淤的沙质沉积物经长期风力作用，形成许多沙荒地。河道疏浚、开挖过程中挖出的泥沙，堆积到河道两旁，也容易形成风沙。沙土地肥力差，涵养水分能力弱，不利于农作物生长。

明清时期，河南土地质量退化，集中表现为豫东与豫北平原大面积耕地沙碱化。② 河南省境内故道交迭，多系沙土，"岸外之沙有延至数十里者，各工段有系纯沙堤防"③。河南中牟县"沙冈最多，每遇大风，沙乘风物，近冈河口最易淤塞"④。顺治年间，河南胙城"积沙绵延数十里，皆飞碟走砾之区"，县西北"一派沙地，并无树木村庄，飞沙成堆，衰草零落"⑤。原武县黄河"新淤之地，类多沙浮"⑥。延津县地亩，沙碱占十分之三，荒芜占十之六。⑦ 乾隆二年（1737年），河南巡抚尹会一考察河南地方，见"多咸碱飞沙之地"⑧。一些冬日季赶筑的工程，由于新加之土俱被冰冻，到春天冰消土松，兼之人畜蹂躏、风扬雨淋，不无残缺。⑨ 丁恺曾《治河要语》指出：多沙之堤，风扬之，雨坍之，既剥既削，必卑必薄，虽臻人工，未为美善。⑩ 据相关研究，历史上黄河在中牟、兰考、封丘间决口后形成大面积的沙质沉积，平原上沙丘分布以中牟、兰考、封丘间黄河两岸规模最大，大体上形成三个中心：（1）以兰考为中心，呈行列和分支状延伸到东明、商丘、马头集一带；（2）以开封、中牟为中心，北起黄河大堤，南达尉氏；（3）原阳、延津、封丘、内黄境内呈条状或带状分布。⑪ 黄泛沉积区土壤以碎屑结构为主，为砂土、砂粉

① 光绪《安东县志》卷1《疆域》。
② 参见王兴亚《明清中原土地开发对生态环境的影响》，《郑州大学学报》2009年第3期。
③ 陈善同等编：《豫河续志》卷20《附录》。
④ （明）陈幼学：《河工申文节略》，载同治《中牟县志》卷9《艺文志》。
⑤ 顺治《胙城县志》卷2《邑治篇》。
⑥ 康熙《原武县志》卷8《艺文》。
⑦ 参见康熙《延津县志》卷6《驿传》。
⑧ （清）尹会一：《尹少宰奏议》卷3《敬陈农桑四事疏》，载《丛书集成初编》第925册。
⑨ 参见（清）田文镜撰，张民服点校《抚豫宣化录》，"为再行严饬事"（雍正三年正月），中州古籍出版社1995年版，第108页。
⑩ 参见（清）丁恺曾《治河要语》，载《清经世文编》卷101《工政七》。
⑪ 参见马程远《从黄河河道迁徙看下游平原地貌的发育》，《河南师大学报》1981年第1期。

土，保水保肥能力较差。由于黄泛沉积物结构松散，存在不同程度的风蚀现象，尤其在高滩地上，春季风蚀作用明显。① 豫东北新乡地区的原武、延津、封丘三县，新中国成立前境内沙岗起伏，盐碱遍地，易旱易涝。②

鲁南苏北地区，运河疏浚时，"司事者捞起即置岸坡，又两岸本系每年积沙，居民占种浮松，一遇暴雨，卸坍梗塞"③。明正统四年（1439年），"淮安府清河等县淮水涨漫，沙淤地亩，不能布种"。弘治六年（1493年），因"频年挑浚，沙积两岸或平铺地上，风起飞扬，仍归河内"，刘大夏建议两岸筑堤以拦挡。④ 隆庆五年（1571年），潘季驯开邳河，"筑堤捍水，浮沙既不能坚，而实土又为比年流沙所压"⑤。清张伯行《居济一得》称："南旺运河两岸，土积如山，每逢大挑，百倍艰难。"⑥ 清人谈迁发现，"自台庄来，堤多石，细碎积步。盖浚河出之，本山脉也"⑦。道光元年（1821年）黎世序奏称，徐州以上河段"皆系新桃，两岸积存土山，堆贮松浮。经此次盛涨，划底塌崖，挟带沙泥下注，是以较常年倍为浑浊，骤难控消。堤埽工程，倍为吃重"⑧。600 多年中，黄河在泗、淮故道上实际堆积抬高了 17—18 米。⑨ 徐州市内挖地基时，常在地下 4—5 米处发现老街道和房基。涟水县在城外挖深 3—5 米才是原来老地面。据了解，淮河会黄后两岸的地面普遍淤厚 2—5 米，等于进行了大面积的放淤。⑩

---

① 参见葛兆帅、吉婷婷、赵清《黄河南徙在徐州地区的环境效应研究》，《江汉论坛》2011 年第 1 期。

② 参见邹逸麟《黄河下游河道变迁及其影响概述》，载谭其骧主编《黄河史论丛》，复旦大学出版社 1986 年版，第 233—234 页。

③ （清）包世臣：《中衢一勺》卷 6《附录三》。

④ 参见（明）刘天和《问水集》卷 1《汶河》。

⑤ 乾隆《江南通志》卷 49《河渠志》。

⑥ （清）张伯行：《居济一得》卷 1《运河总论》。

⑦ （清）谈迁：《北游录·纪程》。

⑧ 《再续行水金鉴》引《南河成案续编》，湖北人民出版社 2004 年版，第 27 页。

⑨ 参见张仁、谢树楠《废黄河的淤积形态和黄河下游持续淤积的主要成因》，《泥沙研究》1985 年第 3 期。

⑩ 参见徐福龄《黄河下游明清时代河道和现行河道演变的对比研究》，载《黄河史论丛》，复旦大学出版社 1986 年版，第 211 页。

沙化后的土壤，肥力状况急剧下降，较难保有水分，有雨则涝，无雨则旱，不利于作物生长。据研究，砂质土耕作层薄，有机质分解快，土壤结构性和空隙性也差，漏水漏肥，故作物产量较低。① 由于冲填土多为沙性土壤，易产生风沙和水土流失，需在淤背表面用黏土压盖，工程量大。② 河南中牟县南"多沙，薄不可耕，沙拥成冈。每风起沙飞，其如粟如菽者，刺面不能正视，轮蹄所过，十步之外，踪莫可复辨，以至侵移田畴，无不压没"③。淮河流域在黄河改道北流后，所沉积的粗砂常随风飘扬，造成砂荒，荒凉之景犹如沙漠。④ 调查发现，河南省交春以后，向多烈风，而河边沙土乘以飞扬，每三五日辄值一次。⑤ 20 世纪 60 年代，兰考县县委书记焦裕禄带领全县人民治理黄河决口改道造成的风沙、盐碱、内涝三大灾害。一直到今天，黄河故道滩区河槽及大堤内外多为故黄河所遗留的沙土、两合土、淤土、盐碱土，土壤肥力相对较差，再加上洪、涝、渍、旱、风沙、盐碱灾害的频繁交替发生，使得故道滩区的经济大都落后于周围地区。⑥

第三节 从典型案例看土壤环境的变迁

河工建设与土壤环境的矛盾，往往表现为典型社会事件的发生。明正德年间，因遇天旱，田苗枯死，高邮运河沿线百姓聚集 500 多人，各持铁锹、锄头、短棍，将高邮湖堤岸挖开 5 丈 7 尺，以泄水灌田。⑦ 道光十三年（1833 年），因山东蜀山湖水势异涨，湖东北的邵家庄及汶上县各村庄，地势低洼，受灾较重，发生了居民盗挖湖堤的事件，"蜀山湖乡民数

---

① 王建革：《清代华北平原河流泛决对土壤环境的影响》，《历史地理》第十五辑，上海人民出版社 1999 年版。

② 赵寿刚等：《黄河下游放淤固堤效果分析及施工影响研究》，黄河水利出版社 2008 年版，第 18 页。

③ 民国《中牟县志》卷 3。

④ 参见卢勇、王思明《明清淮河流域生态变迁研究》，《云南师范大学学报》2007 年第6 期。

⑤ 参见杜省吾《黄河历史述实》，黄河水利出版社 2008 年版，第 236 页。

⑥ 参见刘会远主编《黄河明清故道考察研究》，河海大学出版社 1998 年版，第 10 页。

⑦ 参见（明）杨宏、谢纯《漕运通志》卷 8《漕例略》。

十人，由湖驾船十余只，驶至湖堤，手持长枪，施放鸟枪，拦截行人，动手挖堤"①。下面分别选取苏北、鲁西南两个地区的典型案例，以窥豹之一斑。

一　"常三省案""黄河决堤案"所见苏北土壤环境的变迁

（一）明代常三省案

明清时期因河湖决溢增多，加之海潮倒灌，淮河下游大部地区土地沙化、盐碱化严重，地力下降，产量降低，甚至对种植制度也产生了深远影响。② 嘉靖初，塞桃源三义口，黄河自小清口会淮，"嗣是，或上溃崔镇，或下决草湾"③。万历六年（1578 年），潘季驯第三次出任总河，实行蓄清刷黄，筑高家堰 60 余里，归仁集堤 40 余里，柳浦湾堤 70 余里，塞崔镇等决口 130 处，筑徐、睢、邳、宿、桃、清两岸遥堤 56000 余丈，修砀、丰大坝各一道，徐、沛、丰、砀缕堤 140 余里，建崔镇、徐升、季泰、三义减水石坝 4 座，迁通济闸于甘罗城南，淮、扬间堤坝无不修筑。④ 尤其高家堰的不断筑高，下游洪水去路淤塞，上游水位抬高，对洪泽湖周围以及东面低洼的下河地区构成严重威胁。泗州等地水患加剧，"城内水深数尺，街巷舟筏通行，房舍倾颓，军民转徙，其艰难穷困不可殚述"，泗州城岌岌可危，大量耕地被淹没。

泗州乡绅、时任江西参议的常三省亲历淮河下游诸地考察后，呈《上北京各衙门揭帖》，从泗州水患、清口淤塞、运道利病、水患所由、弭患事宜等方面，力陈万历七年（1579 年）修筑高家堰的危害。认为潘季驯筑高家堰"束水攻沙"的方案是错误的，建议"复淮流之故道"，多建水闸，疏通淮河入海入江水道，同时挑浚清口以上淤塞地段。在揭帖中，常三省特别提到了水患对土壤耕地的影响，称"泗人有岗田有湖田，岗田硗薄，不足为赖。惟湖田颇肥，豆麦两熟，百姓全藉于此。近岗田低处既淹，若湖田则尽委之洪涛，庐舍荡然，一望如海，百姓流散四方，

---

① 《清宣宗实录》卷 241，道光十三年七月丁酉。

② 参见卢勇、王思明、郭华《明清时期黄淮造陆与苏北灾害关系研究》，《南京农业大学学报》2007 年第 2 期。

③ （清）张煦侯：《王家营志》卷 1《河渠》。

④ 参见《明史》卷 84《河渠志二》。

觅食道路"①。常三省的建议遭到下游高宝地区百姓的反对，于是常三省又写了《与高宝诸生辨水书》，解释他建议的合理性，不会影响到下河地区。但最终明政府从保运保漕的大局出发，将呼吁保护泗州一地的常三省治罪。

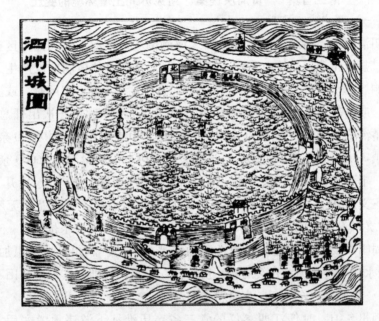

图6—3 明代泗州城受水图

2. 嘉道年间系列决堤案

清代堤防管理尤为严厉，法律规定"河南等处地方，盗决及故决堤防，毁害人家、漂失财物、淹没田禾，犯该徒罪以上，军民俱发边卫充军"②，然而嘉道年间发生了系列盗挖黄河堤防的案件。嘉庆九年（1804年）八月，安东县民李元礼等"因黄水漫滩，淹浸田庐，纠众盗决大堤，进水以图自便"③。道光二年（1822年），河南考城县民人张孚等偷挖考城汛十三堡大堤泄水。④ 同年五月，阜宁县监生高恒信等纠众30余人两

---

① 光绪《泗虹合志》卷16《上北京各衙门水患议》。
② 《大清律例》卷39《盗决河防》。
③ 《大清律例会通新纂》卷37《盗决河防》。
④ 参见《再续行水金鉴》卷1。

次挖堤，还持铁鞭围攻巡兵及把总杨荣，强行彻夜将陈家浦四坝堤工挖通，其原因也是"田被水淹"①。其中，影响最大的是道光十二年（1832年）淮安府桃源县龙窝汛十三堡发生的盗挖黄河堤防案。

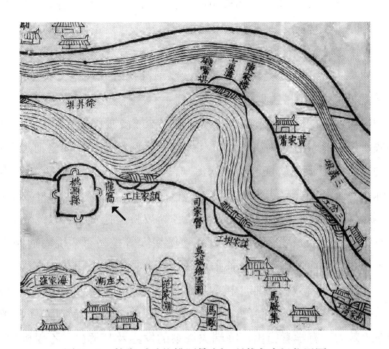

图6—4　乾隆《重修桃源县志》所载龙窝汛位置图

据《清史稿》《清实录》《南河成案续编》以及林则徐、陶澍、张井等大臣的奏疏，可清楚地了解事件的来龙去脉：道光十二年（1832年）八月二十一日夜，桃源县监生陈端、陈光南、刘开成及生员陈堂等湖内百姓，"明目张胆，执持器械拦截行人，捆缚巡兵，将大堤刨挖"②，强挖了桃南厅于家湾的黄河大堤，事后被抓捕归案。审讯得知，陈端盗决黄堤的直接原因是为了"放淤肥田"③。据事后勘察，桃源县境共48图，分隶黄河南北两岸，南岸堤内有20图，均系民田庐舍，因连年湖水涨漫，

---

① （清）陶澍：《陶云汀先生奏疏》卷43《赶赴清江筹议河道情形折片》。
② 《钦定工部则例》卷39《河工九》。
③ 《清史稿》卷126《河渠志一》。

多被淹没。① 陈端等人每家均有多顷地亩濒临湖边，土地夹在黄河与骆马湖之间，湖河环绕，地势低洼，"内湖外河，中隔一线单堤"。此前这一片滩地为粮田，"岁有收成"，后因修筑大堤，蓄水济运，"湖潴较旺"。道光十一、十二年（1831—1832 年）尤为严重，河湖水面涨至 2 丈 1 尺以上，"低田已被淹浸"，"滩上田地遂成巨浸"。于是陈端等人挖放黄水，"希图地亩受淤"。结果确实也部分地达到了黄河放淤肥田的目的，"该处三四十里以内滩田均已受淤，较诸未淤以前高出五六尺至丈余不等"，地亩受淤之处已成膏腴之地。②

但引黄淤肥的同时，造成了决口以下泥沙散漫淤积，黄水全入洪泽湖，致湖底淤垫。清政府大为震惊，派江苏巡抚、两江总督、江南河道总督前往处置，对挖堤嫌犯从快、从严惩治。首犯陈端于被挖河防处斩首示众。从犯陈堂、张开泰、赵步堂判绞监候，秋后处决。田宝仁、滕小柱、陈钦等 20 多人杖一百，流放 3000 里。范洪启等被胁迫挖堤者，杖一百，徒三年。对各级管理人员也分别严厉处罚：堡兵人等杖一百，桃南通判田锐、龙窝汛千总沈得功、桃南营守备张顺清、桃南县主簿王积芬 4 人因防守堤工失职，发往军台效力赎罪。桃源县知县刘履贞、把总钱永贵革职枷号、河道总督张井、淮扬道王贻象、河营参将张北、淮扬游击薛朝英革职留任，戴罪在工效力。有学者指出，陈端决堤案的发生及其解决，不仅极大地冲击和震动了道光时期的政局，也对后世产生了重要的警示意义。③

二 "沉粮地"所见鲁西南土壤环境的变迁

坐落于运河以西山东济宁、鱼台地区的水淹地称"沉粮地"，运河以东的则称"缓征地"。据《山东南运湖河疏浚事宜筹办处第一届报告》记载："济宁、鱼台境内沉粮地亩旧系民田，因地势低洼，被水侵占，不能得土地之收益，于是地主请求国家免其赋税。"④ 清楚地表明了"沉粮

① 参见（清）陶澍《陶云汀先生奏疏》卷 43《赶赴清江筹议河道情形折片》。
② 参见（清）林则徐《将挖堤案犯解交穆彰阿陶澍审理折》，载《林则徐奏稿四》。
③ 参见张崇旺《道光十二年江苏桃源县陈端决堤案述论》，《淮阴师范学院学报》2008 年第 5 期。
④ 《饬济宁鱼台县知事刊刷拟定简章张贴告沉地方文》，载《山东南运湖河第一届报告书》，第 11 页。

地"是"国家免其赋税"的水淹地亩，不同于"缓征地"。

（一）康熙间的河工建设与沉粮地

沉粮地的形成，与河工建设引发的南四湖的扩张有关。早在康熙二十三年（1684年），济宁州知州吴柽在运河与牛头河间修筑了一座大坝（旧横坝），长1260丈，以障昭阳湖水北泛。拦河横坝的修筑，虽保护了济宁南乡的耕地，却导致湖泊扩大，水位抬高，积水在横坝以南积蓄成湖，湖水吞没沿湖州县农田和庐舍。[①] 康熙二十九年（1690年），于济宁县西北境开挖了一条新开河，与牛头河会，同注谷亭，再加上西部坡水注入，湖面不断扩大，南阳镇被包围在水中。次年，知县马得祯修马公桥一座，沟通鱼台和南阳，"为鱼邑往来要道"[②]。十几年后任职济宁的张伯行仍提道："济宁南乡一带地势洼下，迩来迭罹水患，有地不尽耕种，悬罄吁嗟，哀鸿甚悯。皆因杨家坝开通放水，不入马场济运，而径由运河转至南阳湖。南阳一湖不能容纳，遂漫入南乡一带，是以民田受淹。"[③]

（二）乾隆间的河工建设与沉粮地

自康熙后期至乾隆初的数十年间，随着济宁、鱼台水沉地面积的扩大，南阳湖湖面急剧扩张。乾隆十年（1745年），南阳湖湖水越过旧横坝，向北漫延，淹没济宁南乡之张家堰、谭村寺、枣林等40余个村庄。[④] 乾隆二十年（1755年），因旧横坝不能阻止南阳湖水北漾，于坝北5里再筑新横坝一座，长约6里，东起鲁桥南、枣林闸北运河西岸，西至秦家庄。[⑤] 二十一年（1756年），黄河决苏鲁交界的孙家集，漫入微山湖，湖水无处宣泄，泛涨异常，致济宁、鱼台等处"洼地秋禾被淹"，周围村庄"民房被淹，多有倒塌"[⑥]。于是挑挖伊家河泄水，建韩庄滚水坝，疏浚荆

①　参见民国《济宁直隶州续志》卷4《食货志》。

②　乾隆《济宁直隶州志》卷3《舆地》。

③　（清）张伯行：《居济一得》卷2《劝民耕种涸田》。

④　参见微山县地方志编纂委员会编《微山县志》，山东人民出版社1997年版，第164页。

⑤　参见民国《济宁直隶州续志》卷4《食货志》。

⑥　《乾隆二十一年九月二十八日河东河道总督白钟山奏请会勘河湖倒漾折》《乾隆二十一年九月二十八日山东巡抚爱必达奏报鱼台等五州县续被水坍房缘由折》，载《宫中档乾隆朝奏折》第15辑。

山桥河道。经过治理，滨湖洼地"凡为异涨所淹者，尽皆涸出"①。但两年后，"湖益壅，于是遂有二十四年告沉之事"②。

刻于乾隆二十五年（1760年）的"沉粮碑"，记录了这一良田变成泽国的过程。碑文记载："济之南乡谭村寺五处地方，地势洼下，接年水淹。自乾隆十年至今未涸，陆地变为沧海，粮田俨若泽国。当是时也，不惟民难度生，而且国税莫辨。幸赖刘公英儒，讳鸣珂者，目睹情形，不忍坐视，因以水沉民田，具陈各宪，控至数载。于乾隆二十一年，蒙本州正堂徐太老爷轸念民艰，将未涸地亩损资申详，蒙巡抚部院阿大人题请，至二十四年奉准部覆，而未涸一案，始克告成。盖已涸少存，未涸尽蠲，民难承粮之户，实免追呼之苦。待至涸出之日，各家按数耕种，不许豪右兼并，不许邻封骚扰。沉田此乃永存在案，则所谓兴利除害者，非着人之克济其成也哉。"③

乾隆二十四、二十七年（1759、1762年）两年，根据山东巡抚阿尔泰的奏请，豁除济宁、鱼台"实在水深难涸"地亩2600余顷，涉及200余处水淹村庄的耕地。④ 其中，济宁豁除水深难涸地1323顷56亩，以及一则地58顷48亩，二则地1265顷8亩。⑤ 鱼台第一次豁除水沉地595顷82亩，第二次豁除水沉地708顷86亩。⑥ 豁免的结果是改变了该地区的田赋数额，故乾隆二十九年（1764年）编纂《鱼台县志》时，鉴于"田赋自乾隆二十四年详豁沉地后，其地丁额征及起运各款与前志不符"，重新修订了与前志不符的田赋数额。⑦ 从中可以看出，济宁、鱼台境内的沉粮地在相当长时间内虽无法耕种，却仍负有纳税责任，直到乾隆二十四、二十七年（1759、1762年）朝廷才正式批准豁免。此时，南阳湖的范围

① 《乾隆二十八年十二月十二日山东巡抚崔应阶奏为筹消济鱼积水请挑荆山桥旧河以奠民生折》，载《宫中档乾隆朝奏折》第20辑。
② 民国《济宁直隶州续志》卷4《食货志》。
③ 此碑立于微山县南阳湖中刘桥旧村小岛上，由当时的刘氏家族庠生刘泽皓撰文，因二级坝的修建，该村现已搬迁至岸上居住，本课题组于2012年暑假前往小岛寻找抄录。
④ 参见《乾隆二十八年十二月十二日山东巡抚崔应阶奏为筹消济鱼积水请挑荆山桥旧河以奠民生折》，载《宫中档乾隆朝奏折》第20辑。
⑤ 参见道光《济宁直隶州志》卷3《食货二·田亩》，引乾隆旧志。
⑥ 参见乾隆《鱼台县志》卷首《恭纪皇恩》。
⑦ 参见乾隆《鱼台县志》卷首《凡例》。

已基本明确为马公桥以北至旧横坝间的水域，乾隆二十七年（1762 年）阿尔泰所上奏折附图中，即明确绘有"南阳湖"①，应该是标注"南阳湖"名称的最早地图。到乾隆二十九年（1764 年），因开南阳岔河泄西北坡水，致牛头河水自岔河注入南阳湖，将济宁西南部分村落"潴而为湖"②，南阳湖湖面因而扩大至方圆 9 里多。③ 此时地方志中始有"南阳湖"词条的专门记载，并特别注明"南阳湖，旧志所无，今已汇为巨浸，故续入焉"④。

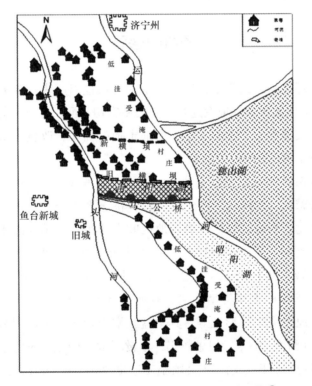

图 6—5 乾隆二十七年（1762 年）的南阳湖⑤

---

① 阿尔泰：《奏为济鱼二州县积水难涸应征钱粮漕米请豁免事 附图》，中国第一历史档案馆藏乾隆朝录副奏折，档案号 03 - 0541 - 002。

② 乾隆《济宁直隶州志》卷 3《舆地》。

③ 参见乾隆《鱼台县志》卷 2《山水》。

④ 同上。

⑤ 改绘自中国第一历史档案馆藏军机处录副奏折附图，档案号 03 - 0541 - 002。

　　总之，"沉粮地"的形成在于河工建设所引发的耕地被淹，其演变过程也是南阳湖形成的过程。这一过程中，黄运地区经历了从陆地景观到湖泊景观的演变，村落粮田变成了茫茫水域，粮食种植被苇、草、莲藕栽植所代替。百姓"有地不尽耕种，悬磬兴嗟，哀鸿堪悯"①，不得不想办法"谋开稻田"，或在偶尔亢旱之年利用涸出的土地"及时种麦"。但开稻田"卒无成效"，种麦"稍遇微雨，上游水来，则并籽种资力而悉丧之"。于是一部分人被迫改变原有的农业耕作方式，"植苇捕鱼，自谋生活"②，种地的农民逐渐变成了以湖为生的渔民。

本章小结

　　土地是环境的基础要素，人与环境的关系也因此表现为人与土地的关系。③ 黄运地区土壤环境变迁与河工关系密切，河工兴举可使昔日湖荡涸为良田，缓解水患灾害的发生，增加土地的面积，改良土壤条件，但负面影响也不可低估。

　　在治河保运的背景下，土地或沉于水，或被沙压，或被挖废，表现为土壤的盐碱化、沼泽化、沙化等。昔日耕垦之地沦为鱼鳖之所，原有田界发生变化，不可区分，还引发地区间农业用水、排水的矛盾，种植制度也被迫改变。淮河流域原有"走千走万，不如淮河两岸"的民谚，到明清时已成为历史的记忆。在鲁西南地区，地形微波起伏，岗、坡、洼相间，形成各种土地类型，主要有河滩高地、缓平坡地、浅平洼地、背河槽状洼地和决口扇形地等，其中盐化潮土较多，土壤肥力偏低，有机质少。④ 在河南地区，"河患频仍，丰歉不常"的记载不绝于书，生态环境极其脆弱。商丘等地，每公顷小麦产量200—300公斤，每公顷高粱

---

① （清）张伯行：《居济一得》卷2《劝民耕种涸田》。
② 民国《济宁直隶州续志》卷4《食货志》。
③ 参见朱国宏《人地关系论——中国人口与土地关系问题的系统研究》，复旦大学出版社1996年版，第2页。
④ 参见徐培秀《鲁西南平原粮棉布局发展探讨——以菏泽地区为例》，载《黄淮海平原治理与开发研究文集（1983—1985）》，科学出版社1987年版，第238页。

及小米约产 500 公斤。① 作为应对措施，沿线百姓或者冒险盗掘河堤以改良土壤，或者被迫改变一些作物的种植结构。

河工建设与土壤环境的矛盾，还表现为典型社会事件的发生。决堤案涉及黄运地区的河南、江苏等省，集中反映了这一时期河工建设对土壤环境的影响，以及受灾百姓引黄放淤、改善土壤环境的愿望与政府治黄保运的对立。一些百姓为求生存，不惜冒险改良土壤，既表明了黄河堤防建设影响农耕、损害百姓利益的负面影响，也表明了黄河具有淤肥的作用，决堤引黄成为改良耕地的首选。事件揭示了河工建设对土壤耕地环境的影响，显示了国家层面的水利活动与区域社会发展的矛盾，体现了人与环境之间的博弈。但最终均以损害局部地方百姓的利益为代价，服从于国家公共工程建设。一些人甚至被迫改变原有的农业耕作方式，逐渐由农民变成了以湖为生的渔民。

---

① 参见周锡祯《河南碱地利用之研究》，转引自苏新留《民国时期黄河水灾对河南乡村生态环境影响研究》，《地域研究与开发》2007 年第 2 期。

第 七 章

河工建设与植被环境的变迁

植被是一种有空间变化的地理现象，是陆地生态系统的重要组成部分，也是生态系统中物质循环与能量流动的中枢，植被及其组成与环境在长期自然历史发展中相互综合作用。[①] 现代科学研究表明，植物生长影响湖床的演变，水电梯级开发等人为的水利建设活动，对流域植被环境影响较大。[②] 历史研究表明，各种自然或人为的原因，导致森林植被大量减少，生态环境不断恶化。豫东、豫北黄泛平原区的森林资源被破坏殆尽，不得不向遥远的湖广、四川地区采运。1770 年至 1937 年，河南森林覆盖率由 6.3% 下降到 0.6%。因森林资源破坏严重，中州山皆土垄，不生草木，水面缩小，沙碱增大，许多地区出现了水土流失、风沙、盐碱与飞蝗等次生灾害。[③] 淮河流域亦是如此，明清淮河流域森林植被损毁殆尽，水土严重流失，灾害频仍。到近代，江淮各地荒山面积基本多于森林面积。[④]

---

① 参见宋永昌《植被生态学》，华东师范大学出版社 2001 年版，第 353—360 页；温仲明等《植被恢复重建对环境影响的研究进展》，《西北林学院学报》2005 年第 1 期；房世波等《鄂尔多斯植被盖度分布与环境因素的关系》，《植物生态学报》2009 年第 1 期。

② 参见胡旭跃《洞庭湖湖泊环境系统的演变及动力因子研究》，博士学位论文，湖南大学，2006 年，第 16 页；李文波等《遥感定量分析水电梯级开发对流域植被环境影响》，《水电能源科学》2009 年第 4 期。

③ 参见凌大燮《我国森林资源的变迁》，《中国农史》1983 年第 2 期；徐海亮《历代中州森林变迁与自然灾害》，载《黄河流域环境演变与水沙运行规律研究文集》，地质出版社 1992 年版；王兴亚《明清中原土地开发对生态环境的影响》，《郑州大学学报》2009 年第 3 期；孙景超《明清时期河南森林资源变迁与环境灾害》，《农业考古》2014 年第 1 期。

④ 参见卢勇、王思明《明清淮河流域生态变迁研究》，《云南师范大学学报》2007 年第 6 期；张金池、毛锋等《京杭大运河沿线生态环境变迁》，科学出版社 2012 年版，第 188—190 页。

综观已有的历史研究，主要关注历史时期天然植被的空间分布，植被演变过程及驱动因素，以及人类生产生活与植被不断缩减的关系。① 对于河工建设活动在森林植被演变过程中扮演角色的关注不多。鉴于此，本章主要探讨植被变化与河工建设的关系，包括如下三方面的研究：植物作为治河材料在河工中的使用；植物性治河材料的历史变迁；河工建设影响下的作物种植结构的变化。

第一节　河工物料的类型及使用

"窃惟国家今日之重计，孰有重于黄运河工哉?"② 黄河、运河时常溃决、淤塞的特点，决定着河工建设的经常性以及施工地点的不确定性，因此及时足量地提供河工物料，关系到河工成败。明代潘季驯将岁办物料作为河工治理的重要组成部分，认为"河防全在岁修，岁修全在物料"③。清代靳辅《治河奏绩书》中专列"采办物料"一节，认为水土之工以料物为最急，"虽有经画之总理，又有谙练之属员，与子来之兵役，而所需不给，以至万夫束手以待，其误事非浅浅也"④。康熙四十四年（1705 年），谕河道总督张鹏翮："河官平时须预备物料，以为不时修防之需，若料物不备，遇工程险要，仓皇无措。"⑤ 礼部主事朱藻认为："堤

① 参见陈桥驿《古代绍兴地区天然森林的破坏及其对农业的影响》，《地理学报》1955 年第 2 期；文焕然、何业恒《中国森林资源分布的历史概况》，《自然资源》1979 年第 2 期；史念海、朱士光《历史时期黄土高原森林与草原的变迁》，陕西人民出版社 1985 年版；王守春《古代黄土高原植被的地域分异及其变迁》，载《黄河流域环境演变与水沙运行规律研究文集》，地质出版社 1992 年版；赵冈《中国历史上生态环境之变迁》，中国环境科学出版社 1996 年版；葛全胜、何凡能、郑景云等《20 世纪中国历史地理研究若干进展》，《中国历史地理论丛》2005 年第 1 期；王元林《泾洛流域自然环境变迁研究》，中华书局 2005 年版；尹钧科、吴文涛《历史上的永定河与北京》，北京燕山出版社 2005 年版；孙冬虎《北京近千年生态环境变迁研究》，北京燕山出版社 2007 年版；［日］相原佳之《清中期的森林政策——以乾隆二十年代的植树讨论为中心》，载王利华主编《中国历史上的环境与社会》，三联书店 2007 年版；邹逸麟、张修桂主编《中国历史自然地理》，科学出版社 2013 年版；李秋芳《明清华北平原高粱种植的崛起及其原因》，《北方论丛》2014 年第 2 期。
② （清）慕天颜：《治淮黄通海口疏》，载《清经世文编》卷 99《工政五》。
③ （明）潘季驯：《河防一览》卷 4《修守事宜》。
④ （清）靳辅：《治河奏绩书》卷 4《采办物料》。
⑤ 《康熙御制文集》第三集，卷 8。

工全恃修防，而修防专资物料，是物料为河工第一要务。"① 林则徐也认为，"料为修防第一要件"②。宗源瀚《筹河论》称："料为塞决之大需，犹用兵之必先筹饷，未有无刍粮而能用士卒以制胜者。"③

一 河工物料的类型

用作河工的物料，有柳梢、砖石、草柴、芦苇、桩木、苘麻、灰铁、糯米、桐油等。按性质不同，河工物料可分为沙土、砖石、薪木、杂料四类，其中沙土类有胶土、素土、沙胶、黄土四项，砖石类有石料、砖料两项，薪木类有梢料、芟料两项。梢料主要指柳枝，芟料有苇秸、桩橛等。杂料类有绳缆、麻料、灰料、铁料等。④ 本节主要分析桩木、软草、苘麻、柳枝、芦苇、秫秸等植物类治河材料。

（一）桩木

"工料之大，莫如桩木。"⑤ 桩乃签钉埽厢、坚筑石工基址的重要物料，有松、榆、杨、柳等。⑥ 一般来说，短桩多用柳木，如受力较大则以榆木为佳。长桩以杨、榆、松等木料为宜。如供应有困难，也可用楝、椿、枣、槐、栗等杂木代替。⑦ 故对采办桩木有专门要求，"桩木之属当籍选廉干之府佐贰专行买办，所办之木果坚大如式，价直不浮"⑧。河工中常需"密植桩橛""密钉桩木"，桩木被深深钉入土中，起到骨架或地基的作用。建造滚水石坝时，"择要害卑洼去处，坚实地基，先下地钉桩锯，平下龙骨木"⑨。筑堤过程中，旧存桩木听其埋入土内，作为堤骨，确保堤防不滑动。开河过程中，需将河道中残存的桩木清除干净，以免船只发生碰撞。明嘉靖年间修筑黄河北岸长堤 150 里，用桩木杉条

① （清）田文镜撰，张民服点校：《抚豫宣化录》，"题为条陈稽察工料之法仰祈题请定例以垂"（雍正四年十一月），中州古籍出版社 1995 年版，第 65 页。
② （清）林则徐：《查验豫东各厅垛完竣疏》，载《清经世文续编》卷 89《工政二》。
③ （清）宗源瀚：《筹河论上》，载《清经世文续编》卷 107《工政四》。
④ 参见郑肇经《河工学》，商务印书馆 1934 年版，第 248 页。
⑤ （清）靳辅：《治河奏绩书》卷 4《采办物料》。
⑥ 参见郑肇经《河工学》，商务印书馆 1934 年版，第 253 页。
⑦ 参见黄河水利委员会编《黄河埽工》，中国工业出版社 1964 年版，第 21 页。
⑧ （清）靳辅：《治河奏绩书》卷 4《采办物料》。
⑨ （明）潘季驯：《河防一览》卷 4《修守事宜》。

15242 根。① 万历年间修筑长 6 丈、宽 4 丈、高 1 丈的顺水坝，用埽两面厢边，共用中埽 18 个，每个用桩木 4 根。② 加筑天妃坝工程，则"平满排钉桩木"③。增建王公堤工程，则实土石于雁翅之内，密钉桩木于卷埽之外。④

　　签桩作为河工定制，是一项复杂的技术，为历代治水者所重视。一般来说，"黄河堤坝宽厚，地尚易择。惟洪湖下埽，两面皆水，必须选长大桩木，签钉湖心，以为根本"⑤。但自乾隆三十六年（1771 年）以后，凡遇堵闭漫工，不再签桩，"盖桩木极长不过五六丈，漫口水深至四五丈，加以埽高水面二丈，计高深六七丈，埽心签桩岂能入土？即或水浅之工，桩木入土，亦不过丈许而止，以四五丈之埽摇撼水中，根脚不深，何能存立？埽工一有蛰动，横鲠于中，转难加厢抢压，是以埽面签桩，竟属有碍而无益"⑥。《安澜纪要》还记载了一种逼凌桩，"乃凌汛时各工用以护埽者"⑦。

表 7—1　　　　　　　　　　桩木名称规格一览表⑧

类别	名称	长度（米）	直径（厘米）	
			梢径	顶径
一般埽工	顶桩	1.5—1.7	13	15
	腰桩	1.7	8	10
	家伙桩	2.0	9	12
	签桩	1.0—1.5	5	7
	揪头桩、合龙桩	2.7	12	16
	长桩	3.5—5.0	14	18
	长桩	5.0—15.0	14—26	20—35

---

① 参见嘉靖《竹涧奏议》卷 4《河工告成疏》。
② 参见（明）潘季驯《河防一览》卷 4《修守事宜》。
③ 《明神宗实录》卷 192，万历十五年十一月戊子。
④ 参见《明神宗实录》卷 197，万历十六年四月癸亥。
⑤ （清）麟庆：《河工器具图说》卷 3《抢护器具》。
⑥ （清）徐端：《安澜纪要》卷上《埽工签桩》。
⑦ （清）徐端：《安澜纪要》卷上《逼凌桩》。
⑧ 黄河水利委员会编：《黄河埽工》，中国工业出版社 1964 年版，第 20 页。

续表

类别	名称	长度（米）	直径（厘米）	
			梢径	顶径
卷埽	揪头桩	2.3—3.0		15—18
	底勾、占和尾抉等桩	1.7—2.3		13—15
	签桩	6、8、10、13		18—24

（二）软草

河工中还要用到软草，软草在史书中常被称作"杂草""蒿草""草柴""谷草""芰草"等，有时还与柳枝、桩木等合称"桩草""梢草"。就质量而言，海滨河滩所产软草最好，湖塘河滩次之，故有"草近则取之湖塘，远则取之海滨"的说法。① 镶垫工程中，河滩软草的质量甚至"胜于秫秸，且近在工所，缓急便用"②。据研究，常用的软草以稻草、谷草、白茨、苦豆子为最好，豆秸、小芦苇次之，麦秸、蒲草又次之。③

（三）苘麻

苘麻原产于中国，为锦葵科一年生草本植物，常见于路旁、荒地和田野间。在易涝地及干旱地均可生长，既有大量野生植株，又可栽培。苘麻子具有药用价值，可治疗眼病和小腹痛，诱集棉铃虫产卵。④ 苘麻最大的功用在于表皮纤维，万历《兖州府志》载："苘麻，沤之似麻而松脆，止可作绳索耳。"⑤ 康熙《濮州志》载："苘麻可具绳索。"⑥ 道光《武城县志续编》载："苘音顷，土人以为绳索。"⑦ 民国《景县志》载："邑人于低洼田地偶尔种之，沤皮为麻，其质洁白，可制作绳索以备使

---

① 参见（清）靳辅《治河奏绩书》卷4《酌用芦草》。
② 雍正《朱批谕旨》卷223，雍正七年九月初六日。
③ 参见黄河水利委员会编《黄河埽工》，中国工业出版社1964年版，第17页。
④ 参见（宋）《苏沈良方》卷6《苘实散治眼》；（元）齐德之《外科精义》卷下《必效散》；（明）李时珍《本草纲目》草部十七；谢宁《苘麻提取物对南方根结线虫生物活性测定及活性成分的分离》，硕士学位论文，山东农业大学，2012年。
⑤ 万历《兖州府志》卷25《物产》。
⑥ 康熙《濮州志》卷4《货殖传》。
⑦ 道光《武城县志续编》卷7《物产》。

用，其去皮之秸，作柴最良。"① 现代科学研究表明，苘麻是很好的纤维材料，苘麻韧皮纤维胶质中木质素含量高达 16.40%，纤维素 51.92%，半纤维素 16.85%。②

在古代河工中，苘麻是必备的治河材料，常作为绳索材料用于埽工或坝工。一般来说，苘麻以色青不带根蒂的最好，白色的次之，黄色的又次之，带土且有根皮的（俗称浑麻）则不适用。③ 埽、坝的做法不同，苘麻的使用也不一样：河南省埽上加镶并做防风工程时，用苘麻等材料。山东省埽上加镶时只用秫秸和土。河南省筑做挑水、兜水、迎水、顺水各坝工，用秫秸、苘、土。山东省筑做夹坝，两面用签桩镶秸，中心填土，每面用桩木、苘、秫秸。江南省筑做御黄坝工，先于滩上筑做土坝，再筑柴坝，用柴、橛木、苘绳、柳、大缆等。④

（四）柳枝、芦苇、秫秸

柳枝、芦苇、秫秸的情况，详见本章第二节"主要薪木类物料的演变"。

二　河工物料的用途及用量

河工物料的用途主要有筑堤、制埽、塞河三项。《河防记》载曰："治堤一也，有创筑、修筑、补筑之名。有刺水堤，有截河堤，有护岸堤，有缕水堤，有石船堤；治埽一也，有岸埽、水埽，有龙尾、栏头、马头等埽。其为埽台及推卷、牵制、蕴挂之法，有用土、用石、用铁、用草、用木、用杙、用绲之方；塞河一也，有缺口，有豁口，有龙口。缺口者，已成川。豁口者，旧常为水所豁，水退则口下于堤，水涨则溢出于口。龙口者，水之所会，自新河入故道之溠也。"⑤ 以上三项中，制埽最为重要，正所谓"护堤、塞决之用，莫善于埽"⑥，"黄河修防，向

---

① 民国《景县志》卷 2《物产》。
② 参见管映亭、董政娥等《苘麻韧皮纤维研究》，《纺织学报》2003 年第 6 期。
③ 参见黄河水利委员会编《黄河埽工》，中国工业出版社 1964 年版，第 22 页。
④ 参见同治《苏州府志》卷 101《人物》。
⑤ （元）欧阳玄：《河防记》。
⑥ （清）靳辅：《治河奏绩书》卷 4《酌用芦草》。

恃埽工"①。下面主要分析埽工的用料情况。

（一）埽工及其物料

埽工是中国特有的一种用于护岸、堵口、筑堤等工程的水工建筑物，主要使用在黄河和北方其他多沙河流上，埽工技术是中国水工技术上的一个创造。② 埽以薪柴、土、石为主体，以桩绳为联系，常用于临时性的抢险及堵口截流。其称谓最早见于北宋，明代以后制埽技术有了较大变化，自 18 世纪中叶以后，又创造了顺厢埽与丁厢埽。③

明清时期，埽工主要用于护岸与堵口。凡河岸堤坡与水流经常接触，容易发生侵蚀、坍塌，要维持堤岸之安定，以抵抗水流之冲刷，则护岸工程为上。④ 明王士性《广志绎》："黄河之冲，止利卷埽而不利堤石。盖河性遇疏软则过，遇坚实则斗，非不惜埽把之冲去也。计一埽足资一岁冲刷而止，明以一岁去此埽而护此限也，来岁则再计耳。若堤以石，石不受水，水不让石，其首击如山，遂穿入石下，土去而石崩矣。"⑤

埽的种类很多，有磨盘埽、月牙埽、鱼鳞埽、雁翅埽、扇面埽、耳子埽、龙尾埽等。⑥ 雍正以前，河南各地河工"用埽绝少"，只有荥泽北门外护城堤上有一两处埽工，遇到洪水大溜，"皆预筑里堤、月堤以待之"⑦。康熙三十九年（1700 年），河督张鹏翮建议停用龙尾埽。⑧ 乾隆年间，徐州铜山张家马路决口，始用软厢（顺厢）埽，这种埽工修做方法对临时紧急抢险及堵口截流很有效，比卷埽灵便省工，使用秸料可以就地取材，起工快，能在短时间内做成大体积的埽段，是筑埽方法的一大

① （清）黎世序：《覆奏碎石坦坡情形疏》，《清经世文编》卷 102《工政八》。
② 参见熊达成、郭涛《中国水利科学技术史概论》，成都科技大学出版社 1989 年版，第 134 页。
③ 参见黄河水利委员会编《黄河埽工》，中国工业出版社 1964 年版，第 3 页。
④ 参见宋希尚《治水新论》，台北中华文化出版社委员会 1956 年版，第 37 页。
⑤ （明）王士性：《广志绎》卷 2《两都》。
⑥ 参见熊达成、郭涛《中国水利科学技术史概论》，成都科技大学出版社 1989 年版，第 139 页。
⑦ （清）刘成忠：《河防刍议》，载《清经世文编》卷 89《工政二》。
⑧ 参见（清）张鹏翮《敬陈治河条例疏》，载《清经世文续编》卷 103《工政九》。

改进。①

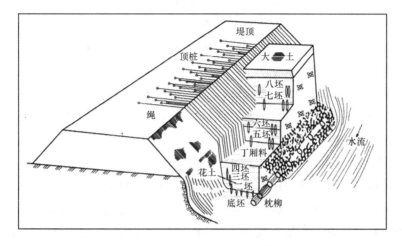

图7—1 埽工结构示意图②

清康雍以前，制埽主要用草和柳。靳辅《治河奏绩书》评价说："护堤、塞决之用，莫善于埽，卷埽之用，惟草、柳二者而已。盖柳入水即生，草入水而腐，为土性既宜之，且又费甚省而采办易也。"③丁恺曾《治河要语》亦称："凡埽之为物，骨以柳，肉以草，柳多则重以淤也，无草则瘦疏以漱也，故先草后柳。"④康雍以后，制埽材料发生变化。自雍正二年（1724年）河南布政使田文镜始，北方地区埽工改用秸料。直到新中国成立以前，黄河埽工基本上全用秸料。⑤引起埽料变化的原因很多，余家洵认为："吾国埽工，素来用梢，迨后森林缺乏，梢料取之不易。"⑥不仅如此，制埽用一定量的软草或秸秆是有科学依据的：由于埽工所用秸料有一定的弹性，所以修成的整个埽体也具有一定程度的弹性，因而比用石料修筑的水工建筑物更能缓和水流的冲击和阻塞水流。如用

---

① 参见黄河水利委员会山东河务局编《山东黄河志》，1988年，第233页。

② 黄淑阁等：《黄河堤防堵口技术研究》，黄河水利出版社2006年版，第7页。

③ （清）靳辅：《治河奏绩书》卷4《酌用芦草》。

④ （清）丁恺曾：《治河要语·埽工篇》，载《清经世文编》卷101《工政七》。

⑤ 参见黄河水利委员会编《黄河埽工》，中国工业出版社1964年版，第3页。

⑥ 余家洵编：《河工方略》，正中书局1946年版，第57页。

来护岸，由于其粗糙系数较大，可以减低水流的纵向流速。如用来堵复决口，能阻塞水流，比用石料更易于闭气。①

就空间差异而言，河南埽工用料包括柳枝、麻绳、缆、箍头绳、滚肚绳、揪头绳、穿心绳、桩木、橛木，如没有柳枝，则由秫秸和草代替。山东省埽工与河南省基本相同，龙尾埽工也主要用柳，在无柳的情况下用苇柴代替。江南省淮扬道属里河厅，埽工用柴、草、柳、大缆、留橛、签桩、揪头、滚肚、苘绳。鉴于物料在河工中的重要性，政府严加惩处毁坏物料的行为。②

（二）物料的用量

黄河"湍急雄悍，挟沙而行，顷刻数百里，防护实有甚难者"③。河工地点易变，临时工程居多，要求河工物料容易获取且价格便宜。前面提到的秸料，通常三年就需更换，用量很大。康熙年间河督靳辅统计，岁修需柳100余万束。④ 黄、运两河工段"用料亿千万束"⑤。乾隆十八年（1753年）十月，仅曲阜孔府运秫秸到韩庄闸，用大车三辆。⑥ 乾隆四十三年（1778年），河南修筑黄河漫口，因所需秸料较多，一时不易购办，阿桂请求分派7700万斤给河南未遭灾州县承办，又分派1600万斤给直隶大名府、江南徐州府，派2500万斤给山东兖州、曹州二府及济宁州。⑦ 道光元年（1821年），因"河岸险工迭出，处处紧要"，严烺奏请添购秸料，建议于岁料5000垛外，预请添办备防秸料2000垛。⑧ 受河工规模、材料类型等因素制约，物料用量情况比较复杂，下面采用典型例证法，对物料用量作一大致勾勒。

---

① 参见黄河水利委员会编《黄河埽工》，中国工业出版社1964年版，第3—4页。
② 参见（清）祝庆祺、鲍书芸、潘文舫等编《刑案汇览三编（四）》，北京古籍出版社，第455页。又据道光十五年（1835年）三月邸抄记载，刘风岐与奚四曾因将该厂料垛烧毁泄愤而受到了严惩。
③ （清）王守才：《敕封灵佑襄济河神黄大王事迹》，载故宫博物院编《治河方略等四种》，海南出版社2001年版。
④ 参见（清）靳辅《治河奏绩书》卷4《栽植柳株》。
⑤ 《钦定工部则例》卷39《河工九》。
⑥ 参见《曲阜孔府档案史料选编》第三编第11册《租税三》，齐鲁书社1985年版，第397页。
⑦ 参见《乾隆朝上谕档》，乾隆四十三年十二月十一日。
⑧ 参见《再续行水金鉴》引《两河奏疏》，湖北人民出版社2004年版，第46页。

（1）以筑堤、塞河为例。

筑堤、塞河所用材料有桩木、柳梢、砖石、草柴、芦苇、灰铁、糯米、桐油、苘麻等十几项，数量极大，草束动辄上万束，桩木上万根。其中最多的是土石，其次是柳梢、草柴、芦苇等。正统十三年（1448年），王永和、石璞治河，用"材九万六千有奇，竹以竿计倍之，铁十三万斤有奇，铤三千，絙百八，釜三千八百有奇，麻百万，苘倍之，蒿秸又倍之，石若土则不可以数计"①。景泰四年（1453年）徐有贞治沙湾，"凡费木、铁、竹、石累数万"②。成化七年（1471年），主事张盛改建金口土坝为石堰，用石30000片，桩木80000余根，灰百万余斤，以至黄糯米、铁锭、石灰，"合用诸料俱不下千万"。弘治六年（1493年），刘大夏筑塞张秋决口，用柴草约12000000束，大小竹木10200根，生熟铁10900斤，麻320000斤。③嘉靖十四年（1535年）刘天和治河，用木17400余根，梢草195000余束，铁65900余斤。④道光九年（1829年），严烺上疏："豫省黄河南岸中河厅土性纯沙……来年大汛防险应添办碎石五千方。……又北岸曹考厅应于头道挑坝第四埽抛护碎石一段，估需石二千八百二十余方。"⑤

（2）以制埽为例。

埽工多用于河南地区，原因是"其地沙壅土疏，修筑既难，平原多旷，一望千里，无崇山复岭之束，独恃卷埽以列防"⑥。而且不同时期、不同规格的埽工，用量情况也有所差别（表7—2）。

表7—2　　　　　　　　清初抢修埽用料数量⑦

规格（尺）	用料（觔/丈）	大缆（条）	小缆（条）	桩（根）
10	1050	—	—	—

① 《清续文献通考》卷39《会通河始末》。
② 《明史》卷83《河渠志一》。
③ 参见（清）薛凤祚《两河清汇》卷6《黄河·黄河北岸》。
④ 参见（明）刘天和《问水集》卷7《治河始末》。
⑤ 《钦定工部则例》卷36《河工六》。
⑥ 《明神宗实录》卷195，万历十六年二月丁丑。
⑦ 表格数据源自靳辅《治河奏绩书》卷2《抢修埽》。

续表

规格（尺）	用料（觔/丈）	大缆（条）	小缆（条）	桩（根）
9	850	—	—	—
8	670	—	—	—
7	515	—	—	—
6	380	—	—	—
5	260	—	—	—
4	170	20	36	10
3	95	—	24	10
2	42	—	16	10
1	36.5	—	—	—

　　就具体工程而言，埽工中材料的搭配比例也有所差别，有时柳与草搭配，柳七草三，有时柳、草、芦苇三者搭配，有时甚至柳、草、芦苇、秫秸四者搭配。一次河工所用之埽，多则百余段，少则数十段。① "每卷一埽，用柳动以千百束计，千里长堤，岁用柳料数且不赀。"② 光绪《阜宁县志》评价乾隆时河工说："尔时河工厢埽，岁需芦苇数百万束。"

　　软草在制埽中用量极大，"大率黄河埽料以柳柴为重，次则枯草"③，用"草数千束，多至万余"④。例如，决口阔 40 余丈的河工，柳束需 50万，芦苇需 30 万，草需 60 万—70 万。⑤ 制作长 5 丈，高 6—7 尺的大埽，用草 600 束，每束重 10 斤。修筑长 6 丈、宽 4 丈、高 1 丈的顺水坝，用埽两面厢边，共需中埽 18 个，每个用草 400 束，共用草 7200 束。如下长3 丈、高 3 尺的埽，每个用草 160 束。⑥ 按照"淮扬岁修防埽规"的规定：埽高 1 丈，每丈用草 20 束。埽高 9 尺，每丈用草 16 束。埽高 8 尺，每丈用草 12 束。埽高 7 尺，每丈用草 10 束。埽高 6 尺，每丈用草 8 束。埽高 5 尺，每丈用草 6 束。按照"山清新漕规埽个则例"的规定，埽高 1

---

① 参见（清）徐端《安澜纪要》卷上《抢镶埽工》。
② （清）朱之锡：《河工督催裁柳牌》，载（清）《居官寡过录》卷 4。
③ （清）张鹏翮：《河防志》，载《清经世文编》卷 103《工政九》。
④ （元）欧阳玄：《至正河防记》。
⑤ 参见（清）薛凤祚《两河清汇》卷 7《初上疏塞事宜》。
⑥ 参见（明）潘季驯《河防一览》卷 4《修守事宜》。

丈用草 180 束，填埽眼草 24 束。埽高 9 尺用草 162 束柳，填埽眼草 20 束。埽高 8 尺用草 144 束，填埽眼草 18 束。埽高 7 尺用草 126 束，填埽眼草 16 束。埽高 6 尺用草 108 束，填埽眼草 14 束。埽高 5 尺用草 90 束，填埽眼草 12 束。① 《钦定工部则例》：埽上加厢，每单长 1 丈，用秫秸 38 束，土半方。② 乾隆二十一年（1756 年），工部规定将原来的做埽坝防风工程，每单长 1 丈用柴秸 38 束改为 30 束，并作为定例。③

　　苘麻在埽工中用量极大。潘季驯《宸断大工录》记载，塞决工程中，做一个长 5 丈、高 6 尺的大埽，需用苘 150 斤。④ 乾隆十八年（1753 年）铜山堵筑大工，要求河南省办运苘麻 190 余万斤。⑤ 按照"淮扬岁修防埽规"的规定，埽高 1 丈用苘 1050 斤，埽高 9 尺用苘 1045 斤，埽高 8 尺用苘 1040 斤，埽高 7 尺用苘 1035 斤，埽高 6 尺用苘 1030 斤，埽高 5 尺用苘 1025 斤。按照"山清新漕规埽个则例"的规定，埽高 1 丈用重 50 斤苘绳一条，埽高 9 尺用重 45 斤苘绳一条，埽高 8 尺用重 40 斤苘绳一条，埽高 7 尺用重 35 斤苘绳一条，埽高 6 尺用重 30 斤苘绳一条，埽高 5 尺用重 25 斤苘绳一条。⑥

表 7—3　　　　　　　　　河工用苘麻绳一览表⑦

名称	长度（米）	直径（厘米）	股数	重量（公斤）
细绳		1.0	二股	
经子		0.8—1.0	单股	
核桃绳	17	2.5—3.0	三股	2.5—3.5
六丈绳	20	3—4	三股	7.5—9.0
八丈绳	27	4—5	三股	10—17.5
十丈绳	33	5—6	三股	17.5—25

① 参见（清）靳辅《治河奏绩书》卷 2《中河》。
② 参见《钦定工部则例》卷 35《河工五》。
③ 参见（清）徐端《安澜纪要》卷下《河工律例成案图·防风节省柴秸图》。
④ 参见（明）潘季驯《宸断大工录》，载《明经世文编》卷 378。
⑤ 参见《清世宗实录》卷 449，乾隆十八年十月丁未。
⑥ 参见（清）靳辅《治河奏绩书》卷 2《中河》。
⑦ 黄河水利委员会编：《黄河埽工》，中国工业出版社 1964 年版，第 24 页。

名称	长度（米）	直径（厘米）	股数	重量（公斤）
大缆	66.7	7—9	三股	60—80
拉埽绳	6—12	3—5	三股	
十二丈绳	40		三股	35—40
十八丈绳	60		三股	70—75

第二节　河工办料影响下的植被环境

一　主要薪木类物料的演变

下面以薪木类中的柳枝、芦苇、秸秆为例，分析治河材料的演变情况，以明晰河工建设与植被物料变化的关系。

（一）官柳替代民柳

柳枝不易腐烂，遇水则生，不像草秸那样入水而腐。[①] 明初以前，民间各地柳树存量较多，便于河工大量使用，称作民柳。"有明一代，埽皆用柳。"[②] 沿河种植官柳始自明初陈瑄，后逐渐推广。天顺年间，知州潘洪将戴村坝增筑高厚，上植以柳。嘉靖年间，河南按察副使陶谐沿河植柳，取柳梢以固堤防，丝毫不取于民。刘天和沿河植柳，总结了卧柳、低柳、编柳、深柳、漫柳、高柳"植柳六法"。[③] 潘季驯进一步发展了植柳六法，提出更详细的种植卧柳、长柳的办法。[④]

清顺治初，河督杨方兴建议官员于河干按汛栽柳，分别劝征。顺治十四年（1657年），河督朱之锡上《两河利害疏》，建议利用荒地或就近民田，于濒河处置柳园，"每园安置徭、堡夫数名，布种浇灌。……数年之后，遍地成林，不但有济河工，而河帑可以少节，民力可以少苏"[⑤]。康熙年间河督靳辅重视沿河植柳，称赞说"其根株足以护堤身，枝条足

---

① 参见（清）靳辅《治河奏绩书》卷4《酌用芦苇》。

② （清）刘成忠：《河防刍议》，载《清经世文编》卷89《工政二》。

③ （明）刘天和：《问水集》卷1。

④ 参见（明）潘季驯《河防一览》卷4《修守事宜》。

⑤ 乾隆《江南通志》卷51《河渠志》。

以供卷埽，清阴足以荫纤夫，柳之功大矣"，"则虽遇飙风大作，终不能鼓浪冲突，此护堤之最要策也"[1]。靳辅还改进了潘季驯沿河种五排低柳之法，加种高柳。[2] 因柳枝普遍应用于治河工程，且用量不断加大，致康熙二十年（1681 年）以后民柳数量不断减少。[3] 在民柳大量减少的同时，政府加大官柳的种植力度。靳辅要求"自康熙二十五年始，令各官种柳"[4]。到二十六年（1687 年）以后，河工用柳，大半靠官柳供给。[5]

至雍正三年（1725 年），河督齐苏勒建议利用黄河两岸空闲官地，令官民弁兵栽柳种苇，并详定劝惩之法。雍正五年（1727 年），稽曾筠建议"将现存柳园并从前坍塌及新淤地亩，逐一查丈立界，严督河员广为种植"[6]。乾隆三年（1738 年），白钟山建议沿河文武官员捐柳 5000 株至 20000 株者分别叙议，殷实之民种柳 20000 株者给予顶戴。[7] 据统计，乾隆年间河南开归道官民捐栽柳 554747 株。[8] 兖州、东昌二府各州县卫所，管河闸官以下民铺夫，每名种 20 株，军铺 15 株，捞浅、闸、溜、堤、坝等夫 18 株。[9] 乾隆中期，政府规定各处河营每兵每年种柳 100 株，须加意培养成活，"倘有玩误懈弛、不实心培植、不能如数栽植及补栽柳株成活不及一半者，或河兵内有将附近民柳借端砍伐，即将河兵纠处"[10]。将部分被侵占的山东湖田恢复为官地，"责令汛官广植榆柳芦苇之类，岁收其材，以为河工之料"[11]。乾隆四十八年（1783 年），河南巡抚李世杰建议三层植柳，"沿堤一带，每间五尺种柳一株，其由堤至滩，分做三层，每层一丈，种柳一株，通共种柳一十六万三千余株"[12]。"除堤柳、园柳

---

① （清）靳辅：《治河奏绩书》卷 4《栽植柳株》。
② 参见（清）包世臣《中衢一勺》卷 1《筹河刍言》。
③ 参见（清）刘成忠《河防刍议》，载《清经世文编》卷 89《工政二》。
④ （清）靳辅：《治河奏绩书》卷 4《栽植柳株》。
⑤ 参见（清）刘成忠《河防刍议》，载《清经世文编》卷 89《工政二》。
⑥ 乾隆《河南通志》卷 15《河防四》。
⑦ 参见乾隆《大清会典则例》卷 133《河工三》。
⑧ 参见《钦定工部则例》卷 37《河工七》。
⑨ 参见（清）阎廷谟《北河续纪》卷 4《河政纪》。
⑩ （清）徐端：《安澜纪要》卷下《河工律例成案图·兵栽额柳图》。
⑪ （清）郑元庆：《民田侵占水柜议》，载《清经世文编》卷 104《工政十》。
⑫ 台湾"故宫博物院"：《宫中档乾隆朝奏折》第五十五辑，乾隆四十八年二月初七日河南巡抚李世杰奏折。

外，余俱系民间纳粮地土，栽种以供采办。"① 虽提倡种植，但民柳比例仍然很小。

（二）芦苇取代柳枝

潘季驯治河时，多栽芦苇茭草护堤，"即有风，不能鼓浪，此获临水堤之要法也"②。不过当时芦苇尚未用作制埽。到清初，因柳枝数量有限，难以适应频繁的河工之需，面临"堤上柳树寥寥，倘遇险工，凭何取用"③、"堤园柳株……采伐殆尽"④ 的紧迫。柳枝数量不足的原因主要有如下几点：采伐使用量大，每年动辄上百万束；管理不善而遭到破坏，"往岁栽植护堤之柳，今安在乎？皆以守看无人、稽查废法，而斧斤牛羊凌没至尽耳"⑤；自然灾害的侵袭，新老柳园更替不及时，一些柳园地亩"俱在河边，沙土虚松，一经水溜撞刷，即坍塌入河，柳株亦常带土随溜而去"⑥。老柳园交错盘结，不能及时更新，新柳园则"即令遍种，三岁之间，仅堪拱把"⑦。为应对柳枝需求，多采取协济物料的举措。以康熙二十三年（1684 年）为例，各地协办柳枝草束的数量是相当多的，涉及府州县范围很广（表7—4）。但异地协济往往路途艰难，难以及时顺利运到，且加重多地百姓的物料负担。故迫切需要找到合适的材料替代柳枝，芦苇便在这种情况下出现了。

表7—4　　　　　　　　康熙二十三年各地协办柳枝情况⑧

来源	数量（束）
河南开封府	200000
河南归德府	100000
山东东昌府	100000

---

① （清）佟凤彩：《沿河民困四事疏》，载《清经世文编》卷33《户政八》。
② （明）潘季驯：《宸断大工录》，载《明经世文编》卷378。
③ 雍正《河南通志》卷15《河防四》。
④ （清）嵇曾筠：《防河奏议》卷1《条陈河工应行事宜》。
⑤ （清）薛凤祚：《两河清汇》卷8《守堤责成》。
⑥ （清）白钟山：《豫东宣防录》卷6。
⑦ （明）朱国盛撰，徐标续撰：《南河志》卷2《树株》。
⑧ 数据源自（清）靳辅《文襄奏疏》卷5《购办柳束疏》。

续表

来源	数量（束）
山东兖州府	150000
山东济南府德平县、禹城县等近河州县	50000
直隶河间府、广平府、大名府属近河州县	120000
江南省扬州府高、宝、兴三州县协草，其余六州县协柳	60000
江南省江宁府	—
江南省镇江府	—
江南省太平府	—
江南省常州府	—
江南省凤阳府盱、泗、天、灵、虹五州县协草，凤阳等近河州县协柳	50000

　　清雍正以后，芦苇开始用于河工。虽然芦苇性能逊于柳枝，但"用以御水，不激水怒，不透水流，其入水也，可经三五年之久"[1]。尤以海柴为上选，"海柴性绵，宜于埽坝，年久入土益深，工底益固。在水中者，虽百年仍然黄色"[2]，"其有裨于料，良非纤细"[3]。故沿海荡柴的价格也相对高一些，荡柴 40 束一方，购柴 50 束一方，上游柴 60 束一方。[4]

　　芦苇性能虽不如柳枝，但相比秫秸、茅草、谷草而言，却是首选之物。"秫秸做工易于断裂，四五年之后即成霉葿。茅草三年，稻谷之草二年，水荏一年，便皆糟烂。"[5] 最初，柳枝、芦苇兼用，以柳为主，"若柳不敷用，势必以苇代之"[6]。此后芦苇用量逐渐增加，"每年卷埽之苇，辄千百万束"[7]。为确保芦苇供应，政府大力鼓励种苇，根据成活数量予以奖励。[8]

　　芦苇的分布及产量因各地的自然条件而不同。就芦苇产量而言，江

---

①　郑肇经：《河工学》，商务印书馆 1934 年版，第 252 页。
②　（清）凌江：《河工料宜》，载《清经世文续编》卷 105《工政二》。
③　（清）张霭生：《河防述言》，载《清经世文编》卷 98《工政四》。
④　参见（清）徐端《安澜纪要》卷下《河工律例成案图·柴秸芦》。
⑤　（清）凌江：《河工料宜》，载《清经世文续编》卷 105《工政二》。
⑥　雍正《朱批谕旨》卷 2 上。
⑦　乾隆《八旗通志》卷 161。
⑧　参见乾隆《大清会典则例》卷 28《河工》。

南省多于北方的河南、山东。山东省次之，河南省产量最少。① 就质量而言，沿海荡柴优于内陆的购柴。水网密布的江南省芦苇产量最高，"凡沿海沿湖滩地皆有"。高邮湖、宝应湖、骆马湖、沿海滩地及黄河下游两岸是江南省芦苇的主要产区，山东则主要分布于南阳诸湖。② 《大清会典则例》记载，因芦苇"河东与江南稍有不同"，故有大臣建议河南地区"必须及早劝谕捐栽，以资工用，势不能照依南河"③。

（三）秸料大量使用

秸料主要指秫秸，也就是高粱的秸秆，其性能仅次于柳枝和苇柴。高粱秸秆的使用历史悠久，宋金时期铺路，"取新秫秸密布于地，复以大木限其旁"④。在水利工程中，"如遇水涨涛击，下风堤岸则以秫秸、粟藁及树枝、草蒿之类，束成捆把，遍浮下风之岸"⑤。

清代，埽料的使用发生了一些变化，逐渐用秫秸代替柳梢。⑥ 但雍正以前，秫秸没有正式用作河工物料，当时河工用柳苇，"无用秸者"。雍正以后，秫秸开始应用于河工，主要是作为制埽的材料。雍正二年（1724 年），河南布政使田文镜在山东、河南的黄河上开始用秸料作埽。⑦到乾隆年间，秸料已大量用于河工。乾隆二十六年（1761 年），黄河决开封杨桥，河臣刘统勋奉命勘察，亲见数十步外决河口秸料山积。⑧清中期以后，秫秸逐渐成为主要的河工物料，柳枝竹石等成为辅助材料。到嘉庆时，柳树已基本不再种植，"柳存者，如晨星相望矣"⑨。道光以后，河工人员几乎不知道制埽本曾用柳。⑩ 如偶尔使用柳枝，也仅作为紧急情况下的辅助材料，"料垛一时如不敷用，宜兼用柳枝竹石，辅秸料之不足"⑪。

---

① 参见（清）宗源瀚《筹河论上》，载《清经世文续编》卷 107《工政四》。
② 参见（清）宗源瀚《筹河论中》，载《清经世文续编》卷 108《工政五》。
③ 乾隆《大清会典则例》卷 28《河工》。
④ 《金史》卷 79《张中彦传》。
⑤ （明）万恭：《治水筌蹄》卷下。
⑥ 参见徐福龄、胡一三《黄河埽工与堵口》，中国水利水电出版社 1989 年版，第 9 页。
⑦ 参见（清）刘成忠《河防刍议》，载《清经世文编》卷 89《工政二》。
⑧ 参见（清）葛虚存《清代名人轶事》卷 3《治术类·书刘文正遗事》。
⑨ （清）包世臣：《中衢一勺》卷 1《筹河刍言》。
⑩ 参见（清）刘成忠《河防刍议》，载《清经世文编》卷 89《工政二》。
⑪ 《清德宗实录》卷 250，光绪十三年十二月丁亥。

一直到新中国成立前，黄河埽工基本上全用秸料。①

秫秸的地区分布不平衡，徐、邳以上尤其河南地区利用秫秸较多。在北方地区逐渐以秫秸代替芦苇时，南方仍多用芦苇。雍正二年（1724年），河南巡抚石文焯奏称："盖缘草束秫秸俱系产自民间，既将银两发与州县承办，州县势必散之里下，岂有舍现在物料而另向他处购求者乎？""伏查豫省河工卷埽与护堤防风，全赖秫秸谷草。"三年（1725年），副总河嵇曾筠奏："豫省料物全藉秫秸，而秫秸系八月内收获，不比江南芦苇，至霜降后开采，购办稍迟，诚恐价渐昂贵。"四年（1726年），总河齐苏勒奏称，邳州以上掺用秫秸，宿迁以下采买海苇，瓜洲一带纯用芦柴。② 道光五年（1825年）严烺奏称，南河自邳、睢以下各厅，镶工用料以苇柴为大宗，秫秸附近出产少，须购自上游徐州一带。③

综上所述，从时间上看，康熙二十年（1681年）后官柳逐渐取代民柳，雍正后芦苇代替柳枝，雍正更晚的时候，秫秸成为普遍的河工物料；从空间上看，北方地区多产高粱秸秆，南方地区多产芦苇，"江南淮扬一带，因海荡产苇甚广，埽料纯用苇柴。……徐邳距海荡稍远，盘运维艰，则将秫秸与苇柴并用，至豫东两省向来并无苇柴，是以纯用秫秸。其应用官柳不敷，亦即以秫秸代之"④。秫秸能够大量应用于河工，与其性能及产量分不开。就性能而言，因埽工秸料有一定的弹性，比用石料修筑的水工建筑物，更能缓和水流的冲击和阻塞水流。但由于秫秸的耐腐性逊于柳枝和芦苇，秸料"质松劲弱"⑤，"非若南河海柴之性坚者可比"⑥，"柳入水经一二十年不腐，秸至一二年朽坏无存"⑦，故需要频繁更新，导致用量大增。就产量而言，秫秸是重要农作物高粱的秸秆，抗涝性能极强，民间多有种植，便于河工采买。

---

① 参见黄河水利委员会编《黄河埽工》，中国工业出版社1964年版，第3页。
② 参见雍正《朱批谕旨》卷126、卷30、卷175、卷2。
③ 参见《南河成案续编》，道光五年二月十八日严烺奏疏。
④ （清）白钟山：《豫东宣防录》卷5。
⑤ （清）包世臣：《中衢一勺·随时续附》。
⑥ 《再续行水金鉴》引《两河奏疏》，湖北人民出版社2004年版，第506页。
⑦ （清）刘成忠：《河防刍议》，载《清经世文续编》卷89《工政二》。

二 物料变化对植被环境的影响

国家为河工建设，不断向民间派办各种物料，黄运地区成为物料的主要承担区。其环境影响是多方面的，既有积极影响，又有消极影响，体现在物料的栽植、采办、利用等多个环节。

（一）积极影响

其一，有利于改善、美化环境。河工建设中的植树种草，能够减少灾害造成的损失，有利于改善环境，重建和美化家园。沿河植柳可方便就近取材，树根有利于加固堤防、减轻河患，还可为纤夫提供树荫。明成化年间，山东按察使佥事陈善自沙河至临清"植柳百万，盘根环堤，浓荫蔽路"①。嘉靖年间，刘天和在 4 个月时间内沿河堤密植漫柳 280 万株，营造出了"堤柳成林，淡烟笼翠。翠荫交加，映蔽天日。云光四幕，莺簧蛙鼓"②的生态景观。清康熙年间大力提倡沿河植柳，皇帝南巡河工，自宿迁起一路见运河两岸柳株繁茂，得意地说："这柳栽得甚好，将来不愁缺柳矣。"③据谈迁《北游录》的描述，苏北桃源县"负河之阴，遥堤多茆"，骆马湖右岸大堤"荻花夹岸，绵绵数十里，从风猗靡，挽不露面，骑不露辔，非所谓秋水蒹葭耶？"④山东运河泉源所在地，得水源之便，"夹岸皆植杨柳，弥望郁然"⑤。

其二，植树种草利于加固堤防，减轻河患。从工程的角度看，植树治河充分发挥了柳枝适应力和生命力强的特点，时间越久，长得越粗大，工程也越巩固。同时由于柳梢富有弹性，能缓溜消能。植树治河不是消极的防御，同时具有造林的积极意义。⑥沿大堤堤脚密植枝繁叶茂的低矮树类植物，特大洪水时不仅可防水流淘刷堤脚，还可促淤护脚。雍正年间齐苏勒悬密叶大柳于坡上，抵溜之汕刷，易险为平。乾隆年间白钟山

---

① （明）毕士瑜：《治河政绩碑》，载康熙《阳谷县志》卷 7。

② 贾乃谦：《明代刘天和的植柳六法》，《农业考古》2002 年第 3 期。

③ 乾隆《江南通志》卷 51《河渠志》。

④ （清）谈迁：《北游录·纪程》，中华书局 1960 年版，第 24 页。

⑤ 光绪《峄县志》卷 5《山川》。

⑥ 参见水利水电科学研究院《植树工程在永定河下游河道整治中的应用》，中国水利水电出版社 1959 年版，第 39 页。

多置柳园，减办秫秸，为民间多留柴薪，于工需民计两有裨益。① 河南黄河两岸荒地飞沙的治理，"全在多植酸枣，令其繁衍，俟其根深蒂固，可以坚土，枝多叶茂，可以蔽风，庶几沙土凝结，以免随风轻扬，尚堪耕种"②。高家堰大堤遍植柳树、葼草等喜水植物，整个大堤做到了堤前有树，堤身有草，既能防风，又能防雨，犹如穿上了一件厚实的防护衣，对堤防的维护更加完备。③

（二）消极影响

"料为修防第一要件，即为河工第一弊端。"④ 河工物料从栽植、采办到运输、使用的各个环节，会出现很多弊端，对当地环境带来消极影响。

其一，堤身常因植树种草而遭到毁坏。堤身植树会削弱抗洪能力，树根腐烂后产生的孔洞会造成堤身内部裂缝出现，导致滑坡等险情。堤身植树还会影响堤坡草皮生长，降低堤坡防冲能力，可引起大的水沟浪窝，不利于抢险堵漏。而且，堤坝上的植物根系，吸引着一批动物前来觅食，凿洞安家。獾、鼠为河堤的主要有害动物，会造成堤坝的安全隐患。獾的洞穴大，其喜欢居住在土质干燥松软、地势较高、人迹罕至的地方，夜间活动，善于掘洞，一夜可掘七八米，獾洞多分布在堤坡中部。鼠的洞穴多，老鼠繁殖及适应性较强，多穴居于食物丰盛、杂草丛生处，在河岸堤坝分布极广，堤身鼠洞一般分布在中上部，要求洞穴土质疏松干燥。獾、鼠是造成大堤洞穴隐患的主要原因，不仅降低堤身抗洪强度，而且引起大量水沟浪窝。⑤ 由于獾、鼠洞穴危害的严重性，清代治黄机构设置有专职"獾兵"，常年捕捉獾鼠，处理大坝隐患。

其二，林木数量大减。沿河植树能够美化环境，部分地增加物料供应，但总的趋势是林木数量大减。尹钧科、吴文涛曾就永定河水利工程

---

① 参见（清）白钟山《豫东宣防录》卷6。

② （清）田文镜撰，张民服点校：《抚豫宣化录》，"严禁剪伐酸枣以保护民地事"（雍正二年十一月），中州古籍出版社1995年版，第243页。

③ 参见卢勇、沈志忠《明清时期洪泽湖高家堰大堤的建筑成就》，《安徽史学》2011年第6期。

④ （清）林则徐：《查验豫东各厅垛完竣疏》，载《清经世文续编》卷89《工政二·河防上》。

⑤ 参见苗长运、杨明云、苏娅雯《黄河下游防汛与工程管理》，黄河水利出版社2013年版，第179—205页。

消耗的木材情况进行了研究，发现在改建通惠河上的水闸时，所用木材以 10 万计。仅仅疏浚通惠河，就需木材 4 万余根。① 黄河、运河工程远比永定河大，所需材料当更多，林木会因河工建设而数量大减。例如万历《滕县志》描述该地半山"皆童童然，非如他山有材木"。清初中州一带柳树成林，但淮扬徐兖等处"一望濯濯"②。随着河工的频繁兴举，残存的次生灌木及杂草也先后被砍作薪柴或治河防汛器材，天然植被破坏殆尽。③ 康熙十一年（1672 年）河南阳武险工，"无柳可用，将民间桃、李、梨、杏尽行斫伐，方事堵御"④。乾隆《曲阜县志》称该县"迩来合境少乔木，径尺之树即难得"。

杨、椿乃民间田园隙地所植，河工连年采伐。到雍正末年（1735年），河南地区堪用之椿稀少，白钟山深感为难，认为"杨、椿日见其少，产地州县纷纷详报匮乏，甚难购办"，"豫、东两省素不产苇，杨、椿亦渐告乏，深为筹虑"，于是有人建议到洛阳、济源等县采办。⑤ 乾隆初年，鉴于豫、东两省每年用杨、椿"千百株"，江南每次来豫采买又不下"一二千株"，白钟山上疏建议设置杨园。

山东本为"杨、椿出产之处，从前豫、东两省不采买杉木，俱就近采买杨、椿木应用。即江南河工每年需用桩木，亦委员赴豫、东采办"。到乾隆三年（1738 年），"因南北两河办买及民间伐用颇多，产地杨、椿渐少"，不得不奏请"赴江南江宁采办杉椿"⑥。山东峄县"原非产柳之乡"，河兵以伐柳为名，进山采办其他林木，"而所伐皆槐、榆、桃、杏、梨、枣、桑、柘之属，其间实非柳也"。民间果树砍伐一空，导致该地区"四野萧条，求蔽芾之甘棠，敬恭之桑梓，而亦不可得矣"⑦。山东曹县，民柳"生不敌用，昔之荟蔚者，今童赭矣"⑧，不得不到成武、定陶等处

① 参见尹钧科、吴文涛《历史上的永定河与北京》，北京燕山出版社 2005 年版，第132 页。
② （清）崔维雅：《河防刍议》卷 4。
③ 邹逸麟：《中国历史地理概述》，福建人民出版社 1999 年版，第 15 页。
④ 《清史稿》卷 273《佟凤彩传》。
⑤ 参见（清）白钟山《豫东宣防录》卷 1、4、6。
⑥ 《宫中档乾隆朝奏折》第 9 辑，乾隆十九年十一月初二日河东河道总督白钟山奏。
⑦ 光绪《峄县志》卷 12《漕渠志》。
⑧ 《古今图书集成》卷 238《方舆汇编职方典·兖州府部·汇考·兖州府物产考》。

购买。在苏北地区，乾隆十六年（1751年）皇帝阅视高堰山盱工程，见沿堤柳株稀少，要求于堤面堤坡宽空之处多为栽种。[①]

其三，植被草皮遭破坏。植被草皮常因河工兴作而遭到破坏。胡兆量等在《地理环境概述》中指出：在建坝以及开挖运河的过程中，常把大量的土壤、覆盖物和基岩，从一个地方搬到另一个地方，而这种固体物质机械迁移的消极后果是毁灭植物，常引起侵蚀和冲刷。[②]按规定，筑堤必须用坚实好土，不得掺杂浮沙杂泥，"必于数十步外平取尺许，毋深取成坑，致防耕种"[③]。但取土难免造成地面低洼，使土壤肥力下降，影响植被草皮生长。"当伏秋水涨，工蓄料物用罄，新险迭生，不得不搜罗新料，以资抢护者，则临时割用附堤官民青苇，或其青秫秸、玉蜀秸等，以应工用。"[④]"每年入秋，通行沿河一带州县卫所管河官，其将沿河各湖并运河堤岸生长芦苇、高粱、水红等草，尽行收割。……以草尽为止。"[⑤]张文安、高伟洁对明清时期郑州水患的研究发现，明清郑州地区的植树和绿化工作不仅没有开展，相反还在不断破坏之中，本来就有限的树木和植被，却被当作修复和筑垒水毁工程的材料。[⑥]为确保河工用料，政府禁止民间私自采割，否则受罚。[⑦]例如，徐州"沛境湖柴明时为工部分司所有，禁止民采"[⑧]。

其四，险工隐患与物料有一定关系。木桩、秸料、麻绳等植物性物料容易腐烂，渗透性强，再加上不合格的植物材料降低了工程质量，增加了隐患。口门堵口的秸料，腐烂后会形成空洞，当大堤受洪水浸泡土质变软后，容易产生裂缝和塌陷，在洪水冲刷到秸料层时，还可能产生渗漏及集中渗漏，危及大堤安全。[⑨]雍正四年（1726年）三月，浙江巡

---

① 参见（清）佚名《南河成案》，乾隆十六年四月初六日。

② 参见胡兆量等《地理环境概述》，科学出版社2000年版，第151页。

③ （明）刘天和：《问水集》卷1《堤防之制》。

④ （清）章晋墀、王乔年：《河工要义》。

⑤ （清）阎廷谟：《北河续纪》之四《河政纪》。

⑥ 参见张文安、高伟洁《管窥明清时期郑州水患》，《中州今古》2003年第3期。

⑦ 参见（清）谈迁《北游录·纪程》。

⑧ 民国《沛县志》卷15《志余·柴禁》。

⑨ 参见赵寿刚等《黄河下游放淤固堤效果分析及其施工影响研究》，黄河水利出版社2008年版，第16页。

抚李卫奏："各处险工埽坝，料物必须芦苇，今苇荡营裁汰已三四年，却被盐商假借民垦名色，暗中分肥，芦苇渐次缺少，一遇险工，难保无虞。况目下各工俱用秋秸、豆秧、麦穰等类，入水数月即朽烂不坚，何以御汛?"① 质量次的物料往往影响工程质量，带来巨大的隐患。彭慕兰曾指出："在修筑黄河堤坝中使用秸秆之类的劣质替代品，可能要导致灾难的发生。"②

第三节　河工办料与作物种植结构的变化

及时足量地提供治河材料，可确保河工的顺利进行。但在实际运作过程中，治河材料采办、运输、交存、使用的各个环节，"日久弊生"③，"致小民不堪其命"④，成为百姓的沉重负担，往往引发诸多社会矛盾。例如，嘉庆十八年（1813 年），蔡景华等于睢工乘闲放火。⑤ 道光十五年（1835 年），民人刘凤岐烧毁东河商虞厅秸料达 56 垛之多。不仅如此，长时期的物料采办，还会引起作物种植结构的变化。

一　河工物料的采办

河工物料的采办，名目繁杂。明代一条鞭法实施前，有额办、岁办、派办、坐办、坐派、岁派、杂办、杂派、不时坐派、额外坐派等。⑥ "盖额派无增损也，岁派有增无损也，坐派有事则派，事竣则停也。"⑦ "物料非难，采办为难"⑧，办料的方式主要有购办和自办两种。

首先是购办。根据购料主体的不同，可分官办、商办两种。官办是"所需之物行文于各出产地方，有司给价买解"，商办是"听各商人赴工

① 《雍正朱批谕旨》卷 174。
② ［美］彭慕兰：《腹地的构建：华北内地的国家、社会和经济（1853—1937）》，社会科学文献出版社 2005 年版，第 121 页。
③ （清）康基田：《河渠纪闻》卷 25。
④ （清）靳辅：《治河奏绩书》卷 4《采办物料》。
⑤ 参见《清仁宗实录》卷 296，嘉庆十九年九月戊子。
⑥ 参见赵中男《明代物料征收的名目及其差别》，《湖南科技学院学报》2006 年第 4 期。
⑦ （明）敖英：《东谷赘言》卷下。
⑧ （清）靳辅：《治河奏绩书》卷 4《采办物料》。

领银，送料交官"①。明万历十六年（1588 年），都给事中常居敬称："卷埽之料，全资于梢草桩麻与土也，往年所用桩木茼麻俱分派于出产州县买运，而柳梢谷草俱于临河地方召商收买。"② 官办的程序一般是"先自探悉工价，称物平值，随派公人就所采处督运"③。

根据购办方式的不同，还可分为额办与添办。雍正八年（1730 年）核准，江南险工处所，除豫备岁修、抢修物料外，再发银 30000 两，照豫省例，每年办料堆贮上游济用。④《大清会典》载："凡物材，苇、柳、秫、秸论束，茼麻论斤，土论方，砖论块，石料分双单，桩木别杉杨，下至石灰、米汁、钉铁之属，各有定则。有额办，岁办如额，无额者，如其需用之数购备，均按则给价。"⑤《豫东宣防录》载："豫、东两省黄运两河岁抢工程，需用料物甚多，除柳束一项于柳园采取外，其秫秸、谷草、茼麻等项，动辄采办。"⑥

明清时期，黄运地区"河患日亟，夫料日艰"⑦。景泰六年（1455 年）"派鱼、沛、南阳、留城等处堤木、河木于各州县"⑧。万历三十一年（1603 年），总河曾如春建议："芦草秫秸径行附近有司，先发官银，时值采办。"⑨ 顺治十年（1653 年），杨方兴要求办料时"夫给现银，料给现价"⑩。康熙二十三年（1684 年），靳辅上《购办柳束疏》，建议多方购草购木。⑪ 康熙三十九年（1700 年），河督张鹏翮建议"修治之法，必须帑金以办工料，如石与砖、茼麻、芦苇、桩木、柴草，须预发帑金，于五、六、七、八四个月预行备齐，俟秋尽水落，并力兴工"⑫。雍正以前，"草束檄发附近各州县采买，州县转发里民办运。……盖缘草束、秫

① （清）靳辅：《治河奏绩书》卷 4《采办物料》。
② （明）潘季驯：《河防一览》卷 14《查理沁卫二河疏》。
③ （清）赵廷恺：《河防补说》，载《清经世文编续集》卷 101《工政七》。
④ 参见乾隆《大清会典则例》卷 132。
⑤ 乾隆《大清会典》卷 74《工部》。
⑥ （清）白钟山：《豫东宣防录》卷 4。
⑦ 《行水金鉴》卷 166 引《河南管河道治河档案》。
⑧ 《明英宗实录》卷 255，景泰六年六月壬午。
⑨ 《明神宗实录》卷 380，万历三十一年正月丁亥。
⑩ 《行水金鉴》卷 165 引《河南管河道治河档案》。
⑪ 参见（清）靳辅《文襄奏疏》卷 5《购办柳束疏》。
⑫ （清）张鹏翮：《治河全书》卷 19《拨发钱粮》。

秸俱系产自民间"①。乾隆五年（1740 年），白钟山指出，"秫秸价值甚廉，易于购运"②。"徐属萧、砀一带所产茼蓂无多，不敷工用。……其东省之济宁一带亦可收买"，"收茼蓂以青色为上，白色次之，黄者又其次"③。邵元章任睢宁知县时，睢宁派办茼麻 80 万斤。④ 乾隆十八年（1753 年）秋九月，徐州张家马路黄河决，奉檄办茼麻 20 万斤。⑤

因河工物料需花钱购买，部分百姓专门靠收割买卖河工物料为生，形成了物料的集中供应地，如"杉椿则购之淮安，茼麻则购之徐兖，谷草榆橛则购之怀庆，柳梢蒿荄则取之本地（开封附近）"⑥。河南黄河工料，由沿河 23 州县负责采买。雍正十三年（1735 年），山东黄河厅所属曹、单二汛所需杨椿，于曹、单、曹州、成武、定陶、金乡等州县采办。至乾隆三十年（1765 年），巡抚阿思哈建议严格买料、运料、交料之法。⑦

为鼓励办料，康熙时现价购料，乾隆时提高收购价格。《豫东宣防录》载，河工修防必需物料，秫秸需用最多，因其产自田亩，是以历来地方官承办，从前不论远近，概行派拨，亦不发给现价。"自蒙世宗宪皇帝（康熙）设立河帑，一茎一束皆先给价，而后交料。我皇帝（乾隆）又格外施仁，增给料价，岁抢修每十蓂俱给价银九厘，偶遇灾歉，每十蓂又加至一分四厘，保民如之子。"⑧"豫、东两省滨黄各厅除岁办购料无从增减外，所有本年添办防料共需银十三万六十两。着照所请，改为四成办料、六成办石，其余无贮石之厅，所有六成银两归并他厅办石。"⑨

其次是自办。河工物料除经费购买外，还由河工人员利用闲暇时间自备。明代规定，"冬初修守稍暇，即督夫于漫坡中采取野草，每束十斤

① 《雍正上谕内阁》卷 126。

② （清）白钟山：《豫东宣防录》卷 6。

③ （清）徐端：《回澜纪要》卷上《杂料厂》。

④ 参见同治《苏州府志》卷 101《人物》。

⑤ 参见（清）《王用晦先生年谱》。

⑥ （明）周堪赓：《治河奏疏二卷》卷上。

⑦ 参见《清文献通考》卷 24《职役考四》。

⑧ （清）白钟山：《豫东宣防录》卷 4、1、7。

⑨ 《钦定工部则例》卷 36《河工六》。

者，每夫每日可采四十束，积至百万，可省千金"①。清《两河清汇》载："每堤夫二名，在堤修盖堡房，春月在堤两旁栽植柳株。夏秋水发，昼夜在堤防守修补，探报水汛涨落，冬月办纳课程。每岁栽柳一百株，芟三十套，缆三十条，麻十勋，交纳贮厂，备河上用。"② 清代苇荡营专门负责芦苇的采割，"苇荡左右二营额采正柴二百五十万束，令营兵浚船装至清江王营、洪福二厂，交工济用"③。

为确保采办物料的顺利进行，明代规定每年十一月必须把工料准备完毕。弘治十五年（1502 年）要求，"凡漕河所征桩草并折色银钱，以备河道支用，毋得以别事擅支及无故停免"④。乾隆三年（1738 年）规定，以次年为准，豫、东两省黄运两河湖草、堤草不得再进行私采，应"于岁抢银内给发刀工，尽数采割交工……以备工需"⑤。

关于办料的标准：秸料宜新、宜干、宜长、宜整、宜带须叶、宜条直停匀，忌旧、忌潮湿、忌短、忌散乱、忌切根、忌弯曲参差。苇秸轻弱，易于蓄陷，以之作埽，每年必须加厢，三五年后，必须全部换新。⑥ 在柴束采办方面，部例以斤计，工例以方计。⑦ 并制定了严厉的惩罚措施，"河工办料，应令管河各道亲验加结，失事例应文武分偿，而参游例不及，应酌改画一"⑧。雍正年间提出稽查工料之法六条："办物料宜有定限"；"各河同知遇有紧急工程，转发银两，代办料物，宜取承领人员印甘各结"；"交收料物须厅汛互相秤收，犬牙相制"；"料物不可混行堆贮"；"盘查不可不严"；"领银官员宜预为扣留"⑨。

物料采办有季节要求，一般在秋冬季节进行。每年十月踏勘，区分首冲、次冲、又次冲，何者为大修、小修、添修，所用人夫、桩苘、柴

①　（明）潘季驯：《河防一览》卷 4《修防事宜》。

②　（清）薛凤祚：《两河清汇》卷 1《堤夫防守课程之例》。

③　《钦定工部则例》卷 52《河工》。

④　（明）杨宏：《漕运通志》卷 8。

⑤　（清）白钟山：《豫东宣防录》卷 4。

⑥　参见郑肇经《河工学》，商务印书馆 1934 年版，第 253 页。

⑦　参见（清）包世臣《中衢一勺》卷 4《附录四下》。

⑧　《清史稿》卷 307《陈宏谋传》。

⑨　（清）田文镜撰，张民服点校：《抚豫宣化录》，"题为条陈稽察工料之法仰祈题请定例以垂"（雍正四年十一月），中州古籍出版社 1995 年版，第 65—67 页。

草等项若干数目，于各险工之下设料厂堆贮。① 每年于霜降后，按照工程之险易，陆续酌发银两，分头采办，于来春二月中旬各料办齐。② 据嵇曾筠《防河奏议》，这种购料方式先自南河实行。③ 具体到不同物料，又有所差别。就苇柴、秫秸而言，一般四五月份采办苇柴，七八月份采办秫秸。江南河工岁、抢修工程，每年四五月间发办苇柴，七八月间发办秫秸，均以年底为初限，次年正月底为展限。④ 河南秸料，七月内派员发价，八月内源源赶运，九月到齐工用。⑤ 即便同一物料，不同季节采购的要求也不一样。包世臣《中衢一勺》言："旧例购料七十五两一堆。在十月至正月收生柴九万斤，二月至四月收温柴七万八千斤，五月至九月收干柴六万六千斤。而今不论月日，改收柴三万斤一堆，发价一百四十五两至一百八十五两不等。"⑥《安澜纪要》载："头关秸柴总于七月内发办，限十、十一月内完办，年内、次年正月内全完；二关秸柴总于九、十月内发办，限十一月、次年正月内完办，次年正月内、三月内全完。"否则受处分。⑦ 将物料运输到工地的时间，一般限定在夏秋大汛来临之前，"五、六、七、八四个月预行备齐，俟秋尽水落，并力兴工"⑧。

究其原因，主要有如下几点：

一是物料收获的季节性差异。秋收农忙以后，芦苇、秫秸、杂草等物料长成，能够保证质量，而不成熟的物料除用作临时紧急河工外，一般禁止使用。以芦苇为例，"苇有大苇、三剪、单剪之别，大苇干粗，质坚耐久，三剪、单剪则细弱不堪用。采取宜于秋季，青苇尚未成熟，枝干嫩而易腐，非临时济急，切忌用之"⑨。治河官员在讨论河工时，均要考虑办料时间，例如嘉庆年间的河工，"除仪工系在春间失事外，其余均

---

① 参见（清）薛凤祚《两河清汇》卷8《黄河·岁办物料》。
② 参见《雍正朱批谕旨》卷2下，雍正四年二月初九日总督河道齐苏勒奏。
③ 参见（清）嵇曾筠《河防奏议》卷4《预备各工岁抢修并了解料物》。
④《钦定工部则例》卷39《河工九》。
⑤ 参见（清）方受畴《奏为遵旨会同悉心筹议折》（嘉庆十九年六月十九日），载《豫抚奏稿》，全国图书馆文献缩微复制中心2005年版。
⑥（清）包世臣：《中衢一勺》卷1《筹河刍言》。
⑦ 参见（清）徐端《安澜纪要》卷下《河工律例成案图·办料限期处分图》。
⑧（清）张鹏翮：《治河全书》卷19《请帑造船》。
⑨ 郑肇经：《河工学》，商务印书馆1934年版，第253页。

至八九月内始行漫口。其时秸料业已登场，且各该年均报丰收，料物自属易购。即仪工案内亦奏明秋收丰稔，新料较旺"①。

二是价格差异。不同时节的物料价格也不一样，秋冬季节由于料源丰富，价格相对便宜。雍正二年（1724年），河南秦家厂等处工程，河南巡抚石文焯派员就近收买，"每秸秸百觔照时价给银二钱"。及十里店等处漫口，尽管分头堵筑，需料甚多，"因秋收丰稔，秫秸谷草在在皆有，每百觔时价不过一钱"②。白钟山《豫东宣防录》总结乾隆初情况称："豫、东两省岁抢工程需用料物，定例每年八月发办，十月办足。……盖缘河工办料系有一定价值，而民间料物多寡贵贱，随时低昂无定，当新料登场之时，料多价平，易于购买，是以定于八月内发帑办料。"③《南河志·物料》载：芦柴每30斤一束。八九月间收买，安东一分，山、清一分二厘，高、宝、江、仪一分四厘；十二月以后收买，安东一分三厘，山、清一分五厘，高、宝、江、仪一分五厘。道光元年（1821年）九月，孙玉庭、黎世序奏称："缘秋末冬初，民间收获既毕，急于出售，购买较易。若迟至冬底春初，即有贩户预购居奇，价值昂贵。且工作将兴，为期已迫，发办验收，不免勿促，易滋弊窦。"④

三是出于储存的考虑。湿料容易腐烂，不易储存，故选择秋冬间采办干料。按照《钦定工部则例》的规定："南河各厅料垛查有霉烂不及一成及斤重一处不足，将承办厅员革去顶戴，戴罪赔补，全完开复；霉烂二成及斤重二处不足，承办厅员降三级调用，押令赔补；霉烂三成以上及斤重三处不足，承办厅员革职赔补。无力赔补之员，着落该管道员照数陪缴。"⑤

综上，河工办料名目繁多，主要采取自办、购买两种方式，其中以购买为主。根据购料主体的不同，又可分官办、商办两种。影响购买价格的因素很多，包括季节、产量等。办料一般在秋冬季节，不仅秋季是植物成熟的季节，易于备料，而且料源丰富，价格相对便宜，便于储存。

---

① 《再续行水金鉴》卷81引《祥符大工奏稿》。
② 《雍正朱批谕旨》卷30中，雍正二年五月十八日河南巡抚石文焯奏。
③ （清）白钟山：《豫东宣防录》卷4。
④ 《再续行水金鉴》引《两河奏疏》，湖北人民出版社2004年版，第420页。
⑤ 《钦定工部则例》卷39《河工九》。

二　作物种植结构的变化——以江苏丰县为例

(一) 丰县"免料始末"

丰县"免料"事件载于光绪《丰县志》卷五"免料始末"①，记述了清乾隆年间当地士绅要求免除本县办料任务的过程：丰县"筑堤办料之役"始于黄河注入丰水之灾，后黄河虽改道南徙，但该县"办料一事犹奉行如故"。物料征派给当地百姓带来沉重负担，丰县距离黄河之滨约百里，不通舟楫，挽运之苦倍于他邑，"一经采办，百务俱废"，"不但炊爨无资，而且百里运送，越堤阻河，往往覆车毙牛，民不堪命"。于是自康熙十八年（1679 年）起，经过前后三次上书请求捐置公田，康熙二十年（1681 年）得到河督靳辅的批准，士绅捐资购地设置柳园，于五沟、华山等处捐置柳园 63 顷 57 亩，"植柳蓄草，以备岁修，外帮柳椽三千，岁以为常"，所出产柳草专供河工之需，无须再承担其他办料任务。

以此为依据，后来尽管河道官员多次向该县派办物料，均因士绅的据理力争而得以推脱。例如，雍正八年（1730 年），发河帑 2000 两要求办料，士民孙汝轼、史维岐、史维峨、金嗣珩、方文蔚等陈请免料，称"今岁六月大雨连月，平地水深三尺，田禾颗粒无存，民几逃散。……一闻办料，阖邑惊慌。念丰邑离河遥远，四面不通河道"，于是得免办料任务。三年后的雍正十一年（1733 年）九月，黄河堵口工程紧急，物料严重不足，河督嵇曾筠向丰县派发办料银两 1000 两，经过该县士民方文炳、张秉衡、沙元贤、孙学涛等人的强烈要求，最后不得不将协办秸料银两交予徐州府所属其他州县"另行购办"。

直到乾隆七年（1742 年），因暴雨连日，黄河在石林决口，县城"东南、东北咸成巨浸"②，出于自身利益考虑，丰县不得已临时额外办料一次。不过这时已显力不从心，由于本地所产秫秸有限，不得不携带钱款赴附近的萧县、砀山等"产秫地方"采办。此后，尽管乾隆八年至十年（1743—1745 年）连续有堵口的任务，但该县未再同意任何办料的要求，一直相安无事。

---

① 光绪《丰县志》卷 5《赋役类　附免料始末》。

② 光绪《丰县志》卷 26《纪事类》。

　　然而到乾隆十一年（1746 年）七月，附近的砀山县有人以"办工偏累"为由"攀办河料"，上级河道官员于是两次派发银两 3000 两，要求丰县派办秫秸，再次遭到丰县士民史以张、孙恒、苏自牧等人的强烈反对，要求免料。理由是该县远离黄河之滨，因办料苦累，已于康熙二十年（1681 年）捐置柳园，"挽运之苦十倍他邑"，并强调砀山无捐柳园，丰县有捐柳园，砀山离河近，丰县离河远，二者不可同日而语。且丰县已 50 余年不再承担办料任务，本县内基本不产秫秸，"丰邑地土瘠薄，春种止大小二麦，秋收惟豆谷两种，素不产秫，间有种者，不敷民间炊爨之需，即尽卖所有，以充工料亦属无补。如今赴砀邑采买，则乘机揹勒，价值昂贵"，且"稍有秫秸微物，已被水淹一空"。丰县"每年所出本属秫秸无多"，实为"素不产秫地，而责以交四百余万之秫秸"，建议把丰县的办料任务分摊到周边各县，理由是与丰县相邻的"铜、萧、砀等邑额田较多，植秫较广，历年承办，亦已视为故常"，周围各州县为"产秫之乡，购买既易，而料场切近，交运亦可不劳"，已形成办料的传统，况且区区 2000 两任务分派到其他三县。"加增亦属有限"。基于以上理由，乾隆十三年（1748 年）正月，河道部门批复丰县免料的请求，"常年免其办料，如遇紧急要工，需料浩繁，仍酌发一体办交，俾工务民情两俱称便"。

　　（二）河工办料与丰县作物种植结构的变化

　　丰县办料事件突出地反映了该地区"免料"前后高粱种植情况的变化。高粱适应自然环境的能力较强，具有抗旱、抗盐碱、耐涝的特性。就土壤状况而言，丰县的土壤与周围沛县、砀山、鱼台、单县、铜山等地较接近。黄河夺淮以前，这一地区土壤较肥沃，有"丰沛收，养九州"之说。黄河夺淮以后，包括丰县在内的广大地区都变成了黄泛冲积平原，土地内涝严重，土壤呈现沙荒化和盐碱化，"在近古河床地区，以沙土为主，向两侧逐渐变细，花碱土主要分布在坡地的中部及低洼地的边缘地区"①。《江苏省土壤地理分布图》显示，大运河以西、洪泽湖以北的广大地区，土壤类型均为沙土、碱沙土和山红土亚区，其间无太大的差别。由于土壤条件相近，丰县与周围其他州县的物产情况也当差别不大。一个明显的例子见于《鱼台县续志》，该志书特别提到不设"物产"一项，

_____

① 《江苏农业地理》编写组：《江苏农业地理》，江苏科学技术出版社 1979 年版，第 3 页。

理由是物产"其与诸邑同"①。鱼台县的主要农作物为小麦、高粱和稻谷，"高田多秫，次则谷"②，那么鱼台附近的丰沛地区，农作物类型应差别不大。就该区域的气候、水文而言，《江苏气候图》《江苏水文地质图》《江苏省农业气象分区》《江苏省农业气候区划图》等地图资料清晰地表明，丰县与周围广大地区位于同一类型区。③

由此不难推断，丰县"免料始末"所叙述的该县不产秫秸的原因，并非因为土壤、气候、水文等自然因素的影响，根本原因当与免料前后秫秸种植情况的变化有关，反映了黄河治理对作物种植结构的影响。正是河工治理对秫秸等物料需求量的激增，促使有承担物料任务的州县有意增加高粱的种植面积，以应对频繁的河工派料。对丰县而言，河工派料使之深受其害，故为避免办料之累而于康熙年间置办柳园，专为供应治河物料之需，遂获得"永免办料"的特权。正是由于丰县有了康熙年间获得的特权，此后五六十年间基本不承担河工办料的任务，自然而然地减少或没有必要大规模地种植高粱。到雍正以后，随着治河材料由柳枝、芦苇转向以秫秸为主时，自然而然地也就避开了摊派秫秸的任务，甚至还可能为了维持"免料"的特权或继续规避办料之苦以及避免邻县砀山等县的攀比，故意不增加高粱的种植面积，甚至有意减少"民间炊爨之需"的高粱种植。

有意思的是，咸丰五年（1855 年）黄河北徙以后，河工派料任务结束，丰县的高粱种植面积较前又有大幅增加。据光绪《丰县志》的记载，到光绪中期，丰县除植棉一项稍多于周围州县外，包括高粱在内的"其余物产，略如他邑"④。到清末民初，高粱成为丰县主要的粮食作物之一。⑤新中国成立后，丰县的高粱种植面积有增无减。根据 20 世纪 50 年代编印的《江苏省 568 个乡粮食征购销统计资料（1954—1955）》，此时

---

① 乾隆《重修鱼台县志》卷 2《物产》。
② 光绪《鱼台县志》卷 1《土产》。
③ 参见江苏气象局、中国农业科学院华东农业研究所编《江苏省农业气候》，上海科学技术出版社 1959 年版，第 45 页；江苏省气象局农业气候区划题组《江苏省农业气候图集》，江苏省农业区划委员会办公室印，1984 年；江苏省地图集编辑组《江苏省地图集》（内部版），1978 年。
④ 光绪《丰县志》卷 1《物产》。
⑤ 参见杨化民《清末民初丰县人的衣食住行》，载《丰县文史资料》第 9 辑，1991 年。

丰县与周围各县的粮食种植结构基本相同，均以小麦、高粱、大豆、谷子等作物为主。其中单就高粱种植情况而言，在小麦等 5 个品种的主要农作物中，高粱占有突出的比例。丰县的高粱种植面积甚至还多于邻近的沛县、砀山。当时，沛县所属 9 个乡的高粱种植面积平均为 1546.5 亩，砀县所属 10 个乡的平均高粱种植面积为 2358.5 亩，而丰县所属 8 个乡的平均高粱种植面积高达 2409 亩，多于沛县和砀山（表 7—5）。①

表 7—5　　　　　1954 年丰县及周围各县主要粮食作物
种植面积一览表②　　　　　　　　（单位：亩）

地区		麦类	高粱	大豆	谷子	山芋	耕地面积	粮食作物面积
丰县	高楼	6100	2530	3932	1140	1208	11172.6	15295.5
	阎楼	4900	3131	3000	1364	961	11991	14200
	孙刘楼	5074	2334	3052	945	1056	9746	12882
	蒋集	6100	2576	3311	1118	1191	11139	14735
	崔庄	5864	2300	425	657	1040	10195	11027
	常店	11977	2236	7180	915	951	15632	24363
	陈大庄	6554	2574	3979	1077	1519	10627.4	15794
	师砦	4203	1591	2334	630	906	7252	10504
	合计	50772	19272	27213	7846	8832	87755	118800.5
砀山县	砀北	2843	896	2127	315	276	4547	6457
	南屏	7437	2386	4609	950	1272	13268	16454
	红山	4443	1848	3164	568	590	8137	10648
	团结	4821	2176	2673	700	783	9318	12610
	邵楼	21158	2691	5850	670	695	15706	21064
	程庄	5259	3605	1560	924	773	12417	12195
	唐砦	4509	2149	3834	747	677	9318	12275
	李新庄	6321	2292	4449	820	695	10439	15385
	大徐	4205	2039	3093	507	502	8114	7731
	官庄	5651	3501	4623	655	913	11785	16722
	合计	66647	23583	35982	6856	7176	103049	131541

① 参见江苏省委员会办公厅编《江苏省 568 个乡粮食征购销统计资料（1954—1955）》徐州专区。
② 同上。

续表

地区		麦类	高粱	大豆	谷子	山芋	耕地面积	粮食作物面积
沛县	孟桥	4789	1340	4567	90	192	6430	11175
	金沟	6023	1042.7	5408.7	39.7	96.2	7065	13061.7
	鹿湾	5143	1734.3	4008	333.3	622	7358	12115.6
	赵店	3800	1730	2879	569	808	6755	9786
	栖山	3200	1712.3	2368.8	710.9	624.3	—	5949.8
	鹿楼	3270	1684	2393.8	653.5	528.5	6056	8622.7
	郝砦	3446	1629	2619	402.8	542	5560.4	8846
	东门外	3110.9	1482.4	2317.3	148.1	349.8	6146	7782.5
	西平村	3100	1564	2700	172	485	5059	8271
	合计	35881.9	13918.7	29261.6	3119.3	4247.8	50429.4	85610.3

综上所述，雍正以后秫秸成为主要的治河材料，扩大了物料的征派范围，河工治理与普通百姓的联系更加密切。丰县免料的例子说明，河工派料期间，丰县借"免料"特权，得以避免人为扩展高粱种植，其种植面积及产量明显少于周围其他州县。而在河工派料制度废弛后的百多年间，丰县的高粱种植面积逐渐提高，种植结构显著变化。类似丰县的例子还有很多，例如乾隆年间山东定陶县临时协济物料，也是因为该县此前无派料任务，故"秫秸、谷草灾后并无所出，只得往邻近地方购买"①。而到了新中国成立初期，包括定陶县在内的菏泽地区，种植高粱多达 400 万亩，到 1983 年，全区高粱种植又减少为 13.11 万亩。②

本章小结

河工兴举是一项重要的人类活动，物料是其中关键的一项，及时足量地提供治河物料是河工顺利进行的重要保证。自明至清，河工物料经

---

① 民国《定陶县志》卷3《免黄河夫料始末》。

② 参见徐培秀《鲁西南平原粮棉布局发展探讨——以菏泽地区为例》，载《黄淮海平原治理与开发研究文集（1983—1985）》，科学出版社 1987 年版，第 238 页。

历了由柳枝到芦苇再到秫秸的演变过程。柳枝、芦苇的供应不足以及秫秸产地广、数量多的特点，决定了雍正以后秫秸成为重要的河工物料。

不同时期所用物料不同，影响也各异，黄河上游多用木石，下游多用薪土，官柳主要在沿岸大堤以及柳园，芦苇主要在沿海苇荡营以及内陆湖泊地。当秫秸成为治河材料以后，黄运地区南北部物料的差异便非常明显，南部依旧多用芦苇，北部主要用秫秸。与以往柳枝、芦苇不同的是，秫秸是以农作物的秸秆作为治河材料，扩大了物料的征收范围，使河工与更多的百姓发生联系。

河工物料的用途主要包括筑堤、制埽、塞决，其中制埽是关键的一项。制埽用料种类多、用量大。为确保物料及时地采办、运输，政府对备料时间、备料方式、备料主体都有严格规定。物料的采割、征办、运输、使用过程，无时不对当地环境带来一定的影响，既包括积极影响，又包括消极影响。前者如美化环境、加固堤防，后者如减少林木数量、破坏草皮、增加工程隐患等。

河工办料还会影响作物种植结构。丰县"免料"事件表明，河工派料期间，丰县借"免料"特权，得以避免人为扩展高粱种植，其种植面积及产量明显少于周围其他州县。而在河工派料制度废弛后的百多年间，丰县的高粱种植面积逐渐提高，种植结构显著变化。可见，河工治理与作物种植结构的变化存在一定联系，为应对河工派料，农作物种植结构发生了明显的变化，表现为人为影响下高粱种植面积的增减。河工办料将更多的人纳入治水活动中，治河与农业的联系大大加强。不过总体而言，物料采办对黄运地区的积极影响要远远大于其消极影响，假如没有河工的治理，黄运地区将是更加严重的黄泛区。

第八章

结　论

　　生态环境变迁是多种因素相互联系、共同作用的结果，人为活动是诱发环境演变的众多因素之一，对生态环境变迁起着加速或延缓的作用。一般来说，"水利工程越大，牵涉面越广，对生态环境的影响也就越大"①。明清黄运地区的河工是国家层面的大型公共工程，涉及河道、闸坝、堤防等工程类型。人为的河工兴建会对区域河流、湖泊、土壤、植被以及河口海岸环境产生重要影响，表现为自然地貌的改变、原有水系的破坏以及土壤盐碱化等。正是以治水为核心的人类活动，改变了自然的演替过程，使黄运地区的生态环境发生了变化。可以说，黄运河工建设的历史，是一部人类活动在国家主导下持续干预生态环境的历史。

一　河工时空特征明显

　　就时间特征而言，一些临时性的抢修工程多发生在水患频发的6—9月，例行性的岁修工程多集中在秋季以后的农闲季节。具体到河工物料方面，经历了由柳枝到芦苇再到秫秸的演变过程。明前期运河工程多，后期黄河工程多，明代越到后期河工越频繁，规模也越大，出现了刘天和、朱衡、万恭、潘季驯等治水名家。清代前期以大型河工居多，到后期小型河工明显增加。就不同时期的工程类型而言，有的时期堤防工程多，有的时期河道工程多，有的时期集中于河南、山

① 马驰：《历史地理视野下的南水北调——访邹逸麟教授》，《学习与探索》2006年第6期。

东地区，有的时期集中于下游海口地区。一般来说，在王朝的中期，社会比较稳定，经济有相当的恢复和发展，政府有足够的财力治河。当处于王朝的初期、末期或其他社会动乱时期，政府的注意力就会转移。

就空间特征而言，硬地适合筑坝，沙土地筑堤不易。河南地区为黄河冲积平原，沙土面积广大，境内堤距宽，遥堤离河二三里。徐州以下受两侧山岭束狭，河道狭窄，易于溃决。河工发生地点呈不断下移的趋势，明前期主要分布在开封地区黄河干流沿岸，中期以后，归德地区有明显增加。山东西南部16世纪初大幅增加，苏北徐州地区晚至16世纪中期之后，淮安地区比徐州又晚10余年。具体到河工物料，北方地区多产高粱秸秆，南方地区多产芦苇。单就苏北地区而言，清代前期黄河、运河河工次数均较多，到清中期，黄河河工次数明显多于运河河工。康熙以后，苏北地区的河工次数明显多于山东、河南地区，并在较长时间内保持数量的优势。到1855年黄河北徙前的20余年，苏北地区河工骤然减少，而河南地区相应增加，是铜瓦厢决口的前兆。

二　水环境问题突出

水环境是人类赖以生存和发展的重要条件，也是受人类干扰和破坏最严重的领域。对某些水系发达的地区来讲，水环境的变化是影响该地区自然生态环境不容忽视的因素之一。[①] 明清黄运地区水系发达，水环境变迁频繁，具体表现为河流环境、湖泊环境以及海口环境的变迁。总体来看，地表水环境呈以水系紊乱、湖泊湮废、泉源废弃、黄运分离、自然河道渠化、海岸线东移为特征的整体变化趋势。可以说，水环境变迁问题是深入理解黄运地区的基础。

河工对水环境的影响具有明显的阶段性和不平衡性。一般而言，河道、堤防工程影响较大，闸坝工程影响较小。首先，疏导河流、整治河道、筑坝束水等水利工程的兴建，往往破坏水网河流的自然流向，影响湖泊消长和蓄水量增减，改变流域的地形地貌，改变原有的水系格局。

---

① 参见赵筱侠《黄河夺淮对苏北水环境的影响》，《南京林业大学学报》2013年第3期。

而水系的变化又进一步加深对该地区环境的影响，增加黄运地区的环境压力，表现为地貌水系的变化和湖泊的消长。其次，随着人类活动的增强，在控制和改变局地水环境方面发挥重要作用，大量河工的构建往往导致水系紊乱，湖泊淤塞，进而引起河口、土壤、植被环境的变化。植被方面出现了森林植被破坏、人工植被代替天然植被、农作物类植被地位明显上升的变化；土壤方面出现了土地退化、水土流失加剧、土壤次生盐渍化加重的变化。而生态环境的恶化，又加重了该地区的洪涝灾害。因此可以说，抓住水环境的问题，把人与水的关系处理好了，有利于黄运地区整体生态环境的改善。

三　黄运关系是根本

历史上的黄运关系，可以说既是亲家，又是冤家，运河离不开黄河，但最终也为黄河所毁。[①]　自元代开凿会通河后，"河遂与运相始终矣"，从此"河即运，治河必先保运"[②]。明清时期，黄运关系尤其错综复杂，许多河工建设都是围绕解决黄运关系进行的。河道工程方面，采取了借黄行运、引黄济运、避黄改运、逢弯取直、开挖引河等工程措施，或为漕运寻找新的出路，或通过堤防、闸坝建设维持漕运的现状；闸坝工程方面，采取了减水保运、蓄清刷黄、分黄导淮等措施，利用黄河之利而防其侵扰，出现了苏家山、毛城铺、峰山等减水闸坝，以及移风、清江、福兴、新庄等挡水闸坝；堤防工程方面，采取了筑堤束水、北堤南分等措施，出现了遥堤、缕堤、格堤、越堤、戗堤、刺水堤、截河堤、护岸堤等工程类型，造就了高家堰、太行堤、归仁堤、徐邳段黄河大堤等堤防工程。但同时也应该看到，由于治水活动是在治河保运的前提下进行的，首先以维系漕运为目的（明代还加上保护泗州祖陵），然后才顾及民生，因此具有很大的局限性。

四　权力与环境的关系不容忽视

魏特夫在《东方专制主义》一书中指出，治水农业中的重型水利工

---

① 参见邹逸麟《历史上的黄运关系》，《光明日报》2009 年 2 月 10 日。
② （清）叶方恒：《山东全河备考》卷 2《河渠志下·黄运相关始末》。

程，则基本上由政府管理。① 冀朝鼎《中国历史上的基本经济区与水利事业的发展》一书中也认为，在中国，发展水利事业或者说建设水利工程，实质上是国家的一种职能。② 鲁西奇关于汉水下游堤防的讨论中强调，江河堤防是工程巨大的公共工程，在自然经济状态下，还需要政府强有力的干预、组织和领导才可能修筑起来。③ 总之，河工治理是治国安邦的一项重要举措，防水治水是国家主要的职能，需要政府的强力介入，体现了国家在公共工程中的主导角色。

就明清黄运地区而言，黄河、运河河工是国家层面的大型公共工程，个体或民间力量不足以承担，需要国家有效的管理以及大规模的人力、物力、财力调配。魏丕信关于明清湖北水利的研究中发现，"与黄河流域相比，这里没有一个单独的'长江衙门'直接对皇上负责。同样地，除了少数例子外，也没有一项固定、独立的经费，专门用于水利工程的维修。……因而国家机器在各地承担的职责及其干预程度也就各不相同"④。因此像湖北这样的水利地区，国家的动员参与是有限的。相反，黄运地区因有单独对皇上负责的河道机构与漕运机构，国家控制力强大。河工与国家政权的关系密切，河工建设都是在政府的直接主持和大力推动下发展起来的，河工建设实质上是国家的一种职能。

事实表明，明清河工几乎都是由朝廷特别指定的高级官吏主持的，有利于防洪防汛期间统一调度军队、地方劳动力以及物料。⑤ 明清治河在于保漕，凡与漕运无关的决口，则非政府所关心。⑥ 政府评价河工的成功与否，不仅要看是否堵决，还要看漕运是否畅通。隆庆间邳州河工告成，

① 参见〔美〕卡尔·A. 魏特夫《东方专制主义》，中国社会科学出版社 1989 年版，第 2、20 页。

② 参见冀朝鼎《中国历史上的基本经济区与水利事业的发展》，朱诗鳌译，中国社会科学出版社 1981 年版，第 7—8 页。

③ 参见鲁西奇、潘晟《汉水中下游河道变迁与堤防》，武汉大学出版社 2004 年版，第 408—409 页。

④ 〔法〕魏丕信：《水利基础设施管理中的国家干预——以中华帝国晚期的湖北省为例》，载陈峰《明清以来长江流域社会发展史论》第十五章，武汉大学出版社 2006 年版。

⑤ 参见谭徐明《中国古代水行政管理的研究》，载中国水利水电科学研究院编《历史的探索与研究：水利史研究文集》，黄河水利出版社 2006 年版，第 77 页。

⑥ 参见张含英《历代治河方略探讨》，中国水利水电出版社 1982 年版，第 71 页。

潘季驯非但未受奖,反受处分,原因就是"河道通塞,专以粮运迟速为验,非谓筑口导流便可塞责"①。在黄运地区,国家利益是一切河工活动的出发点,上层意志代表一切活动的决策,突出表现了国家在公共工程中的主导角色。人财物的调集主要依靠国家动员并给予充分保证,民众处于被动的地位,所谓"运道民生"在大多数情况下不过是官方的一种姿态而已。至于到晚清民国时期,却走向了另一个极端,出现了国家政府对该地区水利系统的抛弃。②

五 黄运地区成为"基本河工区"

J. 菲尔格瑞夫将中国称为河川之国,认为中国不仅有众多的河流,而且对河川进行的治理极大地影响了它的历史。③ 河工作为一项重要的人类征服自然的水利活动,在黄运地区处于持续的水利建设活动的核心位置,对该地区的生态环境带来了相当大的影响,使该地区越来越多地被纳入到治水活动中,涉及范围广,持续时间长。黄运地区成为人地关系演变最为突出的地区之一,这里是河工物料的主要承担区,灾患的主要波及区,民众生产生活深深打上了河工的烙印。

黄运地区河工建设对生态环境的影响包括积极影响和消极影响两个方面。积极影响方面,通过沿河植树种草可以优化居住环境,河工疏浚开挖形成的堆积物,成为新的人工景观。大规模堤防的兴建,往往改善原先相对恶劣的环境,有无堤防对地区安全来说,简直是天壤之别。消极影响方面,既包括损坏堤防、引水放淤、私筑民埝等对环境的影响,也包括河工对植被、土壤、庐舍、坟墓的破坏。河工导致排水不畅,形成内涝,使昔日耕垦之地沦为鱼鳖之所,使原有田界发生变化,不可区分。河工引发地区间农业用水、排水的矛盾,当洪涝时,将多余之水放入运河,往往会加深周围地区的受害程度。当天旱水少时,限制灌溉用

① 《明穆宗实录》卷60,隆庆五年八月甲寅。
② [美]彭慕兰:《腹地的构建:华北内地的国家、社会和经济(1853—1937)》,马俊亚译,社会科学文献出版社2005年版,第4页。
③ [英]J. 菲尔格瑞夫(Fairigrieve):《地理与世界势力》(*Geography and World Power*),伦敦,1917年,第234页,转引自冀朝鼎《中国历史上的基本经济区与水利事业的发展》,中国社会科学出版社1981年版,第28页。

水，会影响农业生产以及农民的生活。河工的负面影响，迫使一些人冒险挖堤排水，甚至因此丢掉性命。总之，今日该地区的地形地貌、河流水系以及环境社会状况与上述演变关系密切，因此，这样一个地区可谓是名副其实的"基本河工区"。

六 借鉴与启示良多

历史研究的目的在于总结经验、吸取教训。历史上的河工建设活动，可为今后提供借鉴与启示：首先，国家统一、社会稳定是水利建设顺利进行的前提条件与基本保证。重大的河工建设常常发生在政治清明、国家富强的时期。反过来，河工建设对国家的繁荣富强、统治的巩固和稳定，又会起着积极作用。而当政治腐败、国家贫弱时，河工建设深受影响。其次，水利开发与生态环境的关系不容忽视。随着技术不断进步，人类改造自然的能力大大增强，对环境施加的影响越来越大，因此水利开发建设必须以地理环境为基础，要遵循自然规律，全面综合考虑多方面的因素，做到在开发中正确处理水利工程建设与区域经济社会发展的关系，引导生态环境朝向有利于人类的方向演进，尽可能减少河工给环境带来的负面影响，走可持续发展之路。

参 考 文 献

一 古籍文献

1. 道光《东阿县志》,《中国地方志集成·山东府县志辑》,凤凰出版社2004年版。

2. 道光《观城县志》,《中国地方志集成·山东府县志辑》,凤凰出版社2004年版。

3. 道光《济宁直隶州志》,《中国地方志集成·山东府县志辑》,凤凰出版社2004年版。

4. 道光《滕县志》,《中国地方志集成·山东府县志辑》,凤凰出版社2004年版。

5. 道光《武城县志续编》,《中国地方志集成·山东府县志辑》,凤凰出版社2004年版。

6. 光绪《朝城县志略》,《中国地方志集成·山东府县志辑》,凤凰出版社2004年版。

7. 光绪《东平州志》,《中国地方志集成·山东府县志辑》,凤凰出版社2004年版。

8. 光绪《丰县志》,《中国地方志集成·江苏府县志辑》,江苏古籍出版社1991年版。

9. 光绪《高唐州志》,《中国地方志集成·山东府县志辑》,凤凰出版社2004年版。

10. 光绪《冠县志》,台湾成文出版社影印本。

11. 光绪《馆陶县志》,台湾成文出版社影印本。

12. 光绪《淮安府志》,《中国地方志集成·江苏府县志辑》, 江苏古籍出版社 1991 年版。

13. 光绪《嘉祥县志》,《中国地方志集成·山东府县志辑》, 凤凰出版社 2004 年版。

14. 光绪《宁阳县志》,《中国地方志集成·山东府县志辑》, 凤凰出版社 2004 年版。

15. 光绪《清河县志》, 台湾成文出版社影印本。

16. 光绪《寿张县志》,《中国地方志集成·山东府县志辑》, 凤凰出版社 2004 年版。

17. 光绪《堂邑县志》, 台湾成文出版社影印本。

18. 光绪《莘县志》,《中国地方志集成·山东府县志辑》, 凤凰出版社 2004 年版。

19. 光绪《阳谷县志》,《中国地方志集成·山东府县志辑》, 凤凰出版社 2004 年版。

20. 光绪《峄县志》,《中国地方志集成·山东府县志辑》, 凤凰出版社 2004 年版。

21. 光绪《鱼台县志》,《中国地方志集成·山东府县志辑》, 凤凰出版社 2004 年版。

22. 光绪《邹县续志》,《中国地方志集成·山东府县志辑》, 凤凰出版社 2004 年版。

23. 嘉靖《德州志》,《天一阁藏明代方志选刊续编》, 上海书店出版社 1990 年版。

24. 嘉靖《范县志》,《天一阁藏明代方志选刊续编》, 上海书店出版社 1990 年版。

25. 嘉靖《沛县志》,《天一阁藏明代方志选刊续编》, 上海书店出版社 1990 年版。

26. 嘉靖《濮州志》,《天一阁藏明代方志选刊续编》, 上海书店出版社 1990 年版。

27. 嘉靖《山东通志》,《天一阁藏明代方志选刊续编》, 上海书店出版社 1990 年版。

28. 嘉靖《武城县志》,《天一阁藏明代方志选刊》, 上海书店出版社 1963

年版。

29. 嘉靖《夏津县志》,《天一阁藏明代方志选刊》, 上海书店出版社 1962 年版。

30. 正德《莘县志》,《天一阁藏明代方志选刊》, 上海书店出版社 1963 年版。

31. 嘉靖《徐州志》, 台湾成文出版社影印本。

32. 嘉庆《东昌府志》,《中国地方志集成·山东府县志辑》, 凤凰出版社 2004 年版。

33. 嘉庆《平阴县志》, 台湾成文出版社影印本。

34. 嘉庆《萧县志》,《中国地方志集成·安徽府县志辑》, 江苏古籍出版社 1998 年版。

35. 嘉庆《续修郯城县志》, 台湾成文出版社影印本。

36. 《金史》, 中华书局 1976 年版。

37. 康熙《朝城县志》,《中国地方志集成·山东府县志辑》, 凤凰出版社 2004 年版。

38. 康熙《聊城县志》, 康熙二年刻本。

39. 康熙《堂邑县志》,《中国地方志集成·山东府县志辑》, 凤凰出版社 2004 年版。

40. 康熙《续修汶上县志》,《中国地方志集成·山东府县志辑》, 凤凰出版社 2004 年版。

41. 康熙《阳谷县志》,《中国地方志集成·山东府县志辑》, 凤凰出版社 2004 年版。

42. 康熙《张秋志》,《中国地方志集成·乡镇志专辑》, 江苏古籍出版社 1992 年版。

43. 康熙《邹县志》, 台湾成文出版社影印本。

44. (明) 陈子龙等:《明经世文编》, 中华书局 1962 年版。

45. (明) 胡瓒:《泉河史》,《四库全书存目丛书》史部第 222 册。

46. (明) 刘天和:《问水集》,《四库全书存目丛书》史部第 221 册。

47. (明) 陆容:《菽园杂记》, 中华书局 1985 年版。

48. (明) 马麟,(清) 杜琳、李如枚:《续纂淮关通志》, 方志出版社 2006 年版点校本。

49. （明）潘季驯：《河防一览》，《文渊阁四库全书》本。

50. 《明史》，中华书局 1974 年版。

51. （明）万恭：《治水筌蹄》，中国水利水电出版社 1985 年版。

52. （明）王琼：《漕河图志》，中国水利水电出版社 1990 年版。

53. （明）王士性：《广志绎》，中华书局 2006 年版。

54. （明）王世雍：《吕梁洪志》，载《丛书集成续编》，上海书店出版社 1994 年版。

55. （明）谢肇淛：《北河纪》，《文渊阁四库全书》史部第 576 册。

56. （明）谢肇淛：《五杂俎》，载《历代笔记丛刊》，上海书店出版社 2001 年版。

57. （明）杨宏：《漕运通志》，《北京图书馆古籍珍本丛刊》，书目文献出版社影印本，1990 年。

58. （明）朱国盛、徐标：《南河全考》，载《中国大运河历史文献集成》，国家图书馆出版社 2014 年版。

59. 乾隆《德州志》，《中国地方志集成·山东府县志辑》，凤凰出版社 2004 年版。

60. 乾隆《东平州志》，乾隆三十六年刊本。

61. 乾隆《淮安府志》，台湾成文出版社影印本。

62. 乾隆《江南通志》，《文渊阁四库全书》本。

63. 乾隆《临清直隶州志》，《中国地方志集成·山东府县志辑》，凤凰出版社 2004 年版。

64. 乾隆《山东通志》，《文渊阁四库全书》本。

65. 乾隆《郯城县志》，台湾成文出版社影印本。

66. 乾隆《夏津县志》，《中国地方志集成·山东府县志辑》，凤凰出版社 2004 年版。

67. 乾隆《兖州府志》，《中国地方志集成·山东府县志辑》，凤凰出版社 2004 年版。

68. 乾隆《鱼台县志》，河南大学图书馆藏乾隆二十九年刻本。

69. 乾隆《重修桃源县志》，《中国地方志集成·江苏府县志辑》，江苏古籍出版社 1991 年版。

70. （清）包世臣：《包世臣全集》，黄山书社 1993 年版。

71. （清）包世臣：《中衢一勺》，载《中国水利志丛刊》，广陵书社 2006 年版。

72. （清）蔡绍江：《漕运河道图考》，国家图书馆藏清嘉庆刻本。

73. （清）狄敬：《夏镇漕渠志略》，《北京图书馆古籍珍本丛刊》，书目文献出版社 1998 年影印本。

74. （清）董恂：《江北运程》，咸丰十年刊本。

75. （清）傅泽洪：《行水金鉴》，《四库全书》史部第 580—582 册。

76. （清）顾炎武：《天下郡国利病书》，上海科技文献出版社 2002 年版。

77. （清）贺长龄：《清经世文编》，中华书局 1992 年版。

78. （清）黄春圃：《山东运河图说》，国家图书馆藏清抄本。

79. （清）靳辅：《治河方略》，《故宫珍本丛刊》，海南出版社 2001 年版。

80. （清）靳辅：《治河奏绩书》，《四库全书》史部第 579 册。

81. （清）康基田：《河渠纪闻》，北京出版社 1998 年影印本。

82. （清）黎世序等：《续行水金鉴》，商务印书馆 1937 年版。

83. （清）陆耀：《山东运河备览》，《故宫珍本丛刊》，海南出版社 2001 年版。

84. 《清史稿》，中华书局 1977 年版。

85. （清）《世宗宪皇帝朱批谕旨》，《四库全书》史部第 416—425 册。

86. （清）孙承泽：《春明梦余录》，北京古籍出版社 1992 年版。

87. （清）谈迁：《北游录》，中华书局 1960 年版。

88. （清）王庆云：《石渠余纪》，北京古籍出版社 1985 年版。

89. （清）薛凤祚：《两河清汇》，《文渊阁四库全书》本。

90. （清）阎廷谟：《北河续纪》，《故宫珍本丛刊》，海南出版社 2000 年版。

91. （清）叶方恒：《山东全河备考》，《四库全书存目丛书》史部第 224 册。

92. （清）张伯行：《居济一得》，《四库全书》史部第 579 册。

93. （清）张鹏翮：《治河全书》，天津古籍出版社 2007 年影印本。

94. 顺治《祥符县志》，天津古籍出版社影印本。

95. 台湾"故宫博物院"编：《宫中档乾隆朝奏折》，台湾"故宫博物院" 1982 年版。

96. 同治《徐州府志》，《中国地方志集成·江苏府县志辑》，江苏古籍出版社 1991 年版。

97. 同治《中牟县志》，生活、读书、新知三联书店 1999 年版。

98. 万历《汶上县志》，《中国地方志集成·山东府县志辑》，凤凰出版社 2004 年版。

99. 万历《徐州志》，天津古籍出版社据万历五年刻本影印。

100. 万历《兖州府志》，《天一阁藏明代方志选刊》，上海书店影印本。

101. 咸丰《济宁直隶州续志》，《中国地方志集成·山东府县志辑》，凤凰出版社 2004 年版。

102. 宣统《聊城县志》，《中国地方志集成·山东府县志辑》，凤凰出版社 2004 年版。

103. 宣统《滕县续志》，《中国地方志集成·山东府县志辑》，凤凰出版社 2004 年版。

104. 宣统《重修恩县志》，《中国地方志集成·山东府县志辑》，凤凰出版社 2004 年版。

105. 《元史》，中华书局 1976 年版。

106. 中国第一历史档案馆编：《光绪宣统两朝上谕档》，广西师范大学出版社 1996 年版。

107. 中国第一历史档案馆编：《乾隆朝上谕档》，中国档案出版社 1998 年版。

108. 中国第一历史档案馆编译：《康熙朝满文朱批奏折全译》，中国社会科学出版社 1996 年版。

109. 中科院地理所、一档馆编：《清代奏折汇编——农业·环境》，商务印书馆 2005 年版。

二　今人论著

1. 蔡述明等：《三峡工程与沿江湿地及河口盐渍化土地》，科学出版社 1997 年版。

2. 蔡泰彬：《明代漕河之整治与管理》，台湾"商务印书馆" 1992 年版。

3. 岑仲勉：《黄河变迁史》，人民出版社 1957 年版。

4. 钞晓鸿：《生态环境与明清社会经济》，黄山书社 2004 年版。

5. 陈璧显：《中国大运河史》，中华书局 2001 年版。

6. 陈吉余：《陈吉余（尹石）2000：从事河口海岸研究五十年论文选》，

华东师范大学出版社 2000 年版。

7. 陈桥驿主编：《中国运河开发史》，中华书局 2008 年版。

8. 陈业新：《明至民国时期皖北地区灾害环境与社会应对研究》，上海人民出版社 2008 年版。

9. 陈远生、何希吾、赵承普等主编：《淮河流域洪涝灾害与对策》，中国科学技术出版社 1995 年版。

10. 董文虎等：《京杭大运河的历史与未来》，社会科学文献出版社 2008 年版。

11. 杜省吾：《黄河历史述实》，黄河水利出版社 2008 年版。

12. ［法］布罗代尔：《菲利普二世时代的地中海和地中海世界》，商务印书馆 1996 年版。

13. 封越健：《明代弘治年间的黄河灾害及治河活动》，《资政要鉴》第二卷，北京出版社 2001 年版。

14. 谷兆祺主编：《中国水资源、水利、水处理与防洪全书》，中国环境科学出版社 1999 年版。

15. 韩茂莉：《中国历史农业地理》，北京大学出版社 2012 年版。

16. 韩鹏主编：《枣庄泉志》，齐鲁电子音像出版社 2005 年版。

17. 韩昭庆：《黄淮关系及其演变过程研究：黄河长期夺淮期间淮北平原湖泊、水系的变迁和背景》，复旦大学出版社 1999 年版。

18. 河南省地方史志编委会：《河南省志·黄河志》，河南人民出版社 1991 年版。

19. 《洪泽湖志》编纂委员会：《洪泽湖志》，方志出版社 2003 年版。

20. 侯甬坚：《历史地理学探索》，中国社会科学出版社 2004 年版。

21. 侯甬坚：《区域历史地理的空间发展过程》，陕西人民教育出版社 1995 年版。

22. 胡惠芳：《淮河中下游地区环境变动与社会控制（1912—1949）》，安徽人民出版社 2008 年版。

23. 胡一三：《黄河防洪》，黄河水利出版社 1996 年版。

24. 胡兆量等：《地理环境概述》，科学出版社 2000 年版。

25. 胡振鹏、傅春、金腊华：《水资源环境工程》，江西高校出版社 2003 年版。

26. 淮河水利委员会《淮河志》编纂委员会：《淮河治理与开发志》，科学出版社 2004 年版。

27. 《环境科学大辞典》编辑委员会：《环境科学大辞典》，中国环境科学出版社 1991 年版。

28. 《黄河水利史述要》编写组：《黄河水利史述要》，中国水利水电出版社 1982 年版。

29. 黄仁宇：《明代的漕运》，新星出版社 2005 年版。

30. 黄志强等：《江苏北部沂沭河流域湖泊演变的研究》，中国矿业大学出版社 1990 年版。

31. 冀朝鼎著，朱诗鳌译：《中国历史上的基本经济区与水利事业的发展》，中国社会科学出版社 1981 年版。

32. 江苏农业地理编写组：《江苏农业地理》，江苏科学技术出版社 1979 年版。

33. 江苏气象局、中国农业科学院华东农业研究所编：《江苏省农业气候》，上海科学技术出版社 1959 年版。

34. 江苏省地方志编纂委员会：《江苏省志·海涂开发志》，江苏科学技术出版社 1995 年版。

35. 江苏省地图集编辑组：《江苏省地图集》（内部版），1978 年。

36. 江苏省气象局农业气候区划题组：《江苏省农业气候图集》，江苏省农业区划委员会办公室印，1984 年。

37. 京杭运河江苏省交通厅、苏北航务管理处史志编纂委员会：《京杭运河志（苏北段）》，上海社会科学院出版社 1998 年版。

38. 李克让等：《华北平原旱涝气候》，科学出版社 1990 年版。

39. 李令福：《关中水利开发与环境》，人民出版社 2004 年版。

40. 李令福：《明清山东农业地理》，（台北）五南图书出版有限公司 2000 年版。

41. 李庆华：《鲁西地区的灾荒、变乱与地方应对（1855—1937）》，齐鲁书社 2008 年版。

42. 李文海：《中国近代十大灾荒》，上海人民出版社 1994 年版。

43. 李文治、江太新：《清代漕运》，中华书局 1995 年版。

44. 李孝聪：《中国区域历史地理》，北京大学出版社 2004 年版。

45. 《梁山县志》编委会编：《梁山县志》，新华出版社1997年版。

46. 聊城市地名委员会办公室：《山东省聊城市地名志》（内部资料），1995年。

47. 刘会远主编：《黄河明清故道考察研究》，河海大学出版社1998年版。

48. 刘淼：《明清沿海荡地开发研究》，汕头大学出版社1996年版。

49. 鲁西奇、潘晟：《汉水中下游河道变迁与堤防》，武汉大学出版社2004年版。

50. 马俊亚：《被牺牲的局部：淮北社会生态变迁研究（1680—1949）》，北京大学出版社2011年版。

51. ［美］卡尔·A. 魏特夫：《东方专制主义》，徐式谷等译，中国社会科学出版社1989年版。

52. ［美］彭慕兰：《腹地的构建：华北内地的国家、社会和经济（1853—1937）》，马俊亚译，社会科学文献出版社2000年版。

53. 苗长运、杨明云、苏娅雯：《黄河下游防汛与工程管理》，黄河水利出版社2013年版。

54. 南京师范大学江苏省黄河故道综合考察队编：《江苏省黄河故道综合考察报告》，《南京师大学报专辑》，1985年。

55. 倪玉平：《清代漕粮海运与社会变迁》，上海书店出版社2005年版。

56. 钮仲勋：《黄河变迁与水利开发》，中国水利水电出版社2009年版。

57. 欧阳洪：《京杭运河工程史考》，江苏航海学会出版社1988年版。

58. 彭安玉：《明清苏北水灾研究》，内蒙古人民出版社2006年版。

59. 彭云鹤：《明清漕运史》，首都师范大学出版社1995年版。

60. 任士芳：《黄河环境与水患》，气象出版社2011年版。

61. ［日］谷光隆：《明代河工史研究》，京都同朋舍出版社1991年版。

62. ［日］森田明：《清代水利社会史研究》，国书刊行会，1990年。

63. ［日］森田明：《清代水利史研究》，亚纪书房1974年版。

64. 山东省考古研究所等：《汶上南旺——京杭大运河南旺分水枢纽工程及龙王庙古建筑群调查与发掘报告》，文物出版社2011年版。

65. 山东省水利志编辑室：《山东水利大事记》，山东科学技术出版社1989年版。

66. 山东运河航运史编纂委员会编：《山东运河航运史》，山东人民出版社

2011 年版。

67. 史念海：《中国的运河》，陕西人民出版社 1988 年版。

68. 水利部淮河水利委员会沂沭泗水利管理局编：《沂沭泗河道志》，中国水利水电出版社 1996 年版。

69. 水利部黄河水利委员会编：《黄河河防词典》，黄河水利出版社 1995 年版。

70. 水利部治淮委员会《淮河水利简史》编写组：《淮河水利简史》，中国水利水电出版社 1990 年版。

71. 水利电力部黄河水利委员会编：《黄河埽工》，中国工业出版社 1964 年版。

72. 水利水电科学研究院编：《清代淮河流域洪涝档案史料》，中华书局 1988 年版。

73. 水利水电科学研究院：《植树工程在永定河下游河道整治中的应用》，中国水利水电出版社 1959 年版。

74. 水利水电科学研究院《中国水利史稿》编写组：《中国水利史稿》，中国水利水电出版社 1989 年版。

75. 宋希尚：《治水新论》，台北中华文化出版社委员会 1956 年版。

76. 宋永昌：《植被生态学》，华东师范大学出版社 2001 年版。

77. 孙冬虎：《北京近千年生态环境变迁研究》，北京燕山出版社 2007 年版。

78. 孙家山：《苏北盐垦史初稿》，中国农业出版社 1984 年版。

79. 谭其骧：《黄河史论丛》，复旦大学出版社 1986 年版。

80. 谭其骧：《清人文集地理类汇编》，浙江人民出版社 1987 年版。

81. 谭其骧：《中国历史地图集》，中国地图出版社 1996 年版。

82. 唐大为主编：《中国环境史研究》第 1 辑，中国环境科学出版社 2009 年版。

83. 王光谦、王思远、张长春：《黄河流域生态环境变化与河道演变分析》，黄河水利出版社 2006 年版。

84. 王浩等：《黄河流域水资源及其演变规律研究》，科学出版社 2010 年版。

85. 王洪道等：《中国的湖泊》，商务印书馆 1995 年版。

86. 王恺忱：《黄河河口的演变与治理》，黄河水利出版社 2010 年版。

87. 王利华主编：《中国历史上的环境与社会》，三联书店 2007 年版。

88. 王元林：《泾洛流域自然环境变迁研究》，中华书局 2005 年版。

89. 王云：《明清山东运河区域社会变迁》，人民出版社 2006 年版。

90. 微山县地名委员会办公室：《山东省微山县地名志》，1986 年。

91. 文焕然、文榕生：《中国历史时期冬半年气候冷暖变迁》，气象出版社 1996 年版。

92. 吴必虎：《历史时期苏北平原地理系统研究》，华东师范大学出版社 1996 年版。

93. 吴海涛：《淮北的兴衰：成因的历史考察》，社会科学文献出版社 2005 年版。

94. 吴缉华：《明代海运及运河的研究》，台湾中研院历史语言研究所 1961 年版。

95. 吴祥定、钮仲勋、王守春：《历史时期黄河流域环境变迁与水沙变化》，气象出版社 1994 年版。

96. 熊达成、郭涛：《中国水利科学技术史概论》，成都科技大学出版社 1989 年版。

97. 徐福龄：《河防笔谈》，河南人民出版社 1993 年版。

98. 徐福龄、胡一三：《黄河埽工与堵口》，中国水利水电出版社 1989 年版。

99. 徐海亮：《从黄河到珠江——水利与环境的历史回顾文选》，中国水利水电出版社 2007 年版。

100. 许炯心：《黄河河流地貌过程研究》，科学出版社 2012 年版。

101. 许炯心：《中国江河地貌系统对人类活动的响应》，科学出版社 2007 年版。

102. 杨立信编译：《水利工程与生态环境（一）——咸海流域实例分析》，黄河水利出版社 2004 年版。

103. 杨联升：《国史探微》，辽宁教育出版社 1998 年版。

104. 姚汉源：《黄河水利史研究》，黄河水利出版社 2003 年版。

105. 姚汉源：《京杭运河史》，中国水利水电出版社 1998 年版。

106. 姚汉源：《中国水利史纲要》，中国水利水电出版社 1987 年版。

107. 姚文艺等：《黄河下游河道挖河减淤机理及泥沙处理对环境的影响》，黄河水利出版社 2003 年版。

108. 尹钧科、吴文涛：《历史上的永定河与北京》，北京燕山出版社 2005 年版。

109. 尹绍亭等主编：《人类学生态环境史研究》，中国社会科学出版社 2006 年版。

110. 应岳林、巴兆祥：《江淮地区开发探源》，江西教育出版社 1997 年版。

111. ［英］李约瑟：《中国科学与文明》第 10 册，台湾"商务印书馆" 1980 年版。

112. ［英］斯当东：《英使谒见乾隆纪实》，叶笃义译，上海书店出版社 1997 年版。

113. 余家洵：《河工方略》，台湾正中书局 1946 年版。

114. 俞仁培：《土壤水盐动态和盐碱化防治：黄淮海平原治理与开发研究文集（1983—1985）》，科学出版社 1987 年版。

115. 岳国芳：《中国大运河》，山东友谊出版社 1989 年版。

116. 《枣庄市水利志》编纂委员会编：《枣庄市水利志》，1989 年。

117. 曾昭璇、曾宪珊：《历史地貌学浅论》，科学出版社 1985 年版。

118. 翟自豪：《兰考黄河志》，黄河水利出版社 1998 年版。

119. 张崇旺：《明清时期江淮地区的自然灾害与社会经济》，福建人民出版社 2006 年版。

120. 张含英：《历代治河方略述要》，商务印书馆 1945 年版。

121. 张含英：《明清治河概论》，中国水利水电出版社 1986 年版。

122. 张纪成：《京杭运河（江苏）史料选编》，人民交通出版社 1997 年版。

123. 张家诚：《中国气候总论》，气象出版社 1990 年版。

124. 张建民、鲁西奇：《历史时期长江中游地区人类活动与环境变迁的专题研究》，武汉大学出版社 2011 年版。

125. 张金池、毛锋、林杰等：《京杭大运河沿线生态环境变迁》，科学出版社 2012 年版。

126. 张丕远：《中国历史气候变化》，山东科学技术出版社 1996 年版。

127. 张全明：《生态环境与区域文化研究》，崇文书局 2005 年版。

128. 张卫东：《洪泽湖水库的修建——17 世纪及其以前的洪泽湖水利》，南京大学出版社 2009 年版。

129. 张修桂：《中国历史地貌与古地图研究》，社会科学文献出版社 2006 年版。

130. 张哲郎：《清代的漕运》，台湾嘉新水泥公司文化基金会 1969 年版。

131. 赵寿刚等：《黄河下游放淤固堤效果分析及其施工影响研究》，黄河水利出版社 2008 年版。

132. 郑肇经：《河工学》，商务印书馆 1934 年版。

133. 中国地理学会自然地理专业委员会编：《自然地理学与生态建设》，气象出版社 2006 年版。

134. 中国科学院南京湖泊室：《江苏湖泊志》，江苏科学技术出版社 1982 年版。

135. 中国科学院南京湖泊研究所：《中国湖泊概论》，科学出版社 1989 年版。

136. 中国水利水电科学研究院编：《历史的探索与研究：水利史研究文集》，黄河水利出版社 2006 年版。

137. 周魁一、谭徐明：《水利与交通志》，上海人民出版社 1998 年版。

138. 周魁一：《中国科学技术史·水利卷》，科学出版社 2002 年版。

139. 周立三：《中国农业地理》，科学出版社 2000 年版。

140. 竺可桢：《竺可桢文集》，科学出版社 1979 年版。

141. 邹宝山、何凡能、何为刚：《京杭运河治理与开发》，中国水利水电出版社 1990 年版。

142. 邹逸麟：《椿庐史地论稿》，天津古籍出版社 2005 年版。

143. 邹逸麟：《黄淮海平原历史地理》，安徽教育出版社 1993 年版。

144. 邹逸麟、张修桂主编：《中国历史自然地理》，科学出版社 2013 年版。

145. 左大康：《黄淮海平原农业自然条件和区域环境研究》第 2 集，科学出版社 1987 年版。

三　研究论文

1. 曹金娜：《清道光二十一年河南祥符黄河决口堵筑工程述略》，《黄河科技大学学报》2013 年第 2 期。

2. 曹松林、郑林华：《雍正朝河政述论》，《湖南城市学院学报》2007 年第 3 期。

3. 曹永强、倪广恒、胡和平：《水利水电工程建设对生态环境的影响分析》，《人民黄河》2005 年第 1 期。

4. 曹志敏：《嘉道时期黄河河患频仍的人为因素探析》，《农业考古》2012 年第 1 期。

5. 曹志敏：《清代黄河河患加剧与通运转漕之关系探析》，《浙江社会科学》2008 年第 5 期。

6. 曹志敏：《清代黄淮运减水闸坝的建立及其对苏北地区的消极影响》，《农业考古》2011 年第 1 期。

7. 陈方丽：《水利枢纽库区环境治理对策研究——基于珊溪水利枢纽库区的调查》，《生态经济》2011 年第 8 期。

8. 陈桦：《清代防灾减灾的政策与措施》，《清史研究》2004 年第 3 期。

9. 陈隽人：《南运河历代沿革考》，《禹贡》1936 年第 1 期。

10. 陈龙等：《水利工程对鱼类生存环境的影响——以近 50 年白洋淀鱼类变化为例》，《资源科学》2011 年第 8 期。

11. 陈桥驿：《古代鉴湖兴废与山会平原农田水利》，《地理学报》1962 年第 3 期。

12. 陈永昌：《水利工程对潮汐河口环境的影响》，《东北水利水电》2010 年第 11 期。

13. 程森：《清代豫西水资源环境与城市水利功能研究——以陕州广济渠为中心》，《中国历史地理论丛》2010 年第 3 期。

14. 崔末兰：《浅谈水利工程施工对生态环境的影响》，《科技情报开发与经济》2003 年第 8 期。

15. 崔宇、卢勇：《历史地理视角的明清时期"束水攻沙"治黄之败探析》，《农业考古》2009 年第 4 期。

16. 戴培超、沈正平：《水环境变迁与徐州城市兴衰研究》，《人文地理》

2013 年第 6 期。

17. 戴一峰:《区域史研究的困惑:方法论与范畴论》,《天津社会科学》2010 年第 1 期。

18. 单树模、文朋陵:《论苏北古代文化地理(续)》,《南京师大学报》1991 年第 4 期。

19. 党继军等:《浅析大型水利工程对河流生态环境的影响及解决途径探析》,《科技与企业》2015 年第 1 期。

20. 邓飚、郭华东:《基于多源空间数据的鲁中北五湖近 100 年变化分析》,《古地理学报》2009 年第 4 期。

21. 丁孟轩:《林则徐在豫东对黄河的治理》,《史学月刊》1980 年第 3 期。

22. 丁圣彦、曹新向:《清末以来开封市水域景观格局变化》,《地理学报》2004 年第 6 期。

23. 方楫:《明代治河和通漕的关系》,《历史教学》1957 年第 9 期。

24. 方金琪:《我国历史时期的湖泊围垦与湖泊退缩》,《地理环境研究》1989 年第 1 期。

25. 封越健:《明代京杭运河的工程管理》,《中国史研究》1993 年第 1 期。

26. 冯贤亮:《高乡与低乡:杭嘉湖的地域环境与水利变化(1368—1928)》,《社会科学》2009 年第 12 期。

27. 高殿钧:《中国运河沿革》,《山东建设月刊》1933 年第 12 期。

28. 高升荣:《清代淮河流域旱涝灾害的人为因素分析》,《中国历史地理论丛》2005 年第 3 期。

29. 高升荣:《清代中国生态环境特征及其区域表现国际学术研讨会综述》,《中国历史地理论丛》2006 年第 4 期。

30. 高升荣:《清中期黄泛平原地区环境与农业灾害研究——以乾隆朝为例》,《陕西师范大学学报》2006 年第 4 期。

31. 郭瑞祥:《江苏海岸历史演变》,《江苏水利》1980 年第 1 期。

32. 韩美、李艳红、张维英等:《中国湖泊与环境演变研究的回顾与展望》,《海洋地质动态》2003 年第 4 期。

33. 韩曾萃、尤爱菊等:《强潮河口环境和生态需水及其计算方法》,《水利学报》2006年第4期。

34. 胡吉伟、荆世杰：《水利政治与生态环境变迁——以明清、民国时期太湖上游东坝地区的衰落为中心》，《南京农业大学学报》2013年第3期。

35. 胡梦飞、杨绪敏：《论明代徐州地区黄河水患的治理及其灾后的应对》，《江苏社会科学》2011年第1期。

36. 佳宏伟：《水资源环境变迁与乡村社会控制——以清代汉中府的堰渠水利为中心》，《史学月刊》2005年第4期。

37. 贾国静：《大灾之下众生相——黄河铜瓦厢改道后水患治理中的官、绅、民》，《史林》2009年第3期。

38. 蒋自巽、季子修、于秀波等：《苏鲁豫皖接壤地区的环境特征及水环境问题》，《地理学报》1998年第1期。

39. 金诗灿：《黎世序与嘉道时期黄河的治理》，《信阳师范学院学报》2014年第3期。

40. 阚红柳、张万杰：《试论雍正时期的水灾治理方略》，《辽宁大学学报》1999年第1期。

41. 黎国彬：《历代大运河的修治情形》，《历史教学》1953年第2期。

42. 李德楠：《国家运道与地方城镇：明代洳河的开凿及其影响》，《东岳论丛》2009年第12期。

43. 李鄂荣：《我国古代黄河水利工程活动对环境的影响》，《地质力学学报》1999年第3期。

44. 李光泉：《论清初黄河治理的改革》，《求索》2008年第5期。

45. 李鹏等：《近10年来长江口水下三角洲的冲淤变化——兼论三峡工程蓄水的影响》，《地理学报》2007年第7期。

46. 李文波等：《遥感定量分析水电梯级开发对流域植被环境影响》，《水电能源科学》2009年第4期。

47. 李文海：《深化区域史研究的一点思考》，《安徽大学学报》2007年第3期。

48. 李相楠：《宋都开封的兴衰与黄河生态环境变迁》，《宜春学院学报》2013年第2期。

49. 李正霞：《水利工程与生态环境》，《陕西水力发电》2000年第3期。

50. 梁娟：《人类活动影响下的钱塘江河口环境演变初探》，《海洋湖沼通报》2010 年第 2 期。

51. 廖艳彬：《20 年来国内明清水利社会史研究回顾》，《华北水利水电学院学报》2008 年第 1 期。

52. 林承坤：《古代长江中下游平原筑堤围垸与塘浦圩田对地理环境的影响》，《环境科学学报》1984 年第 2 期。

53. 林仲秋：《南四湖的形成时代和原因探讨》，《淮河志通讯》1991 年第 1 期；

54. 凌大燮：《我国森林资源的变迁》，《中国农史》1983 年第 2 期。

55. 凌申：《黄河南徙与苏北海岸线的变迁》，《海洋科学》1988 年第 5 期。

56. 凌申：《苏北黄河故道地名与地理事物的演变》，《盐城教育学院学报》1998 年第 3 期。

57. 刘翠溶：《中国环境史研究刍议》，《南开学报》2006 年第 2 期。

58. 刘守杰、孙红光、刘星：《水利工程梯级开发对生态环境的负面影响》，《森林工程》2003 年第 3 期。

59. 刘庄、沈渭寿、吴焕忠：《水利设施对淮河水域生态环境的影响》，《地理与地理信息科学》2003 年第 2 期。

60. 龙先琼：《试论区域史研究的空间和时间问题》，《齐鲁学刊》2011 年第 1 期。

61. 卢勇、王思明等：《明清时期黄淮造陆与苏北灾害关系研究》，《南京农业大学学报》2007 年第 2 期。

62. 卢勇、王思明：《明清淮河流域生态变迁研究》，《云南师范大学学报》2007 年第 6 期。

63. 鲁西奇：《历史地理研究中的"区域"问题》，《武汉大学学报》1996 年第 6 期。

64. 鲁西奇：《再论历史地理研究中的"区域"问题》，《武汉大学学报》2000 年第 3 期。

65. 路洪海、董杰、陈诗越：《山东运河开凿的生态环境效应》，《河北师范大学学报》（自然科学版）2014 年第 4 期。

66. 吕天佑：《浅议明代中后期治理黄河的"两难"》，《历史教学》2001

年第 12 期。

67. 马驰：《历史地理学视野中的南水北调——访邹逸麟教授》，《学习与探索》2006 年第 6 期。

68. 马俊亚：《治水政治与淮河下游地区的社会冲突（1579—1949）》，《淮阴师范学院学报》2011 年第 5 期。

69. 马荣华等：《中国湖泊的数量、面积与空间分布》，《中国科学》2011 年第 3 期。

70. 马同军：《明清时期山东运河沿线湖泊变迁及相关历史地理问题研究》，硕士学位论文，暨南大学，2012 年。

71. 马小凡等：《水坝工程建设与生态保护的利弊关系分析》，《地理科学》2005 年第 5 期。

72. 马雪芹：《明代黄河流域的农业开发》，《古今农业》1997 年第 3 期。

73. 孟尔君：《历史时期黄河泛淮对江苏海岸线变迁的影响》，《中国历史地理论丛》2000 年第 4 期。

74. 穆桂春、谭术魁：《人工地貌学初探》，《西南师范大学学报》（自然科学版）1990 年第 4 期。

75. 牛建强：《明代黄河下游的河道治理与河神信仰》，《史学月刊》2011 年第 9 期。

76. 牛淑贞：《18 世纪清代中国之工赈工程建筑材料相关问题探析》，《内蒙古社会科学》2005 年第 2 期。

77. 牛振国、张祖陆：《中国湖泊环境若干问题探讨》，《地理学与国土研究》1997 年第 4 期。

78. 钮仲勋：《黄河与运河关系的历史研究》，《人民黄河》1997 年第 1 期。

79. 钮仲勋：《历史时期人类活动对黄河下游河道变迁的影响》，《地理研究》1986 年第 1 期。

80. 潘凤英：《晚全新世以来江淮之间湖泊的变迁》，《地理科学》1983 年第 4 期。

81. 庞家珍、余力民：《废黄河考察及今黄河三角洲治理的若干问题》，《海洋湖沼通报》1988 年第 1 期。

82. 彭安玉：《洪泽湖大坝的建成及其影响》，《淮阴师范学院学报》2012

年第 2 期。

83. 彭安玉：《明清时期苏北里下河自然环境的变迁》，《中国农史》2006 年第 1 期。

84. 彭安玉：《试论黄河夺淮及其对苏北的负面影响》，《江苏社会科学》1997 年第 1 期。

85. 邱立国：《人类活动对苏北海岸线历史变迁的影响》，《科技风》2012 年第 6 期。

86. 饶明奇：《清代防洪工程的修防责任追究制》，《江西社会科学》2007 年第 3 期。

87. 商鸿逵：《康熙南巡与治理黄河》，《北京大学学报》1981 年第 4 期

88. 尚淑丽、顾正华、曹晓萌：《水利工程生态环境效应研究综述》，《水利水电科技进展》2014 年第 1 期。

89. 石田：《略论三峡水利工程对生态环境的影响》，《武汉交通管理干部学院学报》1994 年第 1 期。

90. 司源：《水利水电工程对生态环境的影响及保护对策》，《人民黄河》2012 年第 2 期。

91. 宋国光：《大型水利工程对生态环境影响的刍议》，《国土经济》1994 年第 1 期。

92. 宋秀元：《顺治初年黄河并未自复故道》，《历史档案》1983 年第 4 期。

93. 孙百亮、孙静琴：《清代山东地区的人口、耕地与粮价变迁》，《南京农业大学学报》2006 年第 4 期。

94. 孙金玲：《清代黄河泛滥对豫东平原生态环境的影响》，《农业考古》2014 年第 1 期。

95. 孙景超：《明清时期河南森林资源变迁与环境灾害》，《农业考古》2014 年第 1 期。

96. 谭其骧：《黄河与运河的变迁》，《地理知识》1955 年第 8、9 期。

97. 谭徐明、陈方舟等：《13 至 19 世纪黄淮间运河自然史研究》，《中国水利水电科学研究院学报》2014 年第 2 期。

98. 谭徐明：《水利工程对成都水环境的影响及启示》，《水利发展研究》2003 年第 9 期。

99. 田冰、吴小伦：《道光二十一年开封黄河水患与社会应对》，《中州学刊》2012 年第 1 期。

100. 万灵：《中国区域史研究的理论和方法散论》，《南京师范大学学报》1992 年第 3 期。

101. 万延森：《苏北古黄河三角洲的演变》，《海洋与湖沼》1989 年第 1 期。

102. 汪胡桢：《运河之沿革》，《水利》1935 年第 2 期。

103. 汪孔田：《贯通京杭大运河的关键工程——堽城枢纽考略》，《济宁师专学报》1998 年第 5 期。

104. 王均：《黄河南徙期间淮河流域水灾研究与制图》，《地理研究》1995 年第 3 期。

105. 王守春：《论历史流域系统学》，《中国历史地理论丛》1988 年第 3 期。

106. 王苏民等：《我国湖泊环境演变及其成因机制研究现状》，《高校地质学报》2009 年第 2 期。

107. 王伟：《当代和清代黄河治理比较研究》，《安阳师范学院学报》2006 年第 2 期。

108. 王兴亚：《明清中原土地开发对生态环境的影响》，《郑州大学学报》2009 年第 3 期。

109. 王星光、杨运来：《明代黄河水患对生态环境的影响》，《黄河科技大学学报》2008 年第 4 期。

110. 王英华：《清口东西坝与康乾时期的河务问题》，《中州学刊》2003 年第 3 期。

111. 王云：《近十年来京杭运河史研究综述》，《中国史研究动态》2003 年第 6 期。

112. 王振忠：《河政与清代社会》，《湖北大学学报》2001 年第 2 期。

113. 吴建新：《明清时期广东的陂塘水利与生态环境》，《中国农史》2011 年第 2 期。

114. 吴朋飞、陆静、马建华：《1841 年黄河决溢围困开封城的空间再现及原因分析》，《河南大学学报》（自然科学版）2014 年第 3 期。

115. 吴文涛：《历史上永定河筑堤的环境效应初探》，《中国历史地理论丛》2007 年第 4 期。

116. 吴文涛：《清代永定河筑堤对北京水环境的影响》，《北京社会科学》
     2008 年第 1 期。

117. 吴小伦：《明清时期沿黄河城市的防洪与排洪建设——以开封城为
     例》，《郑州大学学报》2014 年第 4 期。

118. 席会东：《河图、河患与河臣——台北"故宫"藏于成龙〈江南黄
     河图〉与康熙中期河政》，《中国历史地理论丛》2013 年第 4 期。

119. 席会东：《九曲黄河方寸中——美国国会图书馆藏〈江南黄河堤工
     图〉研究》，《殷都学刊》2013 年第 2 期。

120. 席会东：《美国国会图书馆藏〈豫东黄河全图〉与乾隆朝河南河患
     治理》，《西北大学学报》2013 年第 4 期。

121. 冼剑民、王丽娃：《明清珠江三角洲的围海造田与生态环境的变迁》，
     《学术论坛》2005 年第 1 期。

122. 谢湜：《"利及邻封"——明清豫北的灌溉水利开发和县际关系》，
     《清史研究》2007 年第 2 期。

123. 谢永刚：《历史上运河受黄河水沙影响及其防御工程技术特点》，
     《人民黄河》1995 年第 10 期。

124. 行龙：《从治水社会到水利社会》，《读书》2005 年第 8 期。

125. 徐福龄：《黄河下游明清时代河道和现行河道演变的对比研究》，
     《人民黄河》1979 年第 1 期。

126. 徐海亮：《地理环境与中国古代传统水利》，《中国水利水电科学研
     究院学报》2004 年第 2 期。

127. 徐近之：《淮北平原与淮河中游的地文》，《地理学报》1953 年第
     2 期。

128. 徐伟、彭修强、贾培宏等：《苏北废黄河三角洲海岸线历史时空演化
     研究》，《南京大学学报》（自然科学版）2014 年第 5 期。

129. 许炯心：《历史上治黄治淮的环境后果》，《地理环境研究》1989 年
     第 1 期。

130. 许炯心：《人类活动对公元 1194 年以来黄河河口延伸速率的影响》，
     《地理科学进展》2001 年第 1 期。

131. 许檀：《明清时期的临清商业》，《中国经济史研究》1986 年第

2 期。

132. 许檀：《明清时期运河的商品流通》，《历史档案》1992 年第 1 期。

133. 严小青，惠富平：《明清时期苏北沿海荡地涨圩对盐垦业及税收的影响——以南通、盐城地区为例》，《南京农业大学学报》2006 年第 1 期。

134. 杨迈里、王云飞：《骆马湖的成因与演变》，《湖泊科学》1989 年第 1 期。

135. 杨正泰：《明清时期长江以北运河城镇的特点及变迁》，《历史地理研究》第 1 辑，复旦大学出版社 1986 年版。

136. 姚环等：《闽江水利工程引发的环境地质灾害问题初步研究》，《工程地质学报》2011 年第 5 期。

137. 姚兴荣等：《黑河干流拟建水利工程对下游生态环境的影响分析》，《冰川冻土》2012 年第 4 期。

138. 叶青超：《试论苏北废黄河三角洲的发育》，《地理学报》1986 年第 2 期。

139. 叶扬眉、容致旋：《大型水利工程兴建对环境的影响》，《环境科学丛刊》1980 年第 1 期；

140. 于革：《对 21 世纪中国湖泊环境变化的思考》，《中国科学基金》2000 年第 2 期。

141. 于化成：《清代沂沭河中上游地区水利建设——以沂州府辖区为中心》，《华中师范大学研究生学报》2010 年第 1 期。

142. 张崇旺：《明清时期江淮地区频发水旱灾害的原因探析》，《安徽大学学报》2006 年第 6 期。

143. 张崇旺：《试论明清时期江淮地区的农业垦殖和生态环境的变迁》，《中国社会经济史研究》2004 年第 3 期。

144. 张红安：《明清以来苏北水患与水利探析》，《淮阴师范学院学报》2000 年第 6 期。

145. 张建民：《试论中国传统社会晚期的农田水利》，《中国农史》1994 年第 2 期。

146. 张景贤：《北运河考略》，《地学杂志》1919 年第 9、10 期。

147. 张莉红：《古代成都的水利工程建设及其影响》，《西南民族大学学报》2004 年第 1 期。

148. 张立等:《长江三角洲良渚古城、大型水利工程的兴起和环境地学的意义》,《中国科学地球科学》2014 年第 5 期。

149. 张强:《从清初黄河治理看康熙帝领导风格》,《满族研究》2011 年第 4 期。

150. 张仁、谢树楠:《废黄河的淤积形态和黄河下游持续淤积的主要成因》,《泥沙研究》1985 年第 3 期。

151. 张忍顺:《苏北黄河三角洲及滨海平原的成陆过程》,《地理学报》1984 年第 2 期。

152. 张晓祥、王伟玮等:《南宋以来江苏海岸带历史海岸线时空演变研究》,《地理科学》2014 年第 3 期。

153. 张照东:《宋金元时期山东行政区划的演变——古代山东政区地理研究之一例》,《聊城师范学院学报》1993 年第 2 期。

154. 张振克等:《黄河下游南四湖地区黄河河道变迁的湖泊沉积响应》,《湖泊科学》1999 年第 3 期。

155. 张祖陆等:《山东小清河流域湖泊的环境变迁》,《古地理学报》2004 年第 2 期。

156. 赵崔莉、刘新卫:《清朝无为江堤屡次内迁与长江流域人地关系考察》,《古今农业》2004 年第 4 期。

157. 赵惠君、张乐:《关注大坝对流域环境的影响》,《山西水利科技》2002 年第 1 期。

158. 赵筱侠:《黄河夺淮对苏北水环境的影响》,《南京林业大学学报》2013 年第 3 期。

159. 赵中男:《明代物料征收的名目及其差别》,《湖南科技学院学报》2006 年第 4 期。

160. 朱诚、程鹏、卢春成等:《长江三角洲及苏北沿海地区 7000 年以来海岸线演变规律分析》,《地理科学》1996 年第 3 期。

161. 朱军献:《区域不平衡发展研究的区域史视角与经济学视角》,《地域研究与开发》2011 年第 3 期。

162. 朱玲玲:《明代对大运河的治理》,《中国史研究》1980 年第 2 期。

163. 朱士光:《清代生态环境研究刍论》,《陕西师范大学学报》2007 年第 1 期。

164. 庄华峰：《古代江南地区圩田开发及其对生态环境的影响》，《中国历史地理论丛》2005 年第 3 期。

165. 邹逸麟：《从地理环境角度考察我国运河的历史作用》，《中国史研究》1982 年第 3 期。

166. 邹逸麟：《淮河下游南北运口变迁和城镇兴衰》，载《历史地理》第 6 辑，上海人民出版社 1988 年版。

167. 邹逸麟：《历史时期华北大平原湖沼变迁述略》，载《历史地理》第 5 辑，上海人民出版社 1987 年版。

168. 邹逸麟：《山东运河历史地理问题初探》，《历史地理》创刊号，上海人民出版社 1982 年版。

169. 邹逸麟：《我国环境变化的历史过程及其特点初探》，《安徽师范大学学报》2002 年第 3 期。

后　记

本书作为国家社科基金结项的最终成果，是在博士学位论文基础上的深化与扩展。博士论文研究了明清黄运地区河工建设的环境及社会影响，尤其侧重社会影响，申报课题时专门就其中相对薄弱的生态环境问题作进一步探究。在博士论文撰写以及课题的研究过程中，结识了一批良师益友，如果没有他们的悉心指导、启发和帮助，就不会有我学术上的进步与提高。在本书付梓之际，我要向他们表示衷心的感谢！

首先感谢我的博士导师邹逸麟先生，能够得到先生的言传身教，是我人生一大幸事，从先生那里我不仅学到了专业知识和治学的精神，更学到了做人的道理，这奠定了我一生赖以立身谋发展的基础。感谢复旦大学历史地理研究中心的所有老师，无论求学期间还是在毕业后，都给予我悉心的关怀和指导。感谢在学习、生活上无私帮助过我的各位史地所同窗好友。

本课题能够最终完成，还要感谢国家社科基金的大力资助，促成了我田野考察和资料收集的顺利进行。感谢课题组成员的通力协作，大家一起骑车走运河、穿行微山湖、踏访太行堤、寻踪禹王台、一档馆查资料……感谢原工作单位聊城大学以及现工作单位淮阴师范学院各位领导同事的鼓励与帮助。感谢中国社会科学出版社编校人员，为本书的出版付出了艰辛的劳动。感谢济南军区总医院张荣伟主治医师，脑瘤的成功切除，使本课题研究能够继续下去。

本书所引用专家学者的研究成果，尽可能予以注明出处，如有疏漏，恳请谅解。由于时间仓促和水平所限，内容亦难免存在这样或那样的缺陷与不足，敬请读者不吝赐教。

　　今天恰逢二十四节气中的立春，俗话说"一年之计在于春"。作为阶段性成果，本书算是画上了一个浅浅的句号。但学术研究没有止境，新的"春天"还在前面召唤：不要懈怠，在学术的道路上，你才刚刚起步！

李德楠

2017 年 2 月 3 日于淮师文华苑